把鬥牛犬餐廳 (elBulli) 搬到你家廚房

什麼是家常菜？

在這裡所說的家常菜，是鬥牛犬餐廳（elBulli）75名員工每天吃的晚餐。之所以叫它「家常菜」，是因為我們視員工為家人，而闔家共進晚餐，是每個家庭每天生活中最重要的時刻。你可能會以為員工和客人吃一樣的食物，其實不然。每次告訴客人我們吃的是一般料理時，他們往往十分驚訝。

為什麼在鬥牛犬餐廳的家常菜很重要？答案很簡單：我們相信，只要我們吃得好，就會煮出美味的菜色。

為什麼要出版這本書？

這本食譜是尤金尼·狄亞哥（Eugeni de Diego，主廚之一，負責家常菜）和費朗·亞德里亞（Ferran Adrià）費時3年、一起研創的心血結晶。我們認為把這項成果束之高閣實在可惜，所以一知道鬥牛犬餐廳將在2011年7月30日停業後，就決定把家常菜食譜全數收集成冊。一開始，以為只有同業會對這本書感興趣，因為全世界的餐飲業每天都要餵飽員工，我們希望藉由這本書，向同業朋友分享營養均衡、樣式豐富的員工菜色。

所以，我們想為什麼不將我們的理念和一般家庭分享呢？一般家庭可以從專業餐飲業這種有系統的烹調流程學到很多技巧。《廚神的家常菜》這本書希望讓大家知道，只要按照我們為一般家庭改寫的食譜烹調，就可以有條不紊、輕輕鬆鬆地完成這些料理。

我們從未想過要創作什麼新菜色，這本書只是彙整了各種經濟實惠的平日菜色，純粹分享簡單的烹調方法。我們想示範常人誤以為很難的一般食譜，像是巧克力餅乾。我們在鬥牛犬餐廳喜歡吃的食物，和大部分的人一模一樣。

因為每道菜都是逐步說明，即使新手也很容易上手。事實上，我們比較像是在分享思考食物的思維模式，而非烹調方式。我們由衷相信，如果你吃得不好，是因為你不夠用心。

食譜或套餐？

雖然市面上有很多食譜，但很少以套餐形式呈現。當在家裡拿出食譜時，常不知道如何從中搭配出合適的套餐。所以在設計這本書的菜色時，打算規劃成整套餐點，最後整理出31種均衡套餐，每套包含3道菜。你可以根據p.65的表格自行搭配，創造出自己的菜單。

每份套餐的設計理念？ 所謂的「美食所費不貲」純屬迷思，本書中的所有食譜，計畫以低成本的預算來餵飽大家。當然，食材的價格因地而異，在超市購買和在傳統市場購買的價格不會一樣，如同在巴塞隆納採購，也和在伯明罕、紐約和墨爾本購買時的售價不同，但基本原則是相同的：都是以當地的時令食材，來規劃和烹煮價位合理的菜餚。第二，每種套餐都含前菜、主菜和甜點。第三，每道菜都不複雜，在家就能自己做，也適合宴客。總之，這31種套餐以有趣多變的食材和烹調方式，讓你吃得健康均衡。

書中大部分的食材在世界各地都找得到，而且價格不貴。為了確保這點，鬥牛犬餐廳的廚師花了31天，到傳統市場或超市購買所有需要的食材，把每份套餐用2人份的份量全煮過一遍。如果某樣食材難以取得，那份套餐就捨棄不用，同時，我們也盡量建議可以代替的食材。

鬥牛犬餐廳員工吃的食物和很多西班牙家庭沒有兩樣，但由於我們的員工來自很多國家，所以也引進不同菜色和烹調方式，例如：墨西哥菜和日本菜。然而這些食譜所需的材料也都隨手可得。

雖然大部分的食譜都採用新鮮食材，但在合理的情況下，我們不反對使用冷凍食物，像新鮮豌豆的價格昂貴，季節又短，但冷凍豌豆的品質幾乎一樣好。還有一點很重要：事先準備大量基本食材（高湯或醬汁）時，要善用冷凍庫（參照p.40）。

-

鬥牛犬餐廳的備餐流程

-

餐點製作清單 每天替75人設計不同餐點可不能碰運氣。鬥牛犬餐廳有一套降低備餐難度的流程，長久執行下來，可以說已經達到完美的程度。首先，我們會把食譜記錄在餐點製作清單上，並隨時更新細節。這樣一來，無論由誰下廚，有多少人用餐，每道菜都是用同樣方式烹調。我們每年約2、3次會準備大量的基本食材（像醬汁或高湯），然後分裝成適當份量冷凍起來，供隨時取用。

每週和每月清單 我們每月製作1張菜單表，列出下個月的每日菜色，並特別留意菜色的變化、輪替、季節性和食材的供應量。在每週的最後一天，我們會用當月菜單來確定下週的菜單表，只有在發生突發狀況時，像是供應商送來不在規劃之內的食材，我們才會改變菜單。每月和每週菜單均由尤金尼和費朗負責規劃。

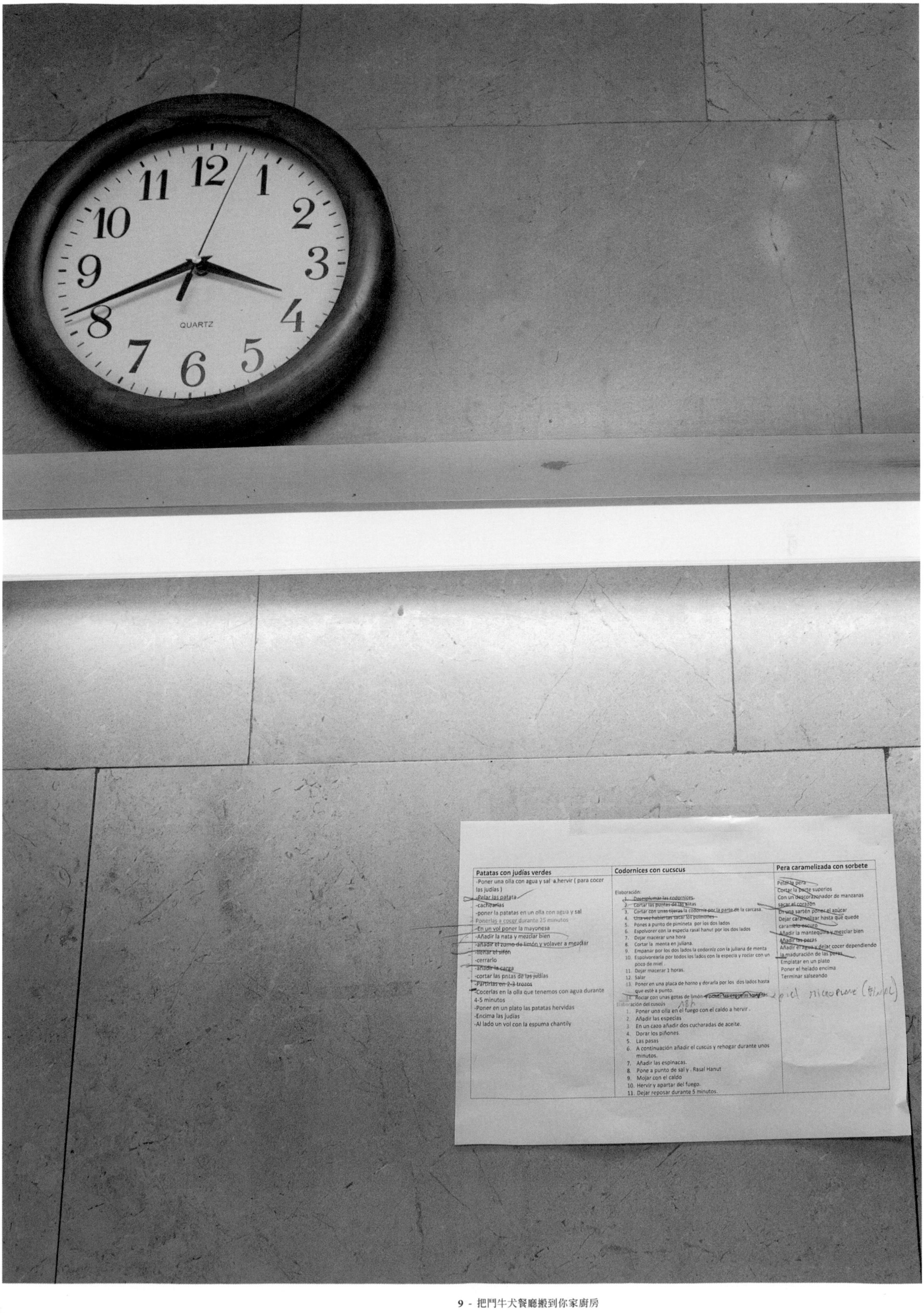
QUARTZ
Patatas con judías verdes
Codornices con cucscus
Pera caramelizada con sorbete

每日作業

在烹調餐點的前一晚，我們會確定所有食材——除了鮮魚等需要當天進貨的食材之外——都已經完全備妥。每天下午2點～6點25分之間，我們會一邊進行餐廳當晚的前製作業（mise en place），一邊準備大家要吃的菜。除了某些特別的燉菜外，我們很少會在前一天事先烹煮菜餚。

餐廳的前製作業在傍晚6點25分準備就緒。我們開始清理工作檯面，排好椅子，擺上水瓶、水杯和麵包，準備一起用餐。其他廚師和服務人員也在同一時間開始排隊拿菜，第一道菜由廚房供應。主菜通常擺在大盤子裡（我們稱為violines，同英文的violins），然後放在餐桌上。甜點通常放在個別的容器或盤子裡，讓大家在主菜前後自行領取，麵包則和正餐一起供應。試過幾種不同口味的麵包以後，我們決定用切片鄉村麵包，因為和餐包或法式棍子麵包相比，這種麵包比較不會造成浪費。沒用完的麵包會留到隔天食用，或用在烹調其他料理上面。

份量、擺盤和碗

這本書中的食譜是以2、6、20和75人份做基準，精確地以人數來計算食材的正確用量，但不是單純的相乘或相除。烹調75人份的餐點時，我們不會個別擺盤，而是放在大盤子上，讓員工各取所需。長期下來，我們已經算出真正需要的食物份量，可以依此類推出少人份所需的量，在食譜中略做調整。沒吃完的食物通常可以回收或再次使用，這也是為什麼我們會用小碗裝配菜和沙拉的原因，有助於更精確地掌握烹煮的份量。當然，在家烹調給2人或6人吃時，因為比較容易估算出正確的份量，倒是比較不用顧慮到這點。

員工的喜好

員工都有自己喜愛的菜色，其實他們跟不是在頂尖餐廳工作的一般人喜好差不多。舉例來說，和其他料理相比，新鮮麵食被員工續盤的比例最高，所以我們會多煮一點，讓大家都能再吃一盤。員工的另一項最愛是各式米食，像是黑米、義式燉飯和其他燉飯。此外，漢堡在最受歡迎的主菜中也總是名列前茅。

咖啡和餐後清理

員工用餐完畢會自行清理杯盤和餐具，然後來杯咖啡，每天輪流由一位服務人員幫大家煮咖啡。最後只剩費朗坐在桌前，他留下來和尤金尼開個小會，處理用餐時突然發生的事情。椅子在7點時全數搬離，大家休息幾分鐘後便返回各自的工作崗位。

將食材或預製品發揮到淋漓盡致的訣竅

專業廚房最有用的資源之一，是可以將「前置作業」剩下的食材和預製品，拿來煮員工餐。以下是我們在鬥牛犬餐廳發現的訣竅。當然，每家餐廳的特色和風格都不同，所以能夠加以變化的食材和預製品也不一樣。

- 製成杏仁奶後剩下的杏仁渣，可留下來做白蒜湯（傳統西班牙風味的蒜頭和杏仁湯）或冰淇淋。
- 製成起司水——尤其是帕瑪森起司——後剩下的油可用於義式燉飯。
- 如果有用到鯖魚的腰肉（或其他魚的特定部位），剩下的魚肉可以拿來燉湯、做成生魚塔塔（Tartare，魚肉絞碎或切碎）或魚餅。
- 用完蘆筍尖尾後，可以把剩下的梗用水煮過，拌美乃滋、煮湯、打成泥或熬成濃湯。
- 可以把過熟或切剩的水果，拿來做雪酪或水果醬汁。
- 製成橄欖水後的橄欖渣，可以用來煮湯或製作醋汁。
- 製成椰奶後的椰渣，可做成馬卡龍和椰絲焦糖布丁等甜點。
- 製成蕃茄水（像是用來做冰砂）剩下的果肉，可做蕃茄洋蔥醬汁（sofrito）或蕃茄醬汁。如果用到的是果肉，那步驟對調，就可以把剩下的水做成清爽的飲料。
- 熬高湯後剩餘的材料可加清水再煮一次，熬出來的湯汁（我們稱為二次高湯）可以在下次熬湯時取代清水，讓湯更鮮甜美味。
- 熬煮完雞高湯的雞肉，可撕碎做沙拉。
- 熬煮完火腿高湯的火腿屑，可搭配豌豆做成另一道菜。
- 只取用蛋黃後剩下的蛋白，可留下來做其他菜（像是慕斯或蛋白糖霜酥）；只取用蛋白後剩下的蛋黃，則可以用來做雞蛋焦糖布丁。

上面舉出的一些可口、有趣的烹飪點子，不僅可以省錢，還可以善用剩餘食材，既經濟又實惠。

神奇增稠劑

多年來，專業廚師習慣用玉米糖膠（xanthan gum，又叫三仙膠）來稠化和凝結醬汁。玉米糖膠是一種黏稠性超強的水狀膠質。這種產品非常有效，只要一點點份量，就能取代傳統的增稠劑，如玉米澱粉。這在調味時也非常重要，因為使用的份量極少，所以不會影響菜餚風味。基於這些理由，專業廚房使用玉米糖膠是合理的，但如在家使用，因為需要添加的份量太少，所以很難測量。因此，在家做菜給幾個人吃時，如果需要勾芡，比較簡單的做法是把玉米澱粉用少許液體調成稠汁，拌入醬汁或醋汁，再加熱凝結。如果是要煮菜給75人吃，用玉米澱粉就很難勾芡，此時只要加入用量精確、極微量的玉米糖膠，就能達到最佳效果。

CRU技術

我們在鬥牛犬餐廳裡所說的「CRU技術」，是將飽含水份的食材（好比蔬菜水果）和其他不同味道，以及香味的液體真空密封起來，讓外來的液體滲入食材，取代食材原本的水份和味道，例如：蘋果白蘭地（Calvados）風味的蘋果、小茴香風味的鳳梨、羅勒風味的蘋果、醋汁朝鮮薊和帕瑪森起司水風味的蘆筍。

在家烹調料理

事先規劃　我們為一般家庭修改家常菜食譜時，發現前置作業對餐館的重要性。當然，大家在家做菜時通常不會預先準備，但是前置作業對一般家庭也很有幫助。有些事情當然必須當天完成，但有些可以預先準備，像是高湯和醬汁。先仔細確實地規劃，再決定能預先準備的事——以有效利用時間為首要考量。首先，最好規劃出每週的菜色，列出可以事先購買的清單（最新鮮的食材必須當天買）。建議依照31組套餐前面的「菜單規劃」來準備，可以讓你在極短時間內完成3道菜。而步驟繁瑣或須花費較長時間準備的料理，不妨留在週末、假日再烹調。

選購　在菜市場買菜比較好？還是在超市買菜比較好呢？其實兩者各有利弊。在菜市場和小舖，你可以和供應商熟絡，建立起情誼和信任感。很多人認為熟識肉販和魚販很重要，這樣在買肉或海鮮時，就能善用他們的專業經驗，並把前置作業交由他們處理，包括最累的工作，像是刮魚鱗、去骨、清內臟、切剁等等。他們也能針對特定食譜提供建議，幫助挑選最適合的肉類部位和魚類。而超市因大量進貨，常常可以降低價格。此外，別忘了還可以上網購買食材，有些大型超市提供這項服務，讓你在採買時更有效率，尤其在添購廚房的必備物品時，更是方便。總之，最好的方法是善用各種管道，以最適合自己的方式來購買食材。

蔬菜水果類　購買當季時令的蔬菜和水果是最棒的做法。記得剛上市的價位永遠高於盛產期，比價後再選價格最合理的下手。建議可以少量購買，只要採買需要的量即可。

乳製品類　最好是選購全脂乳製品，因為它的含脂量比較適合用來做本書中的許多道菜。購買鮮奶油時，一定要確認是用來做打發鮮奶油，還是用來烹調料理，用途不同，脂肪含量就不一樣，所以一定要查明包裝上的標示。優酪乳的用途很廣泛，是絕佳的產品。市面上販售五花八門的優酪乳，如風味、滑潤度、甜度和含脂量等，都各有特色。選購烹飪用的優酪乳時，最好不要太複雜，以優質全脂原味優酪乳為最佳選擇。

麵包類 現在的麵包店販售著各式各樣，大大小小的麵包。你也可以買到半成品或已烤半熟的法式麵包棍，還有多種預先包裝的麵包。選擇你喜歡的麵包，但一定要確認清楚購買的是哪一種麵包和儲存方式。另外，可以先把麵包冷凍起來，然後用烤箱或烤麵包機快速解凍使用。

油類 你可以找到許許多多品質不同、價格也差很多的油。本書中的菜單需要用到3種油：烹飪用橄欖油、製作沙拉醬時用的特級初榨橄欖油和油炸用的葵花籽油。

魚類 盡量和當地魚販建立起情誼。選購海鮮時，能向你信任，又熟悉各種魚類特點的人請教，對烹調非常有幫助，可以幫助你做出最好的決定。

檢查魚的新鮮度時，最快的方法是看它的眼睛和魚皮。眼睛要黑亮凸出，如果顏色灰暗、看起來扁扁的或者凹陷，表示魚不是很新鮮。而魚皮要光滑結實，如果黯沉或起皺紋，就表示不新鮮。氣味也能幫你判斷魚的鮮度，魚應該沒有味道，就算有，頂多像海的味道，而不是魚腥味，強烈的魚腥味就表示魚不夠新鮮。把魚儲存在冰箱時，最好放在有格子托盤的塑膠容器裡，可將魚和滲出來的水分隔開。

選購要在家裡烹煮的魚時，可請魚販幫忙清腸去鱗。如果有需要，也可以請他幫你去皮或片成魚片。

在p.16～17中列出了本書中使用的所有魚類。不像蔬菜或肉類，不同的魚類可能長得很相似，所以最好在出門採購前，先認清楚魚的外型和模樣。如果找不到食譜中使用的魚，可請魚販建議適當的替代品來烹調。

Salsa de Soja
ACEITE
EXTREM
Contenido neto:
75cl e
inagre
Jerez

-
白口魚
(Meagre)
-

萊姆漬魚
（參照p.152）

-
鱈魚
(Cod)
-

鹽醃鱈魚燉菜
（參照p.104）
鱈魚青椒三明治
（參照p.292）

-
竹筴魚
(Horse mackerel)
-

醋漬竹筴魚
（參照p.164）

-
牙鱈
(Whiting)
-

鱈魚莎莎醬
（參照p.233）

-
鱸魚
(Sea bass)
-

萊姆漬魚（參照p.152）
日式清蒸鯛魚（參照p.194）
烤鱸魚（參照p.332）

-

沙丁魚

(Sardine)

-

芝麻沙丁魚佐胡蘿蔔沙拉
（參照p.114）

-

鰈魚

(Megrim)

-

蒜香炸魚
（參照p.252）

-

鯖魚

(Mackerel)

-

馬鈴薯燉鯖魚湯
（參照p.84）

-

藍鱈

(Blue whiting)

-

藍鱈佐綠莎莎醬
（參照p.233）

-

金頭鯛

(Gilthead bream)

-

日式清蒸鯛魚
（參照p.194）

肉類 購買肉類這種食材時，因為可能很昂貴，所以價格成了主要的考量。但即使如此，仍可以運用便宜一點的部位，烹調出優質多變的肉類料理，像土雞、火雞、鴨肉、豬肉和特定的小牛肉和牛肉。別忘了，選購品質優良的便宜部位肉品，絕對比買劣質的昂貴部位來得好，當然，也可以偶爾買份高級沙朗牛排。購買肉類時，可以買已經分裝切好的產品，或在肉舖現買現切，這樣比較新鮮。絞肉也一樣，可以買包裝好的（甚至有可以直接烹調的漢堡肉），或請肉販根據你喜歡的粗細現絞。

如何料理肉類 不同的肉有不同的烹調技巧和適合溫度。不過大致來說，可以遵循下面4項原則，我們稱它是「熱傳導方程式」。

1. 熱度要高。
2. 用最少的油。
3. 鍋子要厚。由於鍋子無法全部直接接觸到加熱板或是瓦斯的火源，所以鍋子越厚，熱度越能分布到整個鍋面。
4. 肉的分量要和鍋面大小成比例。若是把很多肉放在小煎鍋上，熱度就會大量流失。基於同樣理由，最好在料理前30分鐘，才把肉從冰箱取出。

配菜 適合搭配肉類料理的配菜有很多種，例如：

- 焗烤蔬菜，例如：櫛瓜、馬鈴薯、青椒、紅椒。
- 水煮蔬菜，例如：花椰菜、馬鈴薯或高麗菜。
- 烘烤蔬菜，例如：馬鈴薯或櫛瓜。
- 炸蔬菜，例如：洋蔥圈或茄子片。
- 豆類或鷹嘴豆（雞豆）。
- 沙拉，裡面可以有蔬菜、堅果、肉或起司，例如：華爾道夫沙拉（參照p.370）或凱撒沙拉（參照p.72）。
- 米，例如：白米飯或墨西哥飯（參照p.242）。
- 其他放在本書前菜裡的菜餚：例如：香烤蔬菜（參照p.350）、焗烤義式玉米粥（參照p.112）、炙烤生菜心（參照p.360）、奶油馬鈴薯（參照p.362）或白醬花椰菜（參照p.260）。

如何炸薯條 這本書的套餐裡面並沒有炸薯條，但很多人認為它是肉類的最佳搭檔。那麼，我們要分享最美味的薯條的做法：將馬鈴薯洗淨、切好，然後擦乾，放入油炸鍋中，用足夠熱油（140℃或285℉）迅速炸過，此時馬鈴薯尚未變色。這個步驟可先完成，然後把馬鈴薯放在廚房用紙巾上吸乾油分，放在室溫下。上菜前再以滾燙的油（180℃或360℉）炸至金黃酥脆。

如何料理蛋類 這本書中有些菜可以搭配蛋類料理。這種多樣化的食材，有很多烹調方式和搭配方法，簡單舉幾個例子，例如：單獨食用、用於冷、熱湯、沙拉中或搭配煮熟的鷹嘴豆（雞豆）。

判別雞蛋鮮度時，可以把雞蛋置於水中，如果整顆橫沉在容器底部，就是新鮮的。如果是稍微不新鮮的雞蛋，較鈍那一端會稍微上浮，浮得越高越不新鮮；假若整顆都浮在水上，就得丟棄不可使用。

煎蛋是做法最簡單，也最受歡迎的煮法，可以加在沙拉、湯品或其他菜餚中。你也可以用半熟的水煮蛋，只要把蛋放在滾水中煮3分鐘就是糖心蛋。

水波蛋是另一種經典烹調法，是把蛋用滾燙的熱水煮至蛋黃周圍的蛋白都凝固為止。

最後一種美好滋味是日式溫泉蛋（Onsen tamago），一開始先把蛋放入60～70℃（140～160℉）的溫泉中煮熟，現在的餐館廚房也用相同技巧料理，就是把蛋放入羅諾（Roner，低溫水浴器）或63℃（145℉）的蒸烤箱中煮40分鐘。

以下是最常見的蛋類料理：

1. 煎蛋
   將蛋打在小碗，再小心倒入煎鍋，要先確認鍋子的溫度夠高。如果是用於沙拉或湯品，可以用餅乾模型修掉大部分的蛋白，增加擺盤美感。

2. 水煮蛋
   把蛋放進去時，要確定水已全滾，並備妥計時器。半熟蛋需煮3～4分鐘，全熟蛋要7分鐘。煮好後立刻置於冰水中，再小心剝殼。

3. 水波蛋
   將蛋打入小碗，再小心滑入即將滾開的水中，煮3～4分鐘後用漏勺撈起，蛋黃應呈糖心狀。

煎→

煮滾→

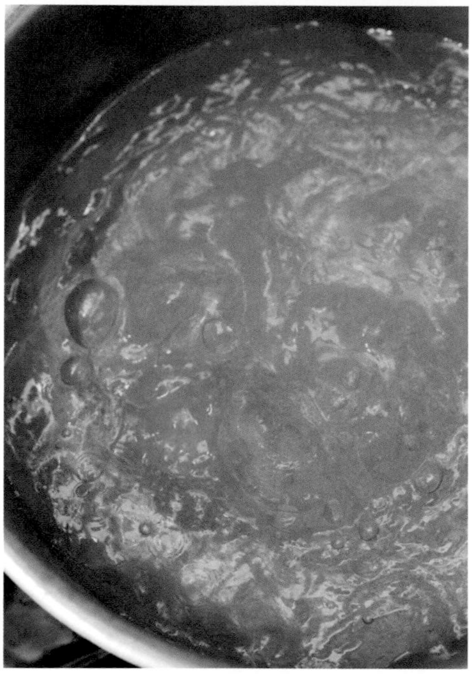

煮→

食用香草、香料和調味料

在任何廚房裡，食用香草是很實用的材料。只要添加少量，就能調整菜餚的風味。如果只是家庭使用，用量不大，可以在廚房或旁邊種幾盆最常用的香草。自己種香草只需要澆水、細心修剪等基本照料，既經濟又實惠，而且是隨手取得新鮮香草的最佳途徑，彷彿擁有一個具生命力的食物儲藏室。此外，你可以在超市買到新鮮香草，也能在市場找到大把的新鮮香草，當需要的份量較多時，建議前往購買。

新鮮香草

以下是本書食譜中使用到的香草：

- 巴西里
- 芫荽
- 薄荷
- 羅勒
- 百里香
- 迷迭香
- 蔥

乾燥香草

使用乾燥香草是另一種增添風味和香氣的方式，而且一年四季都買得到。乾燥香草的使用已有相當悠久的歷史。以下是本書食譜中使用到的乾燥香草：

- 奧勒岡
- 月桂葉
- 迷迭香
- 百里香

香料、醬汁和調味料

沒有任何一種材料比香料更能提升食物的風味和香氣，因此，長久以來，香料被視為珍貴商品。香料雖然容易儲存，但一次最好只買少量，否則在櫥櫃放上數月甚至數年之後，便會失去香味和鮮度。調味料的功能如同香料，對菜餚的風味有舉足輕重的影響，並提升預製品和菜餚的品質。以下是本書食譜中使用到的香料和調味料：

- 肉桂
- 丁香
- 番紅花
- 黑胡椒
- 白胡椒
- 甜椒
- 肉豆蔻
- 生薑
- 紅味噌
- 醬油
- 日式柴魚海帶粉
- 黃咖哩醬
- 墨西哥胭脂籽醬（Achiote paste）
- 墨西哥紅芝麻辣椒醬（Red mole paste）
- 香草莢
- 茴香
- 小茴香
- 五香粉
- 摩洛哥風味綜合香料（Ras el hanout）
- 日式七味粉
- 辣椒
- 第戎芥末醬
- 伍斯特英式辣醬（Worcestershire sauce）
- 蠔油
- 顆粒芥末籽醬

在烹調時，可以嘗試運用不同的香料和調味料，是很有趣的做法。只要勇於創新、改變和改進，每一種香料都會為料理注入獨特風味。

在家儲存食物

由於絞肉跟空氣接觸的面積較大，所以比切成整塊的肉更容易腐壞。把肉存放至冰箱前，先把原來的包裝紙或塑膠袋換掉，改放入加蓋的塑膠容器中，以避免味道混雜，或者冷空氣將肉吹乾。產品一拆封後，安全的賞味期限會隨食物種類和儲存溫度而異。一般來說，打開了的生鮮產品，可在適當溫度下安全保存2～3天。一經開罐後，記得要將罐中的食物改放入其他容器（非金屬）中。

水果或蔬菜一旦切開或切片後，營養成分就會開始流失，所以，洗淨切好後應該盡快使用。另外，也不要把蔬菜放入塑膠袋或其他會縮短生命期的容器之中。

本書中食譜的份量都經過仔細計算，避免造成浪費。如果吃不完，可以放入冰箱中存放數天。

冷凍食品

記得將每一樣要冷凍的食品貼上標籤和冷凍日期。冷凍食物時，要仔細包裝以保存食物的特性，避免沾上其他的味道。最好是依據食譜需要的份量，把食材和預製品分裝成數小包後冷凍。冰箱的維護上，要定期除霜和清理，讓冰箱能有效運作。食品的冷凍期限依種類而異，但通常都不能超過半年。此外，並非每一種食材都能用相同的方法冷凍，舉例來說，豌豆和豆類冷凍後的品質幾乎沒有差別，但冷凍過的朝鮮薊和櫛瓜，跟新鮮的就完全無法相提並論。一定要在烹調前一天把食物從冷凍庫取出，肉類或魚肉則必須放在盤子上，然後封起來，置於冰箱解凍。

基本用具在這裡

烹調本書中的食譜，需要準備一些基本的廚房器具和用具。最基本的用具可參照p.24～25，其他有用、但非必備的用具，則可參照p.26～27。

1. 大、小支廚房用刀

2. 廚房用剪刀

3. 木匙

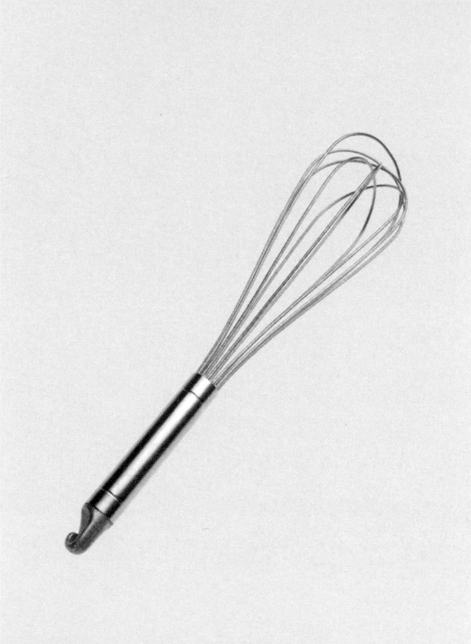
4. 打蛋器

5. 刮刀

6. 臼和杵

7. 刨絲器

8. 不沾平底鍋

9. 大、中、小型醬汁鍋

10. 烤盤

11. 量杯

12. 細目篩網

13. 磨胡椒器

14. 廚房用紙巾

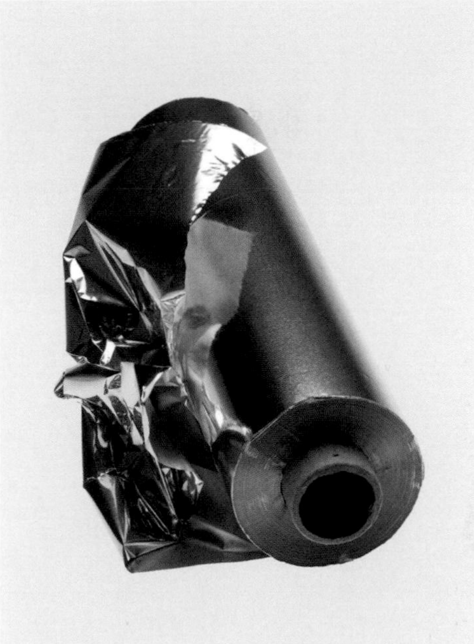

15. 鋁箔紙

16. 保鮮膜

17. 烘焙紙或臘紙

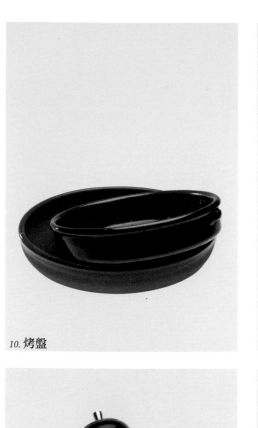

18. 不同尺寸的模型

19. 擠壓瓶

20. 榨橙汁機

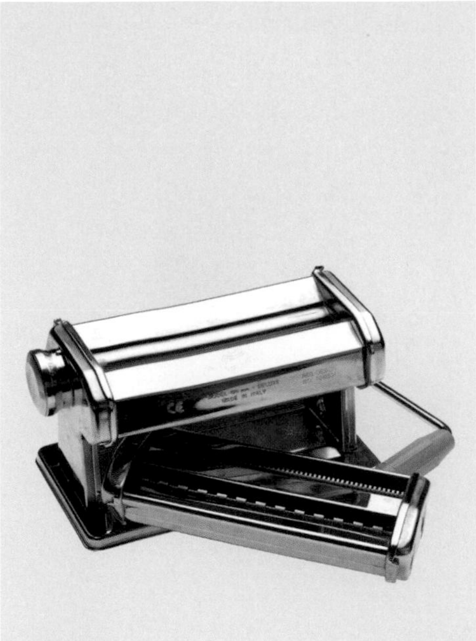

21. 製麵機

22. 不沾型烘烤墊片

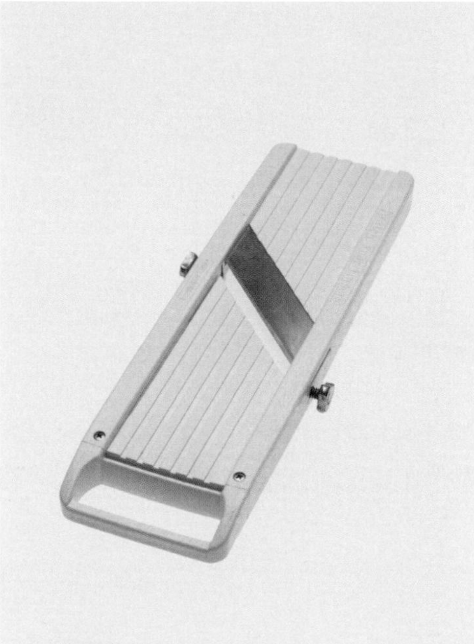

23. 刨菜器

24. 香料研磨器（刨刀）

25. 平底烤盤

26. 燉鍋

27. 壓力鍋

28. 廚房火焰噴槍

29. 發泡鮮奶油虹吸瓶和氣彈

30. 虹吸式蘇打（氣泡）瓶

31. 電子秤

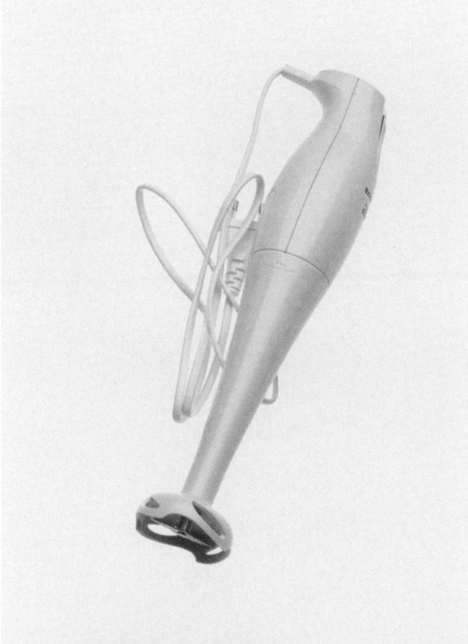

32. 手持攪拌器

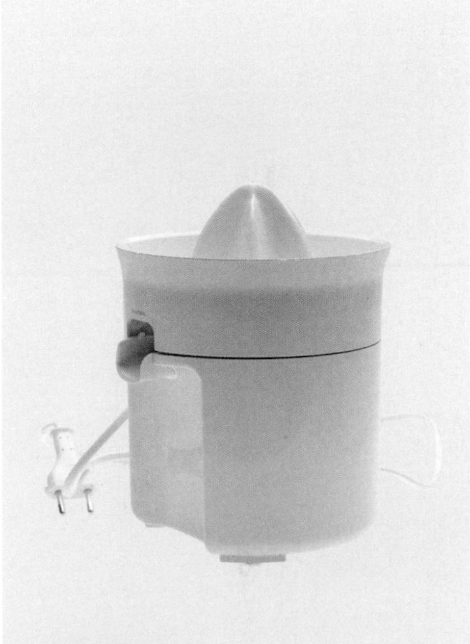

33. 電動榨橙汁機

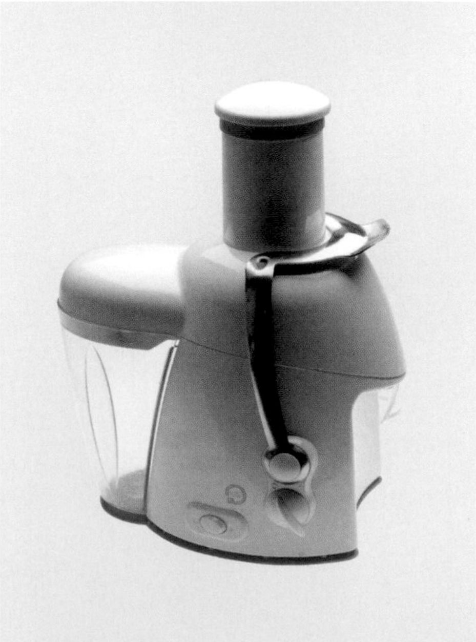

34. 電動榨汁機

35. 果汁機

*36.*食物處理機

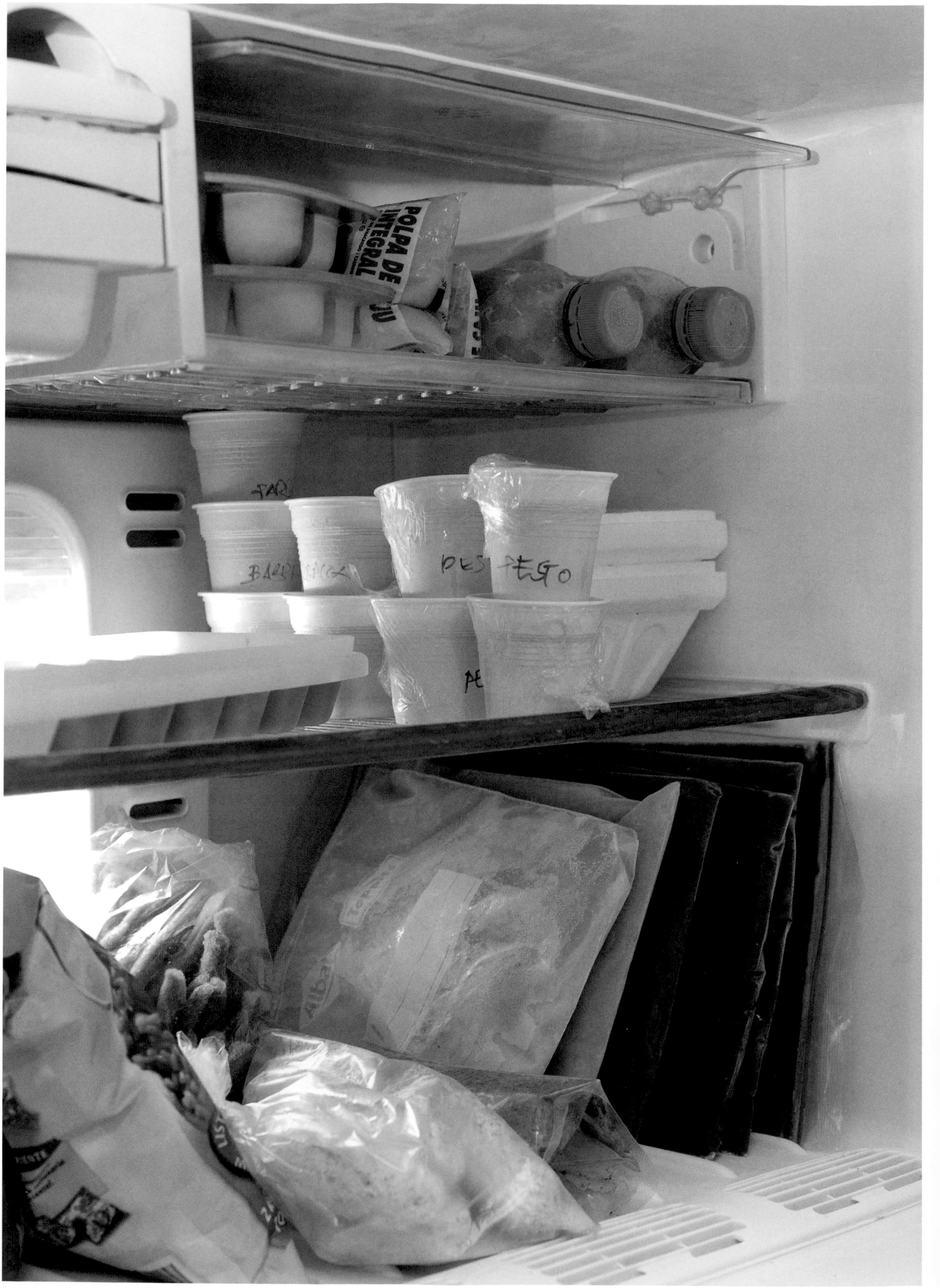
POLPA DE
INTEGRAL

必備品

一個優質的食物貯藏室，應該備妥保存期限較長的材料。建議從現在開始，先購買幾種基本材料，再依照食譜逐步購齊所有材料。等食譜全都烹調過後，就能輕鬆打造出一個很棒的基本食物貯藏室。

可以把所有生鮮材料存放於冰箱。現做的預製品（好比高湯和醬汁）最適合存放在冷凍庫，甚至可以存放幾個月，再運用到其他的料理上。

冰箱

- 蛋
- 奶油（牛油）
- 全脂牛奶
- 鮮奶油（含脂35%）
- 帕瑪森起司
- 起司片
- 原味優格
- 燻培根
- 法蘭克福香腸
- 萊姆
- 檸檬
- 其他柑橘類水果
- 蘋果
- 橘子

冷凍庫

- 加泰隆尼亞風味醬汁（參照p.41）
- 蕃茄醬汁（參照p.42）
- 西班牙風味蕃茄洋蔥醬汁（參照p.43）
- 波隆那肉醬（參照p.44）
- 西班牙蕃茄堅果紅椒醬汁（參照p.45）
- 青醬（參照p.46）
- 魚高湯（參照p.56）
- 雞高湯（參照p.57）
- 牛高湯（參照p.58）
- 火腿高湯（參照p.59）
- 墨魚汁
- 豌豆
- 菠菜
- 牛軋糖冰淇淋
- 香草冰淇淋

食物貯藏室

食用香草、香料和調味料

- 五味粉
- 茴香
- 番紅花
- 肉桂粉
- 丁香
- 小茴香粉
- 乾辣椒
- 肉荳蔻粉
- 墨西哥胭脂籽醬
- 日式柴魚海帶粉
- 摩洛哥風味綜合香料
- 日式七味粉
- 甜椒粉
- 食鹽
- 片狀海鹽
- 白胡椒
- 黑胡椒
- 香草莢
- 乾燥月桂葉
- 乾燥奧勒岡
- 乾燥迷迭香
- 乾燥百里香

蔬菜

・蒜
・馬鈴薯
・洋蔥

油和醋

・葵花籽油
・雪莉酒醋
・普通橄欖油
・白酒醋
・特級初榨橄欖油
・紅酒醋
・香油

保存食材

・醃漬酸豆
・罐裝鯷魚片
・罐裝椰奶
・罐裝蕃茄醬汁
・醃黃瓜
・罐裝玉米粒
・罐裝煮熟的豆子
・蕃茄塊
・罐裝熟扁豆
・乾香菇

澱粉類

・米
・糖粉
・紅糖（黑糖）
・玉米粉
・蜂蜜
・乾麵條
・糖蜜
・義大利麵
・玉米澱粉
・短雞蛋麵
・磨碎杏仁
・蝴蝶麵
・中筋麵粉
・通心粉
・墨西哥玉米餅
・雞蛋麵
・白細砂糖
・馬鈴薯薄片
・香酥麵包丁（參照p.52）
・北非小米（Couscous）

醬汁和調味料

・美乃滋
・烤肉醬（參照p.48）
・紅味噌醬
・蠔油
・醬油
・照燒醬（參照p.50）
・顆粒芥末籽醬
・伍斯特英式辣醬
・第戎芥末醬
・黑橄欖醬
（普羅旺斯橄欖醬）
・墨西哥式紅芝麻辣椒醬

酒類

・白蘭地
・白蘭姆酒
・君度橙酒
・白酒
・干邑白蘭地
・紹興酒
・櫻桃酒
・西班牙加烈酒
（Vino rancio）或不甜雪利酒
・茴香酒
・紅酒

堅果和種子類

・焦糖杏仁
・去皮核桃
・葡萄乾
・焦糖榛果
・松子
・加州梅
・白芝麻
・碎杏仁
・烤過的白芝麻
・烤香的西班牙杏仁豆
（Marcona almonds）

其他

・洋芋片
・即溶咖啡
・馬鈴薯條
・椰子粉
・黑巧克力
・薄荷糖或喉糖
・白巧克力
・蜂蜜口味的糖果
・無糖可可粉
・發泡鮮奶油
・虹吸瓶和氣彈

luengo
Precinto de Garantía
GOURMET
This sugar should reach you in perfect condition. If it does not, please return it to Billington's Customer Services at the address shown on the back of pack, stating where and when it was purchased. We will refund the purchase price and postage. This does not affect your statutory rights.
Produce of Mauritius

員工們享用家常菜一景

接下來幾頁，可以讓大家一窺餐廳營業前的景象。這段時間是進行前置作業和接待客人之間的寶貴時光，可以讓大家坐下來聊天、喝咖啡，當然，還有用餐。

首先是清理工作檯，擺好盤子，員工則排隊取餐。大盤的菜都擺在桌上，然後大家一起坐下來在廚房用餐。

最後把桌子整理乾淨，工作檯面收拾妥當，準備開始營業囉！

Viladrau

基本醬汁和高湯

基本醬汁和高湯

這裡所說的基本，是為了之後烹調料理所做的基本準備工作，例如：製作醬汁和高湯。事先備好這些材料的話，烹煮時就能更有條不紊。其實，在家烹調和職業廚師烹調的不同，就在於餐館事先準備的程度。廚師會事先準備大量的基本高湯、醬汁和裝飾用蔬菜，以便在料理員工餐和餐館菜餚時更省時省事。有些預製品在冷凍前會先真空包裝，但在家裡只要直接冷凍即可。

建議你把基本食譜當成在家烹調的前置作業，特別騰出時間準備，並盡可能準備最多份量（以自家鍋子和冷凍庫的大小為準），這樣準備一次就能用很久。只要手邊備妥這些預製品，就能烹調出更豐富多樣的家常菜。

本書中基本食譜的計量單位，都是以克（g）、毫升（ml）或公升（l）來計算，而不是食用人數，畢竟所需份量依食譜而異。你只要根據食譜所列的份量來算，就知道該準備多少。高湯一次熬煮愈多愈好，然後分成小包裝，存放在冷凍庫方便隨時取用。製冰盒、小塑膠容器，或者可以重複使用的密封袋，都很適合貯藏需要少量分裝的預製品，例如：加泰隆尼亞風味醬汁、西班牙風味蕃茄洋蔥醬汁或羅勒青醬等，塑膠瓶或密封盒則適合貯藏高湯。由於液體結凍會膨脹，所以，一定要在瓶子頂端和密封盒上方留些空間，此外，還要貼上標籤，註明品名、份量和冷凍日期。

當然，可以在任何一家優質超市或熟食店買到這些高湯和醬汁。要自製或購買現成品，需視自己的時間和預算而定。選購現成的高湯和醬汁時，記得選擇在預算內最優質的產品。接下來會介紹一些自製高湯的方法。對了，還有另一個好方法，就是向你信任的餐廳購買高湯。

最後，跟著本書的食譜烹調時，記得要在前一天預先把需要的食材拿出來解凍再操作。

加泰隆尼亞風味醬汁

這種醬汁香氣四溢，原本用於加泰隆尼亞料理，是許多菜餚的基本調味。通常在起鍋前才加入。

•

可在冰箱貯存1週，或放在冷凍庫6個月。

•

這個醬汁用在下列食譜：

豆子燉蛤蜊（參照p.102）
螃蟹燉飯（參照p.204）
烏賊黑米飯（參照p.272）
魚湯（參照p.320）
鴨肉燉飯（參照p.342）
鮭魚燉扁豆（參照p.352）
貽貝麵湯（參照p.372）

	100 克份量	500 克份量
番紅花絲	0.5 克	2.5 克
新鮮巴西里葉	25 克	125 克
蒜瓣	1 瓣	30 克
特級初榨橄欖油	40 毫升	200 毫升
烤去皮榛果	35 克	175 克

開始➝

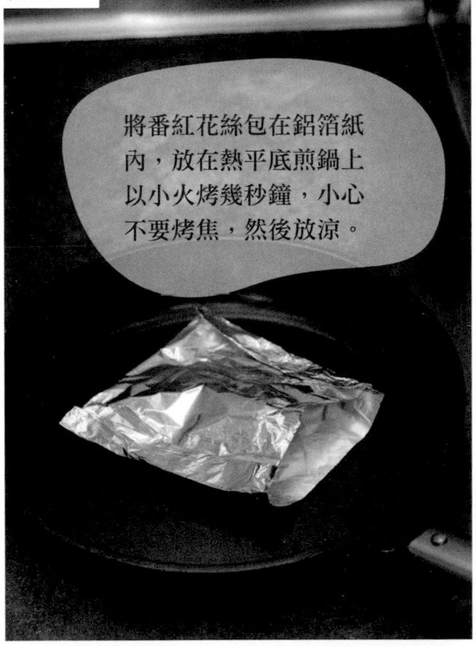

將番紅花絲包在鋁箔紙內，放在熱平底煎鍋上以小火烤幾秒鐘，小心不要烤焦，然後放涼。

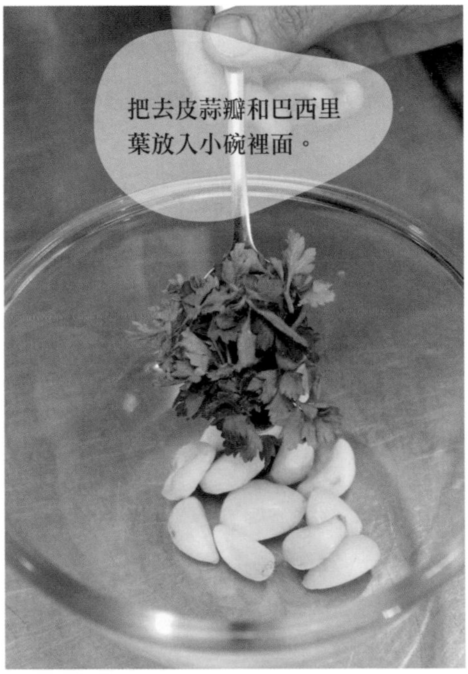

把去皮蒜瓣和巴西里葉放入小碗裡面。

加入烤好的番紅花絲。

加入橄欖油。

以手持攪拌器攪打成粗醬。

加入烤好的榛果，繼續攪打成均勻綿細的醬汁。

蕃茄醬汁

可在冰箱貯存5天，或放在冷凍庫6個月。

這個醬汁用在下列食譜：
茄汁香腸（參照 p.144）
煨燉小牛膝（參照 p.154）
茄汁義大利麵（參照 p.250）

	230克份量	2.3公斤份量	8公斤份量
特級初榨橄欖油	120毫升	1.2公升	4公升
蒜瓣	1/2瓣	25克	75克
洋蔥，切小丁	1小匙	175克	500克
罐裝去皮切丁蕃茄	350克	3.5公斤	12公斤
鹽	1小撮	30克	100克
胡椒	1小撮	6克	20克
糖	1小撮	30克	100克

開始➛

大醬汁鍋以大火加熱，倒入油，放入大蒜炒數秒鐘。

加入洋蔥炒5分鐘。

加入蕃茄，用小火熬煮至剩1/3的量。

加入鹽、胡椒和糖。

用細目篩網過篩醬汁。

西班牙風味蕃茄洋蔥醬汁

由蕃茄、大蒜、油和洋蔥所熬成的基本醬汁，是許多傳統西班牙菜餚的基本調味。

•

可在冰箱貯存5天，或放在冷凍庫6個月。

•

這個醬汁用在下列食譜：

豆子燉蛤蜊（參照 p.102）
螃蟹燉飯（參照 p.204）
烏賊黑米飯（參照 p.272）
魚湯（參照 p.320）
鴨肉燉飯（參照 p.342）
鮭魚燉扁豆（參照 p.352）
貽貝麵湯（參照 p.372）

	100克份量	350克份量	1公斤份量
蒜瓣	1 瓣	40克	140克
特級初榨橄欖油	2小匙	120毫升	400毫升
洋蔥末	300克	1公斤	3.2公斤
乾燥百里香	1小撮	1克	3克
乾燥迷迭香	1小撮	1克	3克
乾燥月桂葉	1/6片	1/2片	1.5克
新鮮或罐裝蕃茄糊	1½大匙	225克	800克
鹽	1小撮	2克	8克

開始 →

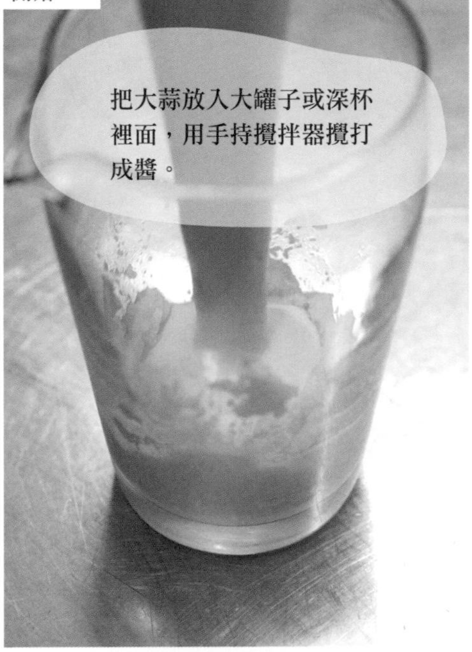

把大蒜放入大罐子或深杯裡面，用手持攪拌器攪打成醬。

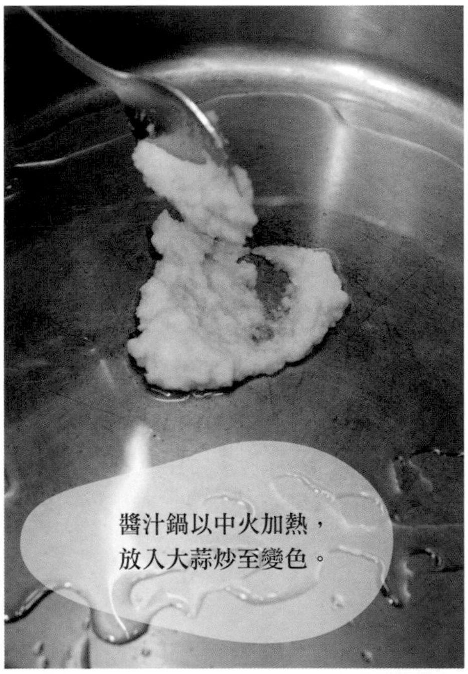

醬汁鍋以中火加熱，放入大蒜炒至變色。

同時將洋蔥放入果汁機打碎，再倒入鍋中的大蒜。

轉小火，加入全部香料，翻炒至洋蔥變色。

加入4/5量 的蕃茄糊，煮30分鐘。

加入剩餘的蕃茄糊，再煮30分鐘，用鹽和胡椒調味。

波隆那肉醬

可在冰箱貯存5天，或放在冷凍庫6個月。

•

如果偏好用烤箱，可以把食材蓋上蓋子或鋁箔紙，以180℃（365℉）烤1½小時。

•

這個醬汁用在下列食譜：
義大利肉醬麵（參照 p.82）

	2.5公斤份量	8公斤份量
奶油	225克	800克
牛絞肉	1.2公斤	4公斤
豬肉香腸碎肉	350克	1.3公斤
洋蔥末	500克	1.75公斤
西洋芹末	150克	500克
胡蘿蔔末	400克	1.5公斤
特級初榨橄欖油	150毫升	500毫升
蕃茄糊	12克	40克
罐裝去皮切丁蕃茄	1.6公斤	5.25公斤
糖	1小撮	2克

開始→

大平底鍋以中大火加熱，放入奶油融化，先加入牛絞肉炒至變色，再加入香腸碎肉。

續煮數分鐘，加鹽和胡椒調味。再續煮15分鐘，翻炒至食材呈深褐色。

同時把洋蔥、西洋芹和胡蘿蔔切末。

取另一個鍋子以小火加熱，加入橄欖油。放入蔬菜，輕炒12分鐘至變軟。

將肉加入蔬菜內拌勻。

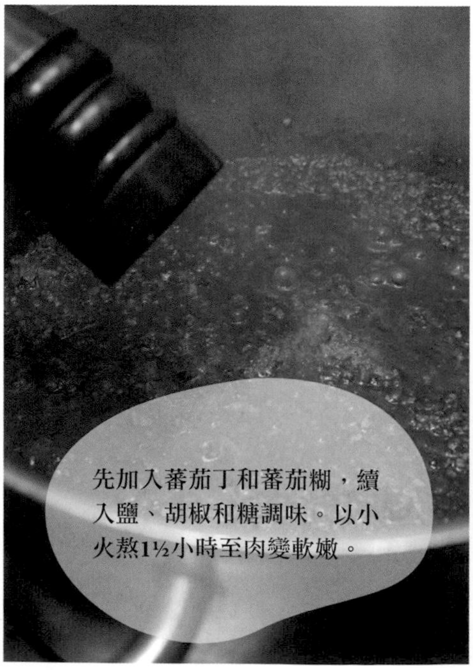

先加入蕃茄丁和蕃茄糊，續入鹽、胡椒和糖調味。以小火熬1½小時至肉變軟嫩。

羅美司哥（Romesco）堅果辣椒醬汁

這道Romesco sauce是加泰隆尼亞的傳統醬汁，做法是將堅果、紅椒加入油和雪利酒醋後搗碎，通常是海鮮、雞肉或蔬菜料理的佐料。西班牙甜椒醬（Choricero pepper paste）可在西班牙特產食品店或熟食店買到。

•

可在冰箱貯存5天，或放在冷凍庫1週。

•

這個醬汁用在下列食譜：
烤馬鈴薯佐羅美司哥堅果紅椒醬汁
（參照 p.232）

	5公斤份量	15公斤份量
熟蕃茄	350克	750克
大蒜，整顆	150克	400克
特級初榨橄欖油	300毫升	900毫升
烤去皮榛果	350克	1公斤
白鄉村麵包，切片	1公斤	1.7公斤
雪利酒醋（Sherry vinegar）	2.5公升	8公升
西班牙甜椒醬（Choricero pepper paste）	1.2公升	4.5公升

開始 ➝

烤箱預熱至200℃（400℉）。將整顆蕃茄和大蒜放在烤盤上，烘烤45分鐘，或者變黑且熟透。

放涼至可以用手拿後，蕃茄去皮，放在碗內。
切除大蒜頂部，把熟軟的蒜肉擠在放了蕃茄的碗中。

平底鍋以中火加熱，倒入少許油，加入榛果炒4～5分鐘至呈深黃色，取出放在廚房用紙巾上吸乾油分。

準備多一點油炸麵包，取出炸好的麵包放在紙巾上吸乾油分，然後撕成一片片。

將堅果、麵包片、醋和紅椒醬放入碗中，以鹽和胡椒調味，再用手持攪拌器攪打成粗醬。

拌入剩下的油，繼續攪打至滑順。

羅勒青醬

可在冰箱貯存2天，或放在冷凍庫6個月。

•

這個醬汁用在下列食譜：
青醬蝴蝶麵（參照 p.192）

	1.6公斤份量	6公斤份量
新鮮羅勒	425克	1.6公斤
蒜瓣	25克	100克
松子	120克	435克
特級初榨橄欖油	190毫升	700毫升
橄欖油	425毫升	1.6公升
佩克里諾起司（Pecorino cheese），磨碎	50克	200克
帕瑪森起司（Parmesan cheese），磨碎	230克	870克

開始 →

羅勒葉去掉莖部，損壞的部分丟掉不要使用。

煮一鍋水，放入羅勒葉。

放在水中汆燙5秒鐘，至羅勒葉軟化。

用篩網過濾，待稍微冷卻後擠乾水分，放在一邊。

蒜瓣切對半。小醬汁鍋加入冷水，放入大蒜，把水煮沸。

取出大蒜，放入冷水中冷卻。

繼續➔

羅勒葉稍微切一下。

將羅勒葉、松子、煮過的大蒜和2種橄欖油放入大碗裡面。

用手持攪拌器攪打成粗粒狀的醬汁。

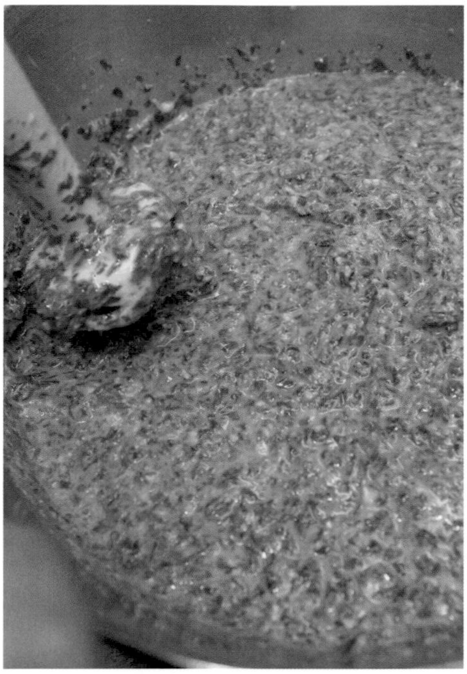

拌入起司，以鹽調味。

分裝至小容器裡面，以便儲存。

烤肉醬

可在冰箱貯存1週，或放在冷凍庫6個月。

•

這個醬汁用在下列食譜：

香烤豬肋排（參照 p.262）

	1.5公斤份量	5公斤的份量
紅洋蔥	1.2公斤	4公斤
蒜瓣	15克	50克
香茅	30克	100克
生薑	65克	250克
橘子	450克	1 .5公斤
金黃或褐色粗粒砂糖	270克	900克
蜂蜜	120克	400克
糖蜜	120克	400克
雪利酒醋	150克	500克
第戎芥末醬	60克	200克
伍斯特英式辣醬	15克	50克
蕃茄醬	800克	3公斤
罐裝去皮切丁蕃茄	1.2公斤	4公斤

開始 →

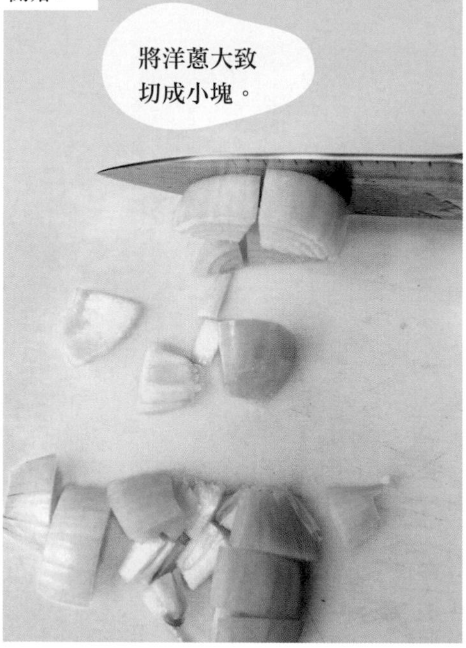
將洋蔥大致
切成小塊。

用擀麵棍或其他重器將大蒜、
香茅和生薑壓碎，再切末。

橘子擠汁備用。
大醬汁鍋以中火加熱，
加入洋蔥炒5分鐘至呈
深黃色。

加入大蒜末，
續炒3分鐘。

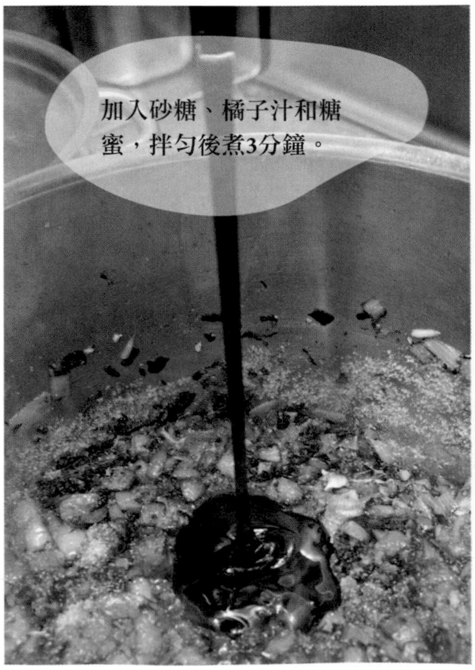
加入砂糖、橘子汁和糖
蜜，拌勻後煮3分鐘。

繼續 ➤

倒入蜂蜜。

加入生薑和香茅。

加入第戎芥末醬、伍斯特英式辣醬和蕃茄醬。

加入罐裝蕃茄，以小火熬煮30分鐘。

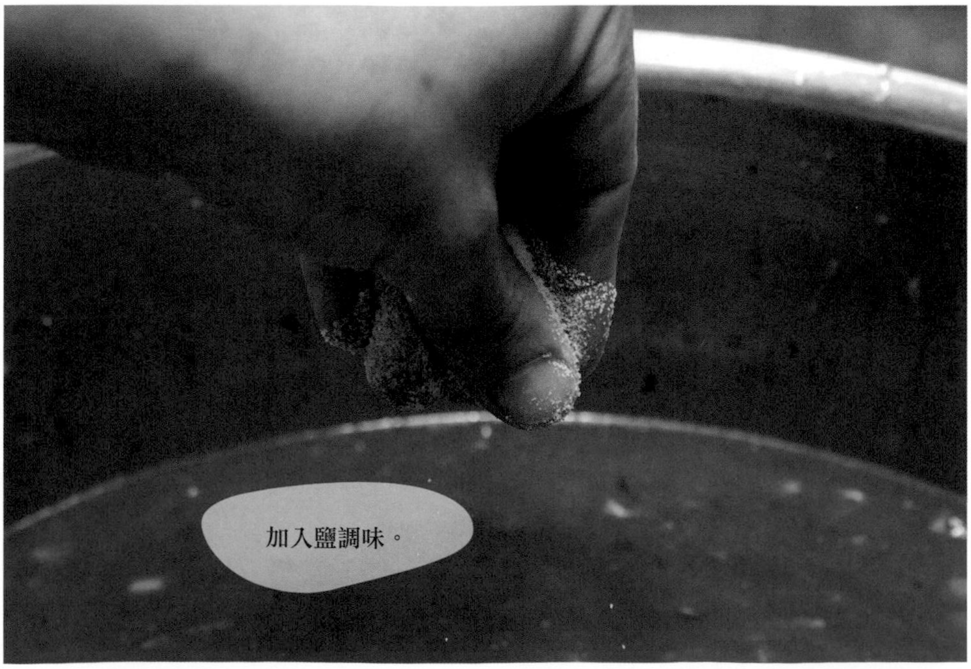

加入鹽調味。

用篩網過濾，然後放涼。

照燒醬

可在冰箱貯存15天，或放在冷凍庫6個月。

•

這個醬汁用在下列食譜：
醬燒五花肉（參照 p.302）

	1公斤份量	4公斤份量
香茅	75克	200克
生薑	30克	100克
雞高湯（參照p.57）	400毫升	1.5公升
醬油	400毫升	1.5公升
糖	600克	2公斤
蜂蜜	400克	1.5公斤

開始 ➝

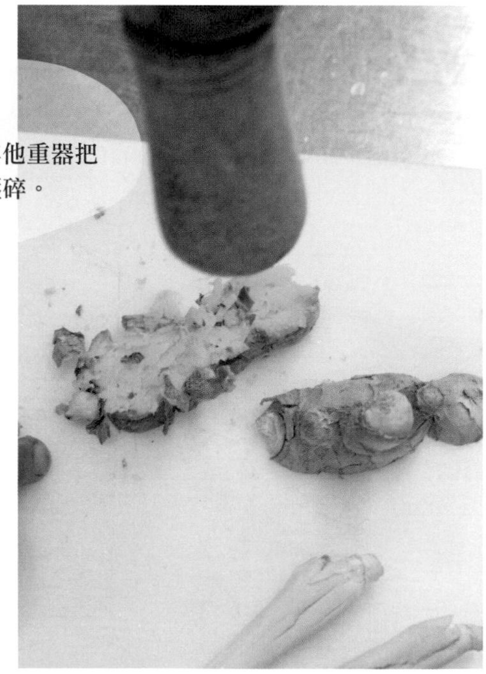
用擀麵棍或其他重器把
生薑和香茅壓碎。

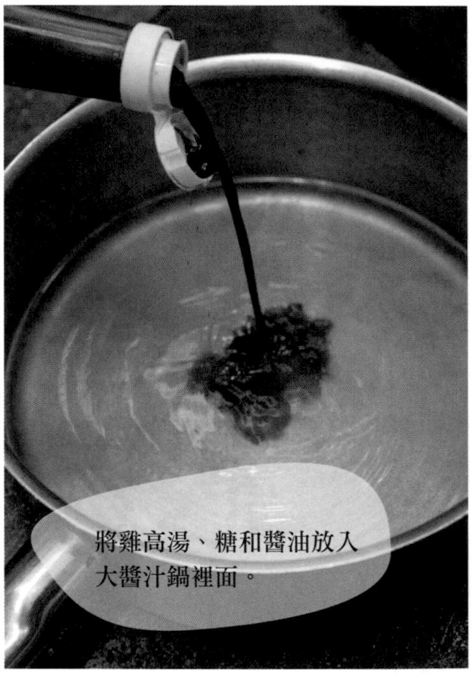
將雞高湯、糖和醬油放入
大醬汁鍋裡面。

加入蜂蜜。

加入壓碎的香茅和生薑，
以中火加熱煮沸，再滾15
分鐘。

過濾之後保存。

阿根廷香料辣椒醬

阿根廷香料辣椒醬（Chimichurri sauce）是以巴西里、大蒜、香料、橄欖油和醋調製而成。源自南美洲，通常做為牛排醬，但也可以搭配其他烘烤或燒烤料理。

•

可在冰箱貯存15天，或放在冷凍庫6個月。

•

這個醬汁用在下列食譜：
香煎鴨肉佐阿根廷香料辣椒醬
（參照p.226）

	3.5公升份量	7公升份量
洋蔥	375克	750克
大蒜	100克	200克
新鮮巴西里	150克	300克
熟蕃茄	1.5公斤	3公斤
小紅辣椒	2根	4根
乾燥百里香	5克	10克
乾燥奧勒岡	25克	50克
茴香粉	2克	5克
匈牙利甜紅椒粉	12克	25克
粗鹽	35克	75克
檸檬	1顆	2顆
雪利酒醋	125克	250克
夏多內白酒醋（Chardonnay vinegar）	250克	500克
橄欖油	750毫升	1.5公升
葵花籽油	500毫升	1公升
水	750毫升	1.5公升

開始 ➛

洋蔥和大蒜切末，放進大碗裡面。巴西里去莖切末，也放入大碗。

蕃茄去籽切小丁，辣椒去籽切末。將蕃茄和辣椒倒入放了洋蔥的碗中，加入香草和香料、粗鹽，拌勻。再加入磨碎的檸檬皮。

最後注入醋、油和水。

香酥麵包丁

這道食譜的麵包丁是用炸的，如果你想用烤箱烤，可以將烤箱預熱至約170℃（375℉），把麵包丁鋪放在烤盤上，放入烤箱烘烤8～10分鐘。

•

這道麵包丁用在下列食譜：
凱撒沙拉（參照 p.72）
青蒜馬鈴薯冷湯（參照 p.92）
西班牙蔬菜冷湯（參照 p.270）
魚湯（參照 p.320）

	100克份量	400克份量
白鄉村麵包片	3片	20片
特級初榨橄欖油	500毫升	1公升

開始→

將麵包片切成1.5公分小塊。

取一只深鍋，用中火加熱，再倒入油。

待油熱後，分批將麵包丁放入，炸6～8分鐘至金黃酥脆。

用漏勺撈出麵包丁。

放在紙巾上吸乾油分。

冷熱食都很美味！

大蒜蛋黃醬

這種類似美乃滋的濃稠醬汁源自於法國南部，以大蒜、蛋、油調製而成。

•

這個醬汁用在下列食譜：
馬鈴薯燉鯖魚湯（參照 p.84）
螃蟹燉飯（參照 p.204）
烏賊黑米飯（參照 p.272）

	1.5公升份量
蒜瓣	5瓣
蛋	8顆
特級初榨橄欖油	1.25公升

開始 ➝

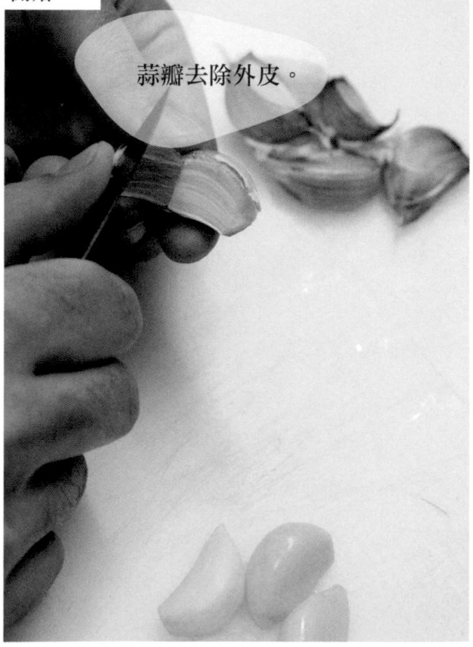

蒜瓣去除外皮。

蒜瓣切對半，如果中間有綠芽則要去除。

將蛋、大蒜放入深碗或高水壺裡面。

以手持攪拌器攪打至滑潤。

在攪拌器轉動時，將油一點一點地倒入，並以鹽調味。

完成的醬汁質地應該如美乃滋般濃稠滑潤。

高湯

當食譜的配方中提到高湯時，你可以從商店買回濃縮高湯、新鮮高湯或者自己製作。只要將高湯塊溶解在沸水中，就成了速成高湯。雖然很多廚師不建議用這種高湯，但由於它便宜方便，是在家烹調料理時的可行選擇，需要時可以加入肉或濃縮酵母來增加湯頭。現成高湯有2種，一種是需要稀釋的濃縮高湯，另一種是照一般方式烹調後分裝、已完全稀釋的高湯。後者雖然成本較高，但卻是較好的選擇。第三種選擇則是根據我們的食譜在家自己熬煮，最費力，但品質最佳。

在家熬煮高湯時，份量會受限於鍋子大小。一般家用鍋的最大容量通常是9公升，裝滿食材後可以熬出近6公升的高湯，然後以500毫升的份量分裝保存。熬煮高湯其實沒有想像中那麼耗時費力，魚高湯只需20分鐘，大多數的肉類高湯最多需要2小時。一旦開始熬煮高湯，你就可以去忙其他事。此外，千萬不要將過濾肉類高湯後剩下的骨頭和其他材料丟掉，建議加入水再煮45分鐘，讓它成為「二次高湯」。等熬下一輪的高湯時，就能加入二次高湯，讓味道更濃郁。而魚骨頭因為會變苦，所以不能重複熬煮。

關於保存期限，新鮮高湯可放入冰箱保存2天，或者放入冷凍庫可保存3個月。

-

魚高湯

-

魚高湯可用任何白肉魚和甲殼類海鮮一起熬煮，加入螃蟹也可以增添不少風味。

•

這道高湯用在下列食譜：
馬鈴薯燉鯖魚湯（參照 p.84）
豆子燉蛤蜊（參照 p.102）
螃蟹燉飯（參照 p.204）
烏賊黑米飯（參照 p.272）
鮭魚燉扁豆（參照 p.352）
貽貝麵湯（參照 p.372）

	3公升份量
橄欖油	25毫升
螃蟹	400克
魚	1.7公斤
水	4公升

開始 →

將大鍋子以中火加熱，倒入油，然後放入螃蟹煮3～5分鐘。

加入魚。

倒入水，待水煮沸後改以小火煨煮。

撈除浮在湯上面的泡沫。

熬煮20分鐘後，以細目篩網過濾。

冷卻後，倒入容器保存。

雞高湯

這道高湯用在下列食譜：
青蒜馬鈴薯冷湯（參照 p.92）
番紅花蘑菇義式燉飯（參照 p.132）
麵包大蒜湯（參照 p.212）
鷹嘴豆菠菜加蛋（參照 p.300）
鴨肉燉飯（參照 p.342）

	2公升份量
洋蔥	130克
胡蘿蔔	80克
西洋芹	40克
洗淨的完整生雞骨架	1.25公斤（4付骨架）
水	5公升

開始 →

洋蔥切對半。將胡蘿蔔、西洋芹、洋蔥和雞骨架放入大鍋裡面。

倒入水煮沸。

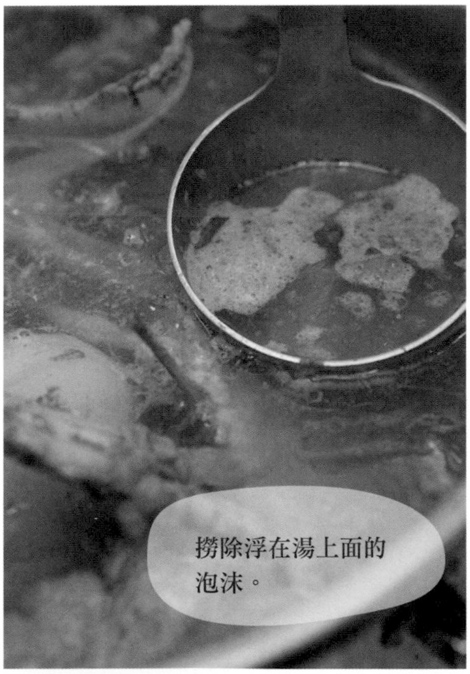
撈除浮在湯上面的泡沫。

熬煮2 ½小時。

取出雞骨和蔬菜，以細目篩網過濾。

牛高湯

這道高湯用在下列食譜：
煨燉小牛膝（參照 p.154）

	2公升份量
洋蔥	130克
牛肉肩或其他便宜部位，如牛腱	1公斤
生牛骨	2.7公斤
胡蘿蔔	80克
西洋芹	40克
水	5公升

開始→

洋蔥切對半。將牛肉、牛骨、胡蘿蔔、洋蔥和西洋芹放入大鍋裡面。

倒入水煮沸。

撈除浮在湯上面的泡沫。

熬2½小時。

以細目篩網過濾，冷卻後再倒入容器保存。

-

火腿高湯

-

這道食譜需要醃火腿的骨頭，可向肉販購買。
去除骨頭上的肉，然後用在其他料理上。

•

這道高湯用在下列食譜：
豌豆火腿（參照 p.280）

	2公升份量
火腿骨	1.35公斤
水	4公升

開始→

去除火腿骨上的肉，將骨頭放入大醬汁鍋裡面。

倒入水煮沸。

撈除浮在湯上面的泡沫。

熬煮1½小時。

以細目篩網過濾。

冷卻後，先刮除最上層的油脂，再倒入容器保存。

美味套餐

套餐 & 食譜

套餐16

-
薑汁香菇炒麵
-
香煎鴨肉佐阿根廷香料辣椒醬
-
開心果凍奶
-

（p.219）

套餐17

-
烤馬鈴薯佐
羅美司哥堅果紅椒醬汁
-
牙鱈佐綠莎莎醬
-
米布丁
-

（p.229）

套餐18

-
墨西哥玉米片
佐酪梨莎莎醬
-
墨西哥風味雞肉燉飯
-
西瓜佐薄荷糖
-

（p.237）

套餐19

-
羅勒蕃茄義大利麵
-
蒜香炸魚
-
焦糖奶泡
-

（p.247）

套餐20

-
白醬花椰菜
-
香烤豬肋排
-
萊姆香蕉
-

（p.257）

套餐21

-
西班牙蔬菜冷湯
-
烏賊黑米飯
-
橄欖油烤巧克力麵包
-

（p.267）

套餐22

-
豌豆火腿
-
香烤全雞佐馬鈴薯條
-
鳳梨佐萊姆糖蜜
-

（p.277）

套餐23

-
義式培根蛋黃醬麵
-
鱈魚青椒三明治
-
杏仁湯佐冰淇淋
-

（p.287）

套餐24

-
鷹嘴豆菠菜加蛋
-
醬燒五花肉
-
蜂蜜鮮奶油地瓜
-

（p.297）

套餐25

-
馬鈴薯四季豆佐鮮奶油
-
香烤鵪鶉佐北非小米飯
-
焦糖燉梨
-

（p.307）

套餐26

-
魚湯
-
蘑菇燉香腸
-
蜜糖橘子
-

（p.317）

套餐27

-
貽貝佐匈牙利甜紅椒醬
-
烤海鱸魚
-
焦糖布丁
-

（p.327）

套餐28

-
哈密瓜佐醃火腿
-
鴨肉燉飯
-
巧克力蛋糕
-

（p.337）

套餐29

-
香烤蔬菜
-
鮭魚燉扁豆
-
白巧克力鮮奶油
-

（p.347）

套餐30

-
炙烤生菜心
-
紅酒芥末小牛肉
-
巧克力慕司
-

（p.357）

套餐31

-
華爾道夫沙拉
-
貽貝麵湯
-
哈密瓜薄荷甜湯
佐粉紅葡萄柚
-

（p.367）

如何選擇和準備套餐

1. 可以自己的空閒時間和客人的飲食喜好為考量，選擇想做的套餐。建議先參考「食譜規劃時間表」，大部分的套餐須費時30分鐘～2小時來完成3道菜。一般來說，甜點最花時間，所以如果你捨棄甜點，準備時間通常不會超過30分鐘。

2. 詳讀食譜、材料清單和食譜規劃時間表。

3. 擬定採購清單，查看哪些材料是家裡已經有的。

4. 購買料理所需的材料。

5. 確實跟著食譜的步驟來烹調。

專屬自己的菜單

雖然我們已經把這些食譜精心搭配成各種套餐，但你大可重新組合創造新的套餐，或者避開可能不合客人胃口的菜色。只要善用下列這個表格，就能從不同種類的食譜中設計屬於自己的菜單，創造更豐富多變、營養均衡的美味套餐。

餐類	菜的種類	食譜	頁數	套餐
冷前菜	沙拉	萊姆漬魚	152	9
		馬鈴薯沙拉	182	12
		凱撒沙拉	72	1
		羅勒蕃茄沙拉	202	14
		哈密瓜佐醃火腿	340	28
		華爾道夫沙拉	370	31
	湯	西班牙蔬菜冷湯	270	21
		青蒜馬鈴薯冷湯	92	3
	蔬菜	墨西哥玉米片佐酪梨莎莎醬	240	18
熱前菜	米和麵	義式培根蛋黃醬麵	290	23
		羅勒蕃茄義大利麵	250	19
		青醬蝴蝶麵	192	13
		波隆那肉醬麵	82	2
		薑汁香菇炒麵	222	16
		焗烤義式玉米粥	112	5
		番紅花蘑菇義式燉飯	132	7
	蛋	炸荷包蛋佐蘆筍	172	11
		洋芋片歐姆雷	122	6
	豆類	鷹嘴豆菠菜加蛋	300	24
		豆子燉蛤蜊	102	4
	湯	蛤蜊味噌湯	162	10
		麵包大蒜湯	212	15
		魚湯	320	26
	貝殼類	貽貝佐匈牙利甜紅椒醬	330	27
	蔬菜	味噌醬烤茄子	142	8
		炙烤生菜心	360	30
		白醬花椰菜	260	20
		香烤蔬菜	350	29
		豌豆火腿	280	22
		烤馬鈴薯佐羅美司哥堅果紅橄椒醬汁	232	17
		馬鈴薯四季豆佐鮮奶油	310	25

餐類	菜的種類	食譜	頁數	套餐
主菜	米和麵	螃蟹燉飯	204	14
		鴨肉燉飯	342	28
		烏賊黑米飯	272	21
		貽貝麵湯	372	31
	雞	蘑菇雞翅	174	11
		香烤全雞佐馬鈴薯條	282	22
		墨西哥風味雞肉燉飯	242	18
	火雞	加泰隆尼亞風味燉火雞腿	134	7
	鴨	香煎鴨肉佐阿根廷香料辣椒醬	226	16
	鵪鶉	香烤鵪鶉佐北非小米飯	312	25
	豬肉	墨西哥風味慢燉豬肉	214	15
		蘑菇燉香腸	322	26
		香煎豬排佐烤紅椒	124	6
		香烤豬肋排	262	20
		醬燒五花肉	302	24
		茄汁香腸	144	8
	羊肉	薄荷芥末烤小羊肉	94	3
	牛肉	起司漢堡佐洋芋片	74	1
		泰式咖哩牛肉	184	12
	小牛肉	紅酒芥末小牛肉	362	30
		煨燉小牛膝	154	9
	魚	鮭魚燉扁豆	352	29
		馬鈴薯燉鯖魚湯	84	2
		日式清蒸鯛魚	194	13
		醋漬鯖魚	164	10
		烤鱸魚	332	27
		鱈魚青椒三明治	292	23
		牙鱈佐綠莎莎醬	233	17
		蒜香炸魚	252	19
		鹽醃鱈魚燉菜	104	4
		芝麻沙丁魚佐胡蘿蔔沙拉	114	5
甜點	滑順可口的甜點	加泰隆尼亞風味烤布蕾	146	8
		焦糖奶泡	254	19
		椰香布丁	206	14
		開心果凍奶	227	16
		杏仁湯佐冰淇淋	294	23
	巧克力	巧克力餅乾	86	2
		白巧克力鮮奶油	354	29
		巧克力慕司	364	30
		橄欖油烤巧克力麵包	274	21
		巧克力蛋糕	344	28
		松露巧克力	96	3
	水果	草莓醋汁	186	12
		無花果佐櫻桃酒鮮奶油	217	15

餐類	菜的種類	食譜	頁數	套餐
甜點	水果	橘子佐君度橙酒	197	13
		芒果白巧克力優格	116	5
		烤蘋果	106	4
		蜜糖橘子	324	26
		焦糖燉梨	314	25
		椰林風情	157	9
		鳳梨佐萊姆糖蜜	284	22
		萊姆香蕉	264	20
		西瓜佐薄荷糖	245	18
		西班牙水果雞尾酒	176	11
		哈密瓜薄荷甜湯佐粉紅葡萄柚	374	31
	其他	米布丁	235	17
		優格奶泡佐草莓	136	7
		杏仁餅乾	166	10
		椰香英式馬卡龍	126	6
		聖地牙哥蛋糕	76	1
		焦糖布丁	334	27
		蜂蜜鮮奶油地瓜	304	24

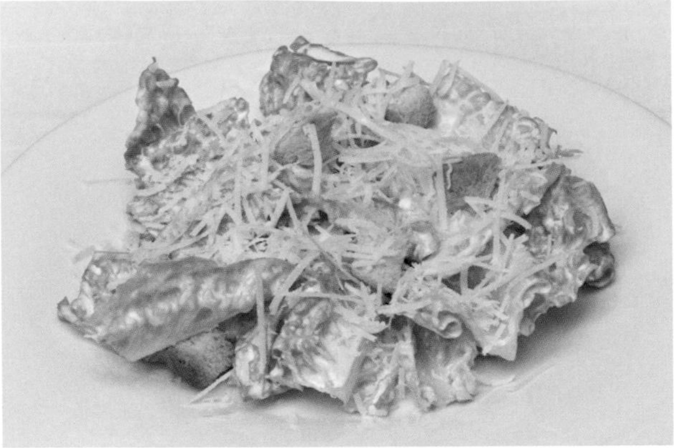

—

美味套餐 1

—

凱撒沙拉

Caesar salad

—

起司漢堡佐洋芋片

Cheeseburger & potato crisps

—

聖地牙哥蛋糕

Santiago cake

材料

新鮮採購類：

* 蘿蔓生菜或美生菜
* 牛絞肉
* 漢堡麵包
* 新鮮的漢堡配料，如洋蔥或蕃茄
* 檸檬

食品貯存室類：

* 大蒜
* 橄欖油浸鯷魚片
* 雪利酒醋
* 葵花籽油
* 鹽
* 白胡椒粒
* 橄欖油
* 香酥麵包丁（參照p.52）
* 洋芋片
* 酸黃瓜或其他適合漢堡的調味品
* 麵粉
* 糖
* 杏仁粉
* 肉桂粉
* 白細砂糖

冷藏室類：

* 帕瑪森起司
* 全脂牛奶
* 蛋
* 起司片
* 奶油

凱撒沙拉

起司漢堡佐洋芋片

聖地牙哥蛋糕

烹調流程規劃

烹調流程規劃	距用餐時間（小時）
	4
	3½
	3
	2½
2 小時前 製作聖地牙哥蛋糕，放涼。 製作漢堡肉，放在冰箱。	2
	1½
	1
30分鐘前 製作凱撒沙拉醬汁和清洗生菜。 將蛋糕脫膜，切片，撒上糖粉。	½
5分鐘前 煎漢堡肉。	
用餐前 完成凱撒沙拉，盛盤。 烤漢堡麵包，依個人喜好完成起司漢堡。	
	享受豐盛料理

凱撒沙拉

自製香酥麵包丁（參照p.52）

•

可以用溫和的橄欖油代替葵花籽油，以美式生菜代替羅馬尼亞萵苣。

•

做出美味的凱撒沙拉的祕訣在於使用上等材料，而且要在上菜前才能拌入沙拉醬。

	2人份	6人份	20人份	75人份
製作沙拉醬：				
蒜瓣	1/2瓣	1½瓣	4瓣	12瓣
橄欖油浸鯷魚片，瀝乾	2片	6片	40克	140克
蛋黃	1顆	2顆	3顆	12顆
雪利酒醋	2小匙	2大匙	8毫升	30毫升
葵花籽油	3大匙+1小匙	200毫升	600毫升	1.5公升
帕瑪森起司，磨碎	20克	40克	120克	300克
製作沙拉：				
蘿蔓生菜	1小顆	1½顆	2公斤	7.5公斤
香酥麵包丁	30克	50克	300克	1公斤
帕瑪森起司，磨碎	20克	60克	150克	500克

開始→

將大蒜、鯷魚片和蛋黃放入大罐子或大水杯裡面。

以手持攪拌器攪打至平滑。

慢慢加入葵花籽油，攪打成類似美乃滋的平滑濃稠醬汁，拌入醋。

拌入磨碎的帕瑪森起司。

繼續➛

將生菜切成4
公分長。

將生菜放入大碗裡面，倒入
凱撒醬汁，然後拌勻。

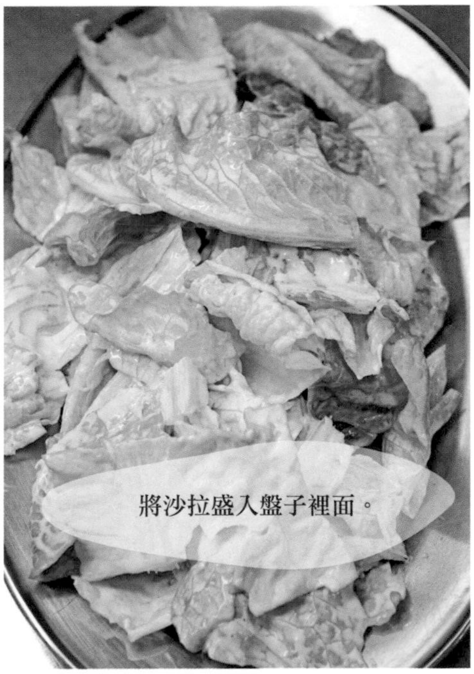

將沙拉盛入盤子裡面。

撒上磨碎的帕
瑪森起司。

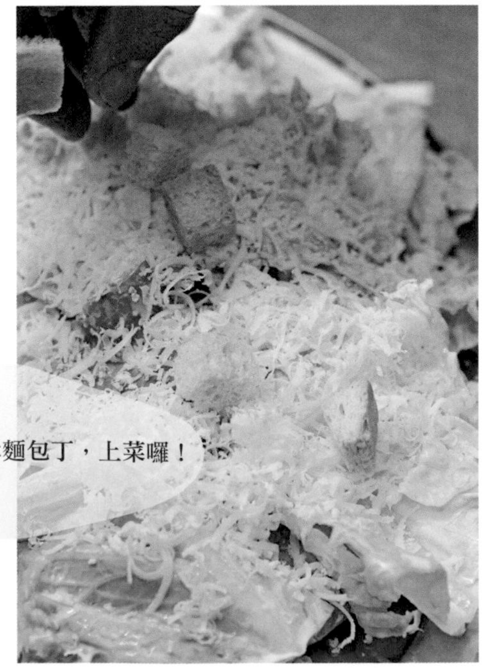

撒上香酥麵包丁，上菜囉！

起司漢堡佐 洋芋片

使用高級肉舖販售的漢堡肉是最省事的做法。如果要自己製作，記得選購含10%脂肪的牛肩頸肉。

•

可以搭配任何喜歡的配料，像是洋蔥、蕃茄、酸黃瓜、芥末醬、蕃茄醬和美乃滋。
如果想加入焦糖洋蔥，可把洋蔥切細絲，以少許油小火煮1小時，至洋蔥呈香軟金黃。

	2人份	6人份	20人份	75人份
白吐司（去邊）	7克	20克	65克	250克
全脂牛奶	1 ½小匙	20毫升	65毫升	250毫升
牛絞肉	250克	660克	2.2公斤	8公斤
蛋	1/2顆	1顆	4顆	15顆
鹽	1/4小匙	1小匙	22克	80克
現磨白胡椒粉	1小撮	1/4小匙	6克	20克
漢堡麵包	2個	6個	20個	75個
橄欖油	2大匙	6大匙	400毫升	1.5公升
切達起司片（Cheddar cheese）	2片	6片	20片	75片
洋芋片	50克	150克	500克	2公斤

開始→

製作漢堡時，先將吐司撕碎，然後以牛奶浸泡5分鐘。取一大碗，加入蛋。

加入肉、浸潤的吐司、鹽和胡椒粉。

用兩手抓拌均勻。

將肉餡分成每一人份約135克的份量，製成肉餅狀。

繼續 ➝

將漢堡肉放入平底鍋，
倒入油，以中火煎熟，
或者放在熱烤爐中烤
熟，過程中翻面一次。

一分熟煎3分鐘，半熟煎5
分鐘，全熟煎8分鐘。

漢堡麵包切對半，
放在乾鍋上（或烤
爐）稍微烤一下。

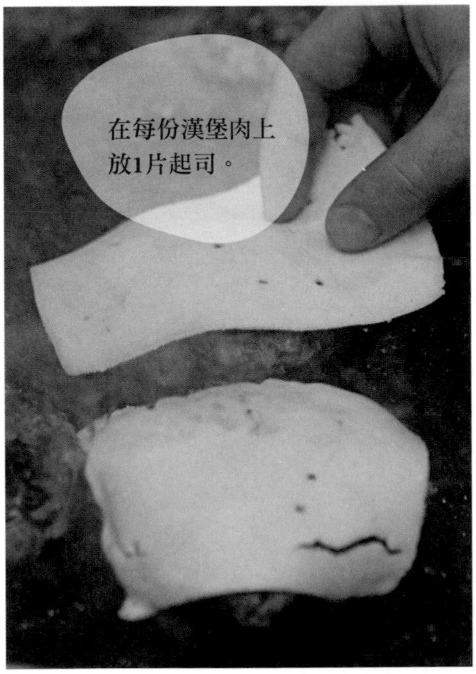
在每份漢堡肉上
放1片起司。

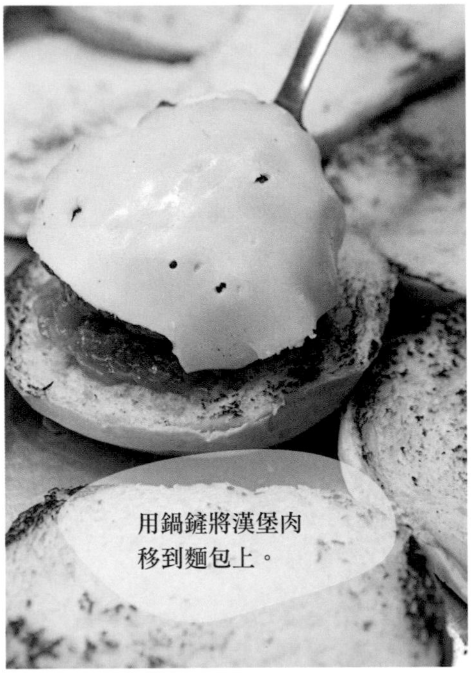
用鍋鏟將漢堡肉
移到麵包上。

蓋上另一半的麵包。

加入自己的配料。

在餐盤旁放些洋芋
片，上菜囉！

-

聖地牙哥蛋糕

-

這道傳統的杏仁蛋糕，是起源於16世紀西班牙的聖地牙哥。

•

這道蛋糕可用甜酒或波特酒調味，做法是在混入杏仁粉時倒入2小匙的酒。

•

一個蛋糕通常可供12人食用，我們建議最少要製作這個份量的蛋糕。吃不完的蛋糕，放入密封盒中可保存4天。

	2人份	12人份（1個份量）	20人份	75人份
奶油	-	1大匙	10克	30克
麵粉	-	1大匙	10克	30克
大顆雞蛋，每顆約70克	-	3顆	6顆	22顆
糖	-	150克	300克	1公斤
杏仁粉	-	150克	300克	1公斤
肉桂粉	-	1小撮	1.5克	5克
檸檬	-	1/2顆	1顆	2顆
糖粉	-	1 大匙	30克	90克

開始 →

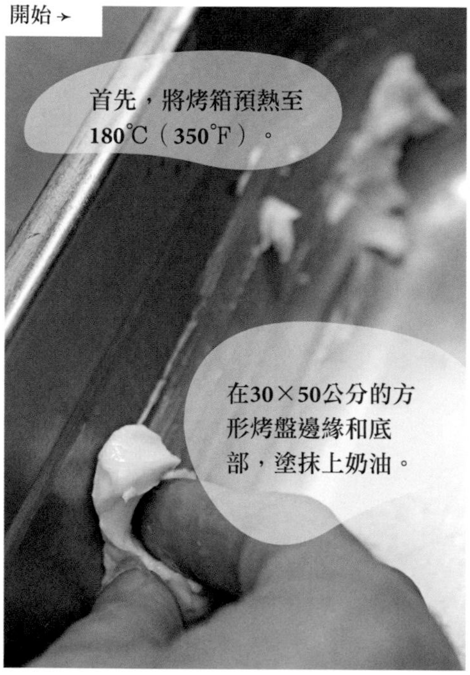

首先，將烤箱預熱至180℃（350℉）。
在30×50公分的方形烤盤邊緣和底部，塗抹上奶油。

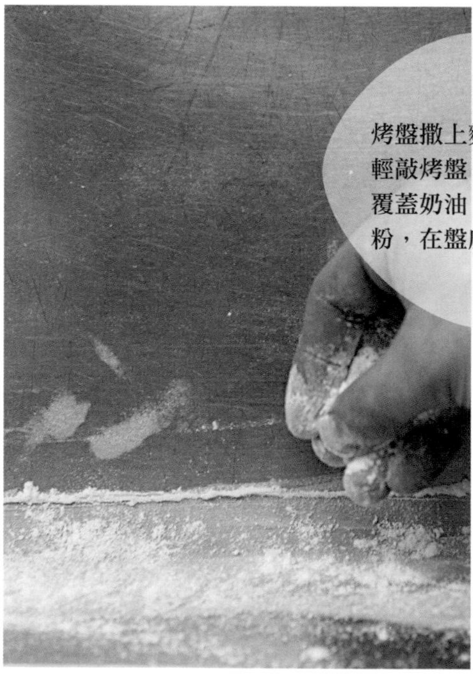

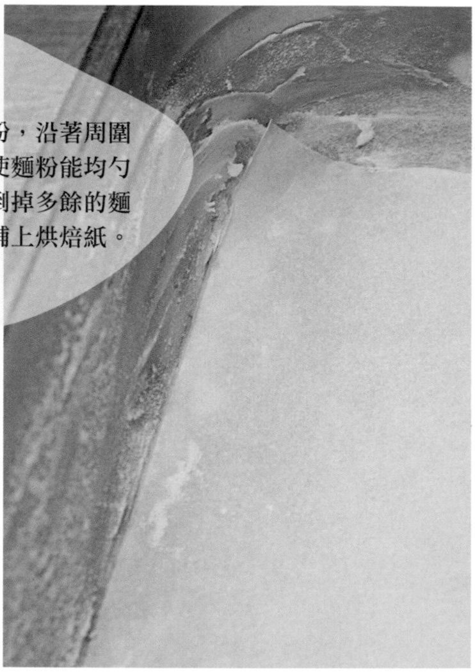

烤盤撒上麵粉，沿著周圍輕敲烤盤，使麵粉能均勻覆蓋奶油。倒掉多餘的麵粉，在盤底鋪上烘焙紙。

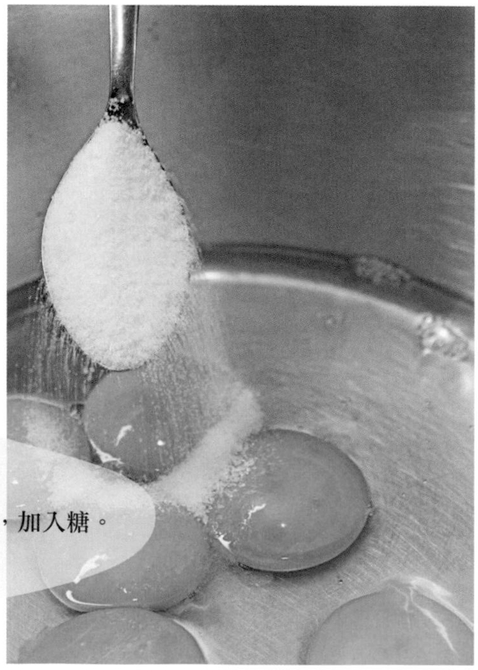

將蛋打入碗裡面，加入糖。

用攪拌機或手持攪拌器將蛋和糖混合，攪拌約5分鐘至濃稠起泡。

繼續→

杏仁粉和肉桂粉
混合均勻。

加入磨碎的檸檬皮，然後拌勻。

將混合好的粉類加入蛋液
中，以刮刀小心拌入，盡
量保留較多的空氣。

將混合好的麵糊，倒入剛
才準備的烤盤裡面。

麵糊應該有1.5公分
的高度。

放入烤箱烤17分鐘，或者
烤至麵糊均勻膨脹、呈金
黃色且脫離烤盤邊緣。從
烤箱取出，放涼。

取出烤盤上的蛋糕，
切成數等分。

以細目篩網將糖粉
撒在蛋糕上，即可
品嘗。

—

美味套餐 2

—

波隆那肉醬麵

Pasta bolognese

—

馬鈴薯燉鯖魚湯

Mackerel & potato stew

—

巧克力餅乾

Chocolate cookies

波隆那肉醬麵

馬鈴薯燉鯖魚湯

材料

新鮮採購類：

* 鯖魚
* 熟蕃茄
* 新鮮巴西里
* 新鮮馬鈴薯

食品貯存室類：

* 大蒜
* 鹽
* 筆管麵
* 特級初榨橄欖油
* 橄欖油
* 微辣匈牙利紅椒粉
* 黑胡椒粒
* 玉米澱粉
* 香草莢
* 糖
* 黑巧克力，含75%可可
* 白巧克力
* 麵粉
* 五香粉
* 即溶咖啡粉

冷藏室類：

* 帕瑪森起司
* 大蒜蛋黃醬（參照p.53）
* 蛋
* 奶油

冷凍庫類：

波隆那肉醬（參照p.44）
魚高湯（參照p.56）

巧克力餅乾

烹調流程規劃

距用餐時間（小時）

4

3½

3

2½

2

1½ — **最少1小時前**
製作餅乾麵糰，然後冷凍起來。

1 — **1小時前**
準備燉魚湯用的魚、馬鈴薯、大蒜、香料和蕃茄。

½ — **30分鐘前**
開始製作燉魚湯的醬汁。

20分鐘前
將馬鈴薯加入燉湯。

預熱烤箱，準備烘烤餅乾。

加熱波隆那肉醬。

10分鐘前
烹煮麵條。

用餐前
將餅乾切好放進去烘烤。

瀝乾麵條，拌入油。

在吃麵時，將鯖魚加入燉湯裡面烹煮。

享受豐盛料理

上主菜前
燉湯醬汁勾芡，加入大蒜蛋黃醬和巴西里。

上主菜

波隆那肉醬麵

可預先做好波隆那肉醬（參照p.44），
放入冰箱冷凍。使用前，記得要先
拿出來解凍。

•

這道料理可以搭配任何一種麵條。
義大利的傳統吃法是
搭配寬扁麵（tagliatelle）。

	2人份	6人份	20人份	75人份
波隆那肉醬（參照p.44）	175克	540克	2公斤	7.5公斤
水	1.5公升	3公升	6公升	22公升
鹽	3小匙	30克	60克	220克
筆管麵	180克	540克	1.8公斤	7公斤
特級初榨橄欖油	3大匙	120毫升	400毫升	1.5公升
帕瑪森起司，磨碎	60克	180克	600克	2公斤

開始 →

將肉醬倒入大鍋裡面，以中火加熱。

不停地攪拌至微微沸騰。

取另一只大鍋，加入水煮沸，然後加入鹽，再加入筆管麵烹煮。

攪拌1次，再讓筆管麵煮8～10分鐘至彈牙不爛（可參考麵條包裝外的烹調說明）。

繼續 →

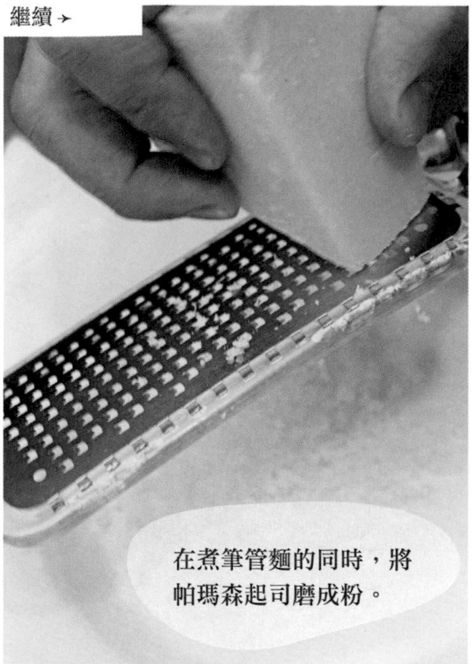
在煮筆管麵的同時，將
帕瑪森起司磨成粉。

將筆管麵瀝乾。

把筆管麵放回鍋子裡
面，倒入橄欖油拌
開，以免黏在一塊。

盛盤後，舀入1大勺肉醬。

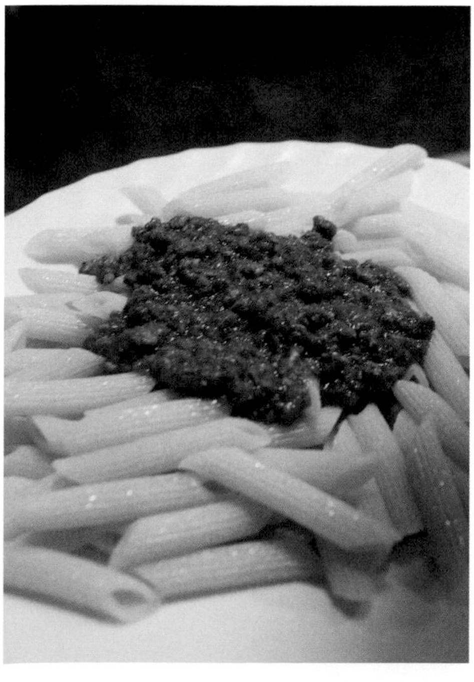

將帕瑪森起司放在旁
邊，讓大家自行取用。

馬鈴薯燉鯖魚湯

這是一道用蕃茄、匈牙利甜紅椒粉和巴西里為湯底，所熬煮而成的加泰隆尼亞風味燉魚湯。

•

可請魚販先將魚刮去鱗去腸肚，並清洗乾淨。

•

也可用加泰隆尼亞風味醬汁（參照p.41）或者美乃滋，代替大蒜蛋黃醬。

•

將大蒜、橄欖油、巴西里和蕃茄拌在一起後，就是速成的蕃茄洋蔥醬汁。

	2人份	6人份	20人份	75人份
鯖魚，每尾約350克	1尾	3尾	10尾	38尾
新鮮馬鈴薯	250克	750克	2.5公斤	9公斤
蒜瓣	2瓣	5瓣	50克	150克
新鮮巴西里，切末	1 ½大匙	3大匙	85克	325克
蕃茄，稍微磨碎	1 ½大匙	4大匙	1 公斤	4公斤
橄欖油	1 ½大匙	3大匙	250毫升	700毫升
匈牙利甜紅椒粉	1小匙	3小匙	50克	180克
魚高湯（參照p.56）	400毫升	1.2公升	4公升	12公升
玉米澱粉	1小匙	2小匙	80克	250克
大蒜蛋黃醬（參照p.53）	1/2小匙	1小匙	100克	300克

開始 ➛

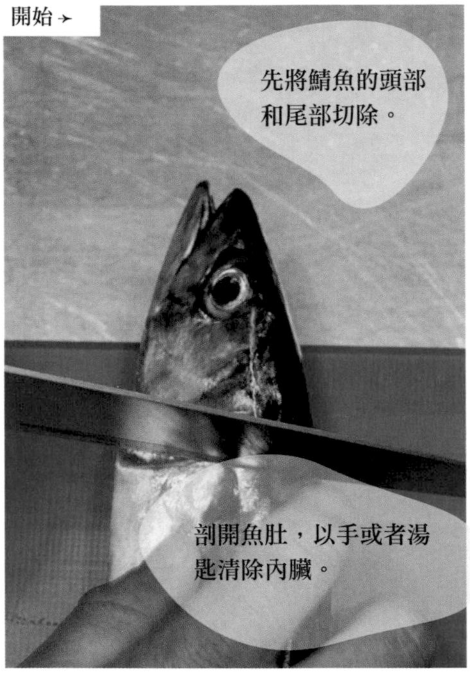

先將鯖魚的頭部和尾部切除。
剖開魚肚，以手或者湯匙清除內臟。

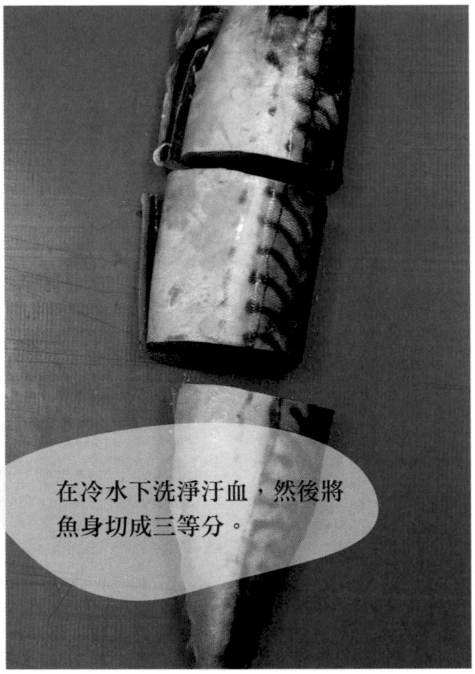

在冷水下洗淨汙血，然後將魚身切成三等分。

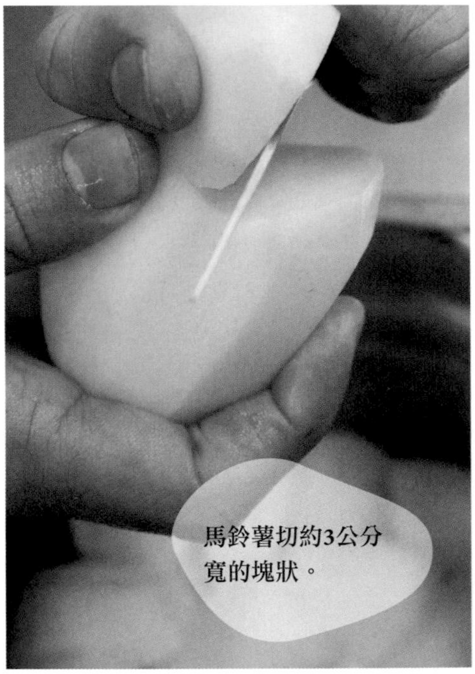

馬鈴薯切約3公分寬的塊狀。

將大蒜切末。

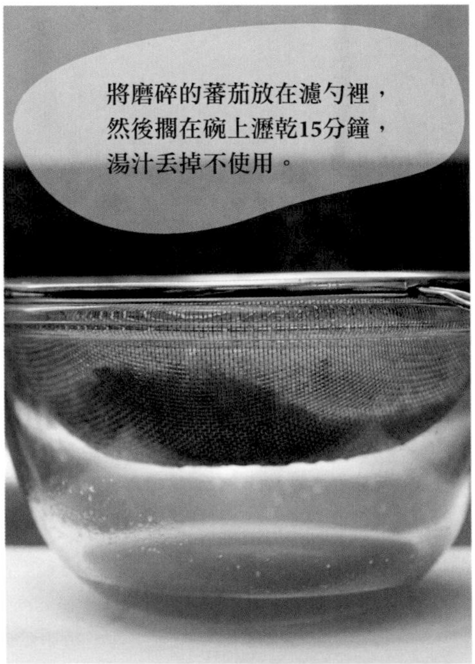

將磨碎的蕃茄放在濾勺裡，然後擱在碗上瀝乾15分鐘，湯汁丟掉不使用。

取一只大鍋，以中火加熱，加入橄欖油，然後放入大蒜。

繼續 →

待大蒜加熱至呈金黃色，立刻放入大部分的巴西里，以及全部的磨碎蕃茄。

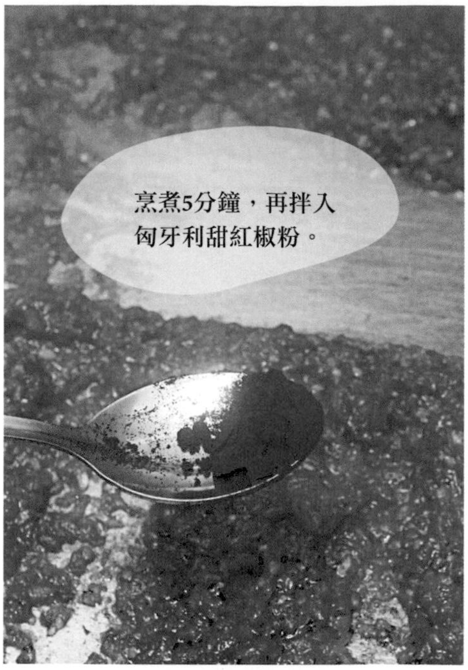
烹煮5分鐘，再拌入匈牙利甜紅椒粉。

加入馬鈴薯塊，攪拌至均勻沾裹上大蒜、蕃茄和匈牙利甜紅椒粉為止。

加入一半量的高湯，用小火燉煮20分鐘，或煮至馬鈴薯剛好熟透。

將鯖魚以鹽和胡椒調味，放入馬鈴薯鍋子裡面，以小火煮5分鐘。

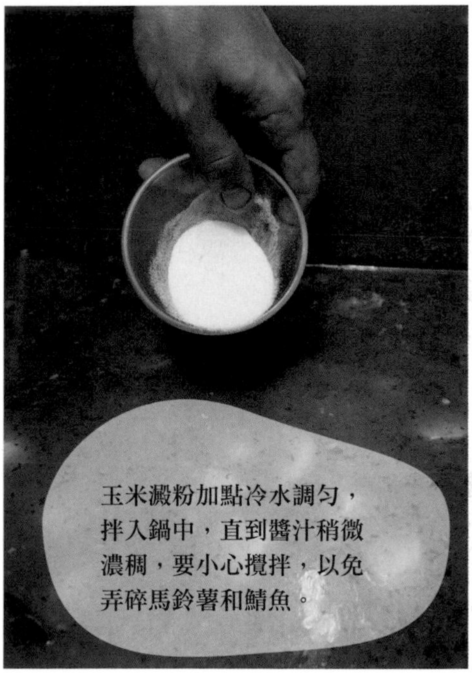
玉米澱粉加點冷水調勻，拌入鍋中，直到醬汁稍微濃稠，要小心攪拌，以免弄碎馬鈴薯和鯖魚。

繼續用小火煮5分鐘，或煮至魚肉呈白色，可從脊骨輕易切開魚肉為止。這時，取剩餘的醬汁將大蒜蛋黃醬拌開，然後倒回鍋子裡面。

最後撒上剩下的巴西里末，以鹽調味。

將魚湯盛入淺碗裡面，上菜囉！

巧克力餅乾

建議一次最少製作20片以上的份量，假如一次只需烤幾片，可以切下需要的餅乾麵糰片數，然後把剩下的麵糰放回冷凍庫。

•

五香粉是一種中國混合香料，通常包括磨碎的茴香、荳蔻、八角、花椒和肉桂。在超市就買得到。

•

沒有微波爐的話，可以用隔水加熱的方法，將巧克力放於耐熱的碗中，再置於微滾的水裡使它融化。

	20片餅乾	100片餅乾
香草莢	1/4支	1支
蛋	1顆	5顆
糖	80克	400克
奶油	2小匙	85克
黑巧克力，含75%可可	75克	825克
白、黑巧克力片	25克	225克
麵粉	2小匙	85克
五香粉	1/2小匙	1小匙
即溶咖啡粉，磨細碎	1/2小匙	1小匙

開始➛

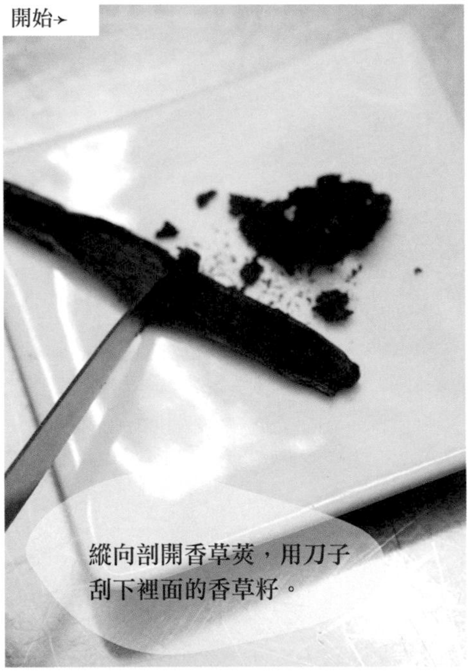

縱向剖開香草莢，用刀子刮下裡面的香草籽。

將蛋打入大的攪拌盆裡面，加入糖。

用攪拌機或手持攪拌器將蛋和糖攪拌均勻，加入香草籽。

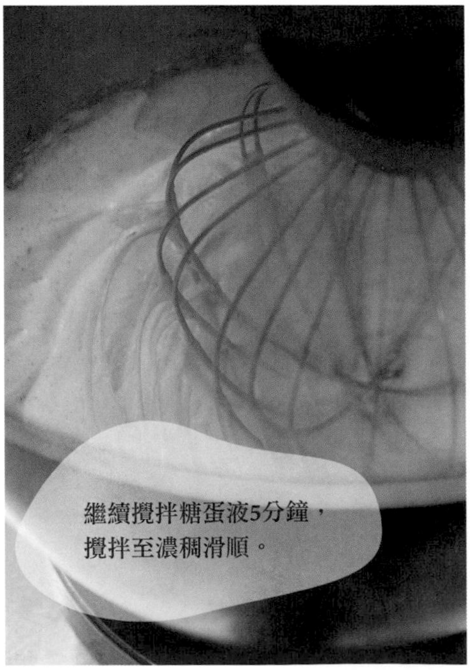

繼續攪拌糖蛋液5分鐘，攪拌至濃稠滑順。

同時，將奶油和2/3量的黑巧克力放在可微波的碗中，以高溫加熱1～2分鐘，每30秒攪拌一次至融化成滑順的奶油巧克力液。

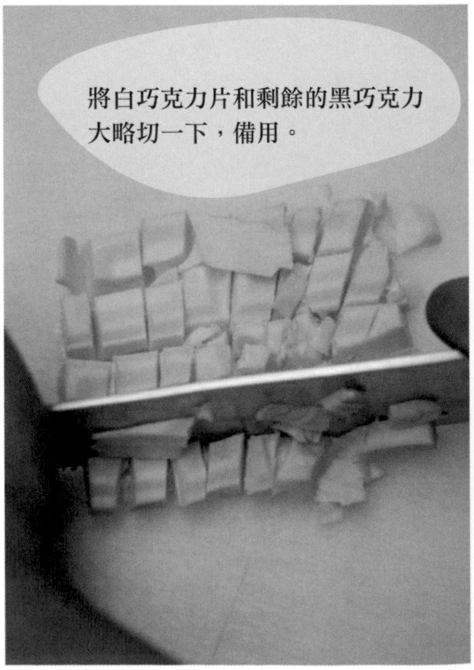

將白巧克力片和剩餘的黑巧克力大略切一下，備用。

繼續➝

將融化的奶油巧克力液倒入糖蛋液混合，攪拌至滑順。

將麵粉、五香粉和咖啡粉混合均勻。

拌入混合好的麵糊。

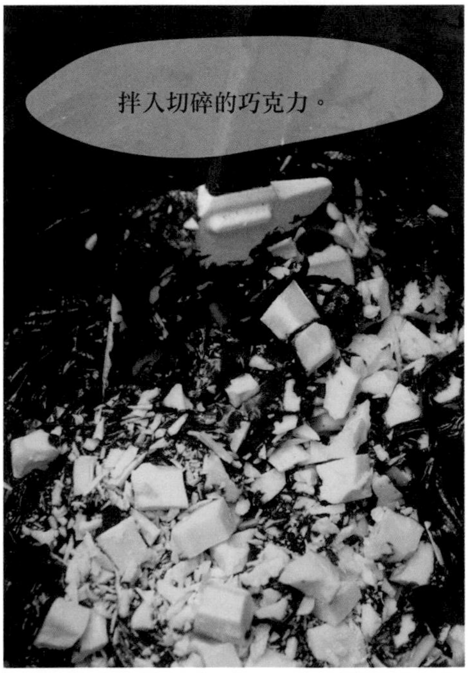
拌入切碎的巧克力。

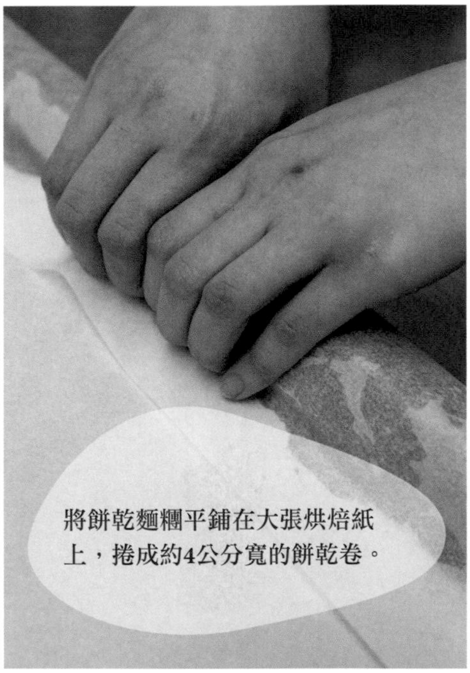
將餅乾麵糰平鋪在大張烘焙紙上，捲成約4公分寬的餅乾卷。

將麵糰冷凍至硬化（約1小時），剝掉紙張，將餅乾卷切成1公分的厚度。
將烤箱預熱至180℃（350℉）。

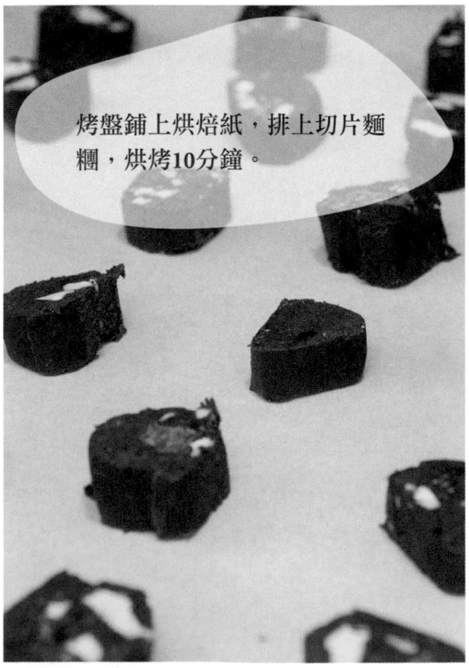
烤盤鋪上烘焙紙，排上切片麵糰，烘烤10分鐘。

將餅乾放在架子上，放涼後即可享用。

–

美味套餐 3

–

青蒜馬鈴薯冷湯

Vichyssoise

–

薄荷芥末烤小羊肉

Lamb with mustard & mint

–

松露巧克力

Chocolate truffles

青蒜馬鈴薯冷湯

薄荷芥末烤小羊肉

材料

新鮮採購類：
* 小顆紅洋蔥
* 青蒜
* 整塊小羊頸肉，切半
* 新鮮薄荷

食品貯存室類：
* 馬鈴薯
* 鹽
* 黑胡椒粒
* 香酥麵包丁
* 特級初榨橄欖油
* 橄欖油
* 顆粒芥末籽醬
* 醬油
* 伍斯特英式辣醬
* 黑巧克力，含60%可可
* 白蘭地
* 可可粉

冷藏室類：
* 全脂牛奶
* 蛋
* 奶油
* 鮮奶油，含脂量35%

冷凍庫類：
*雞高湯（參照p.57）

-

松露巧克力

-

烹調流程規劃	距用餐時間（小時）
	4
3½小時前 準備羊頸肉，放入烤箱。	3½
	3
	2½
2小時前 將製作高湯用的洋蔥和青蒜炒軟，放入馬鈴薯和高湯，加蓋以小火熬煮。 製作松露巧克力糊，放涼。	2
	1½
1小時前 將冷湯用濾勺篩過，然後放入冰箱冷卻。 製成松露形狀的巧克力，裹上可可粉。	1
	½
20分鐘前 烹煮要放入這道湯品裡的水煮蛋，接著取出放入冰水中冰鎮。	
10分鐘前 加入牛奶和鮮奶油，完成湯品。 剝蛋殼	
	享受豐盛料理
上主菜前 薄荷切末，撒在羊肉上。	
	上主菜

青蒜馬鈴薯冷湯

這是一道以青蒜和馬鈴薯煮成的法式經典湯品。

•

我們有時會用「羅諾」低溫水浴器煮蛋。以63℃（145℉）煮40分鐘後，就可以品嘗到嫩嫩滑滑的蛋。

•

製作這道料理時，用市售的香酥麵包丁可以節省不少時間。如果想自己製作的話，可以參照p.52。

	2人份	6人份	20 人份	75 人份
馬鈴薯	1/2個	200克	800克	2.64公斤
紅洋蔥	1/2個	1個	330克	1公斤
青蒜	1根	2根	1.1公斤	3.4公斤
奶油	1 ½ 大匙	100克	400克	1.2公斤
雞高湯（參照p.57）	400毫升	1公升	2.5公升	8公升
蛋	2顆	6顆	20顆	75顆
鮮奶油，含脂量35%	40毫升	240毫升	800毫升	3公升
香酥麵包丁（參照p.52）	2 大匙	4大匙	300克	1公斤
特級初榨橄欖油	1小匙	1 大匙	50毫升	190毫升

開始 →

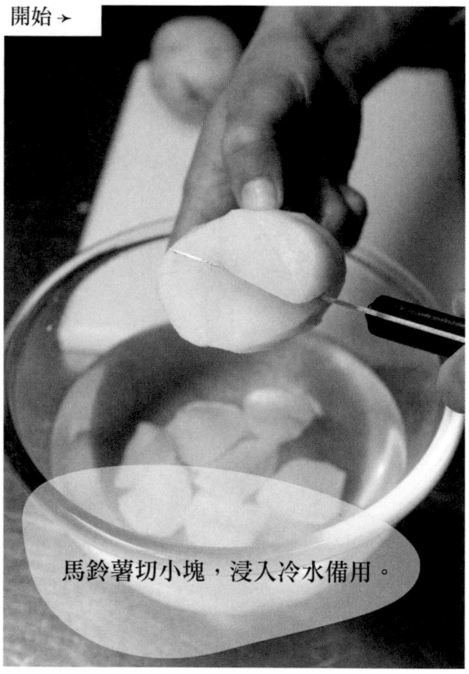

馬鈴薯切小塊，浸入冷水備用。

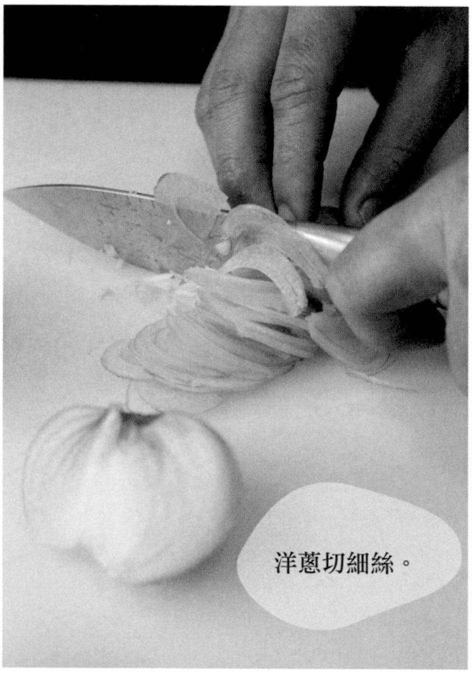

洋蔥切細絲。

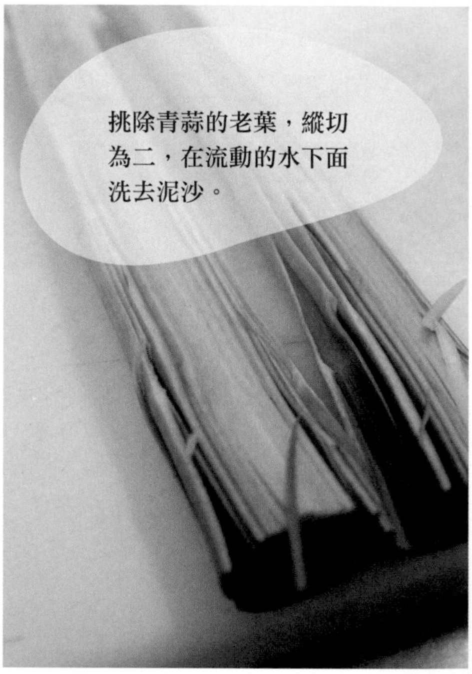

挑除青蒜的老葉，縱切為二，在流動的水下面洗去泥沙。

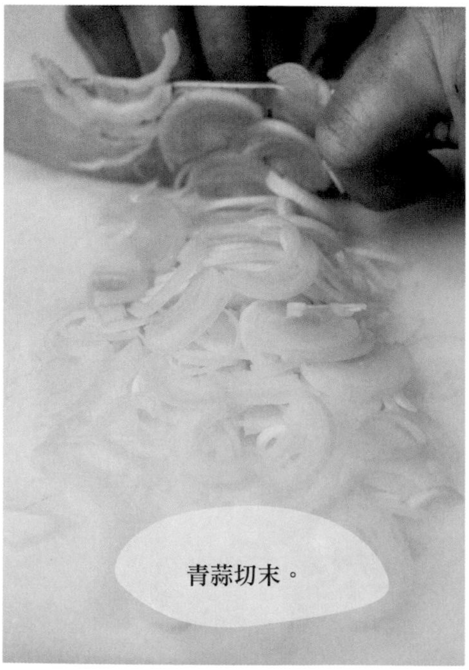

青蒜切末。

將奶油放入大醬汁鍋，以小火融化奶油，加入洋蔥煮5分鐘，煮至洋蔥變軟但還沒有變色。

加入青蒜，再煮10分鐘，要不時地攪拌，直到洋蔥和青蒜都軟透。
這時，將雞高湯到入另一只大鍋子裡面，並煮至沸騰。

繼續 →

加入馬鈴薯。

倒入熱高湯，蓋上鍋蓋，以小火熬煮30分鐘。

另起一鍋，倒入水煮沸，放入蛋煮3分鐘。

取出蛋放入冰水中冰鎮，撈起剝去外殼，放入溫水中直到食用前再取出。

湯煮了30分鐘後熄火，以手持式電動攪拌機攪打至光滑柔順。

以細目篩網過濾湯汁，讓湯汁在鍋中放涼，接著放入冰箱中讓它涼透。

把鮮奶油拌入湯內，加鹽和胡椒調味，即成冷湯。

將蛋擺在湯碗中間，倒入冷湯。

撒上香酥麵包丁，並滴幾滴特級初榨橄欖油，上菜囉。

薄荷芥末烤小羊肉

建議請肉販處理羊頸肉，先去除多餘的脂肪，再將羊頸肉縱切成兩半，成2片羊排。

	2人份	6人份	20人份	75人份
整塊羊頸肉，切半	1塊	3塊	10塊	38塊
新鮮薄荷	8小株	1小束	2小束	5小束
橄欖油	2大匙	80毫升	270毫升	800毫升
粗粒芥末籽醬	1大匙	3大匙	270克	800克
醬油	1大匙	3大匙	120毫升	360毫升
伍斯特英式辣醬	1大匙	3大匙	160毫升	480毫升
水	1公升	1.5公升	4.3公升	16公升

開始 →

將烤箱預熱至180℃（350°F）。
薄荷葉捏去根部，置於一旁。

羊肉以鹽和胡椒調味。

取一只大煎鍋，以大火加熱，倒入橄欖油，將羊肉煎至兩面都變色。

取出羊肉，放入烤盤。

將芥末籽醬抹在羊肉上。

繼續→

加入醬油、伍斯特英式
辣醬和水。

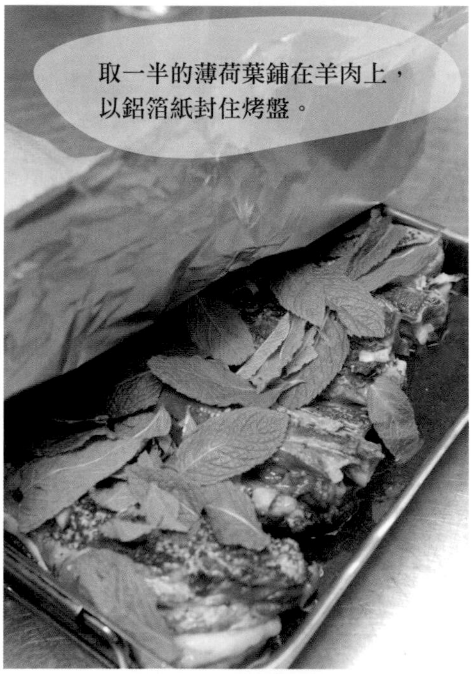
取一半的薄荷葉鋪在羊肉上，
以鋁箔紙封住烤盤。

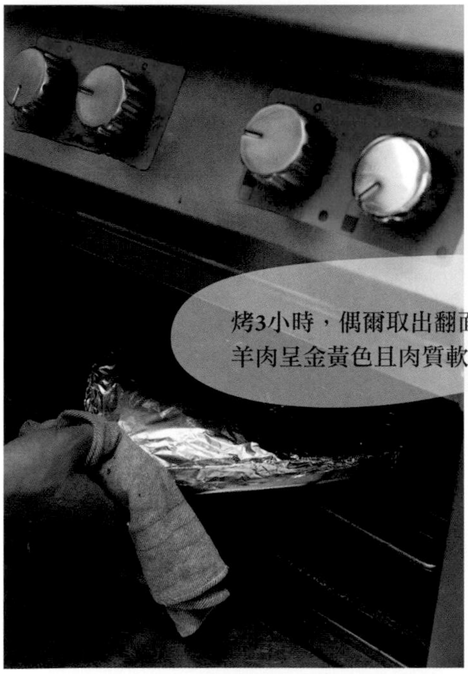
烤3小時，偶爾取出翻面，烤至
羊肉呈金黃色且肉質軟嫩。

將剩下的薄荷葉
切細碎。

將薄荷葉末撒在羊肉上。

將盤底醬汁澆在羊肉上，
上菜囉！

松露巧克力

只要在放奶油時加入義式榛果巧克力醬，就成了榛果松露巧克力。

•

如果喜歡的話，也可以用其他烈酒或利口酒來代替白蘭地。

•

你也可以用擠花袋擠成松露巧克力，但需先從冰箱中拿出來使巧克力糊軟化，才能放入擠花袋中擠出。

	2人份 （約8個份量）	6人份	20人份	75人份
黑巧克力，含60%可可	60克	120克	400克	1.2公斤
鮮奶油，含脂量35%	60毫升	120毫升	400毫升	1.2公升
奶油，切小塊	1小匙	2小匙	35克	100克
白蘭地	1/2小匙	2小匙	18毫升	50毫升
無糖可可粉	2 大匙	4大匙	50克	100克

開始 ➛

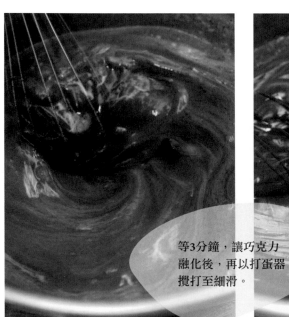

將巧克力切小塊，放入大碗裡面。將鮮奶油倒入醬汁鍋裡面，加熱至煮沸。

將熱鮮奶油倒入巧克力中。

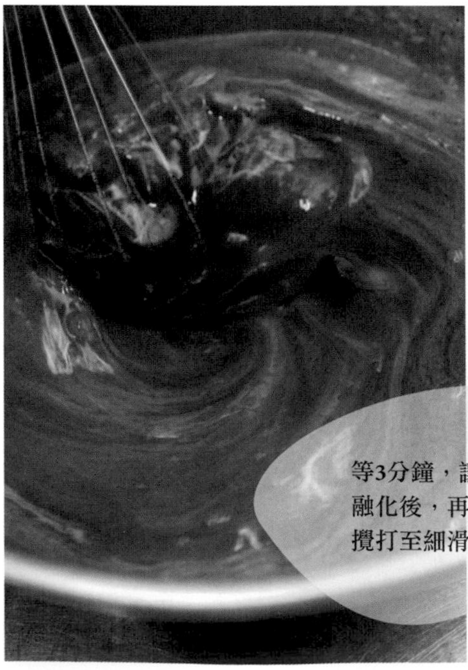

等3分鐘，讓巧克力融化後，再以打蛋器攪打至細滑。

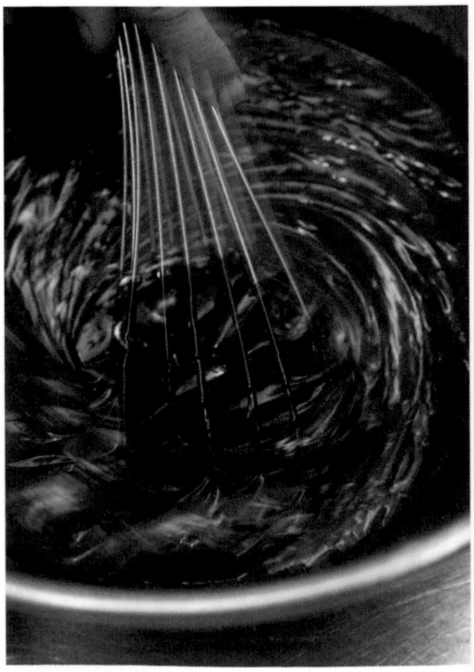

繼續→

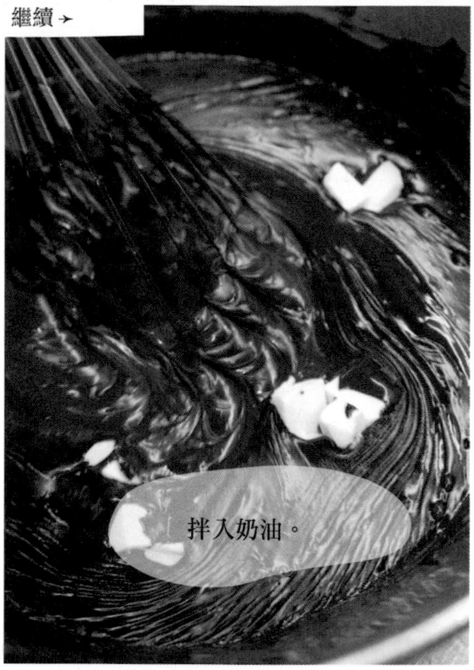
拌入奶油。

加入白蘭地，攪拌至
巧克力液光滑平順。

在巧克力液的表面鋪一層
保鮮膜，以免結成薄膜，
然後放涼待其凝固。

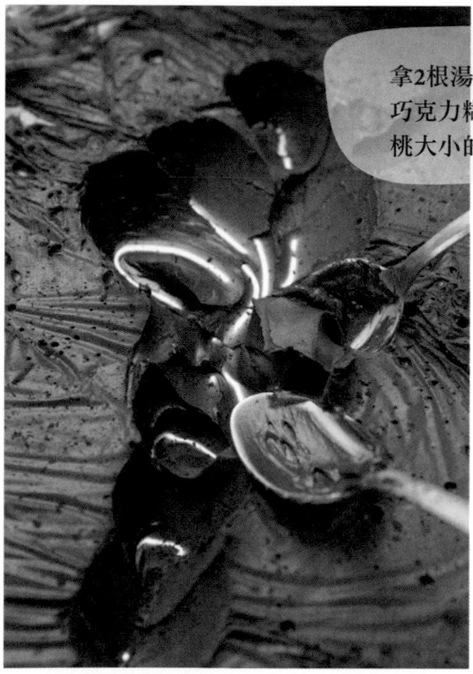
拿2根湯匙將約15克的
巧克力糊，整形成核
桃大小的不規則狀。

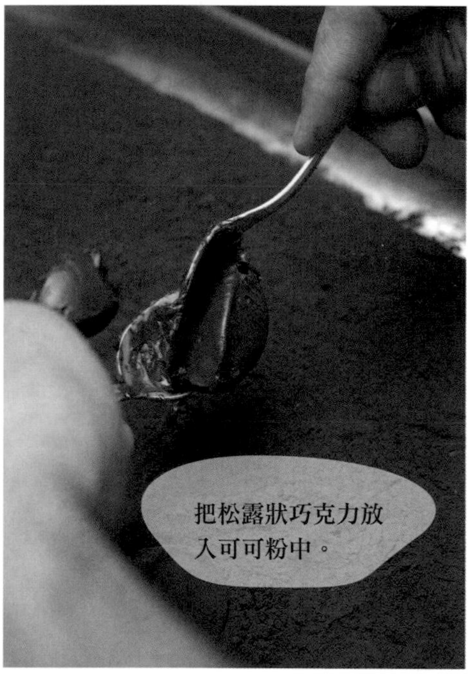
把松露狀巧克力放
入可可粉中。

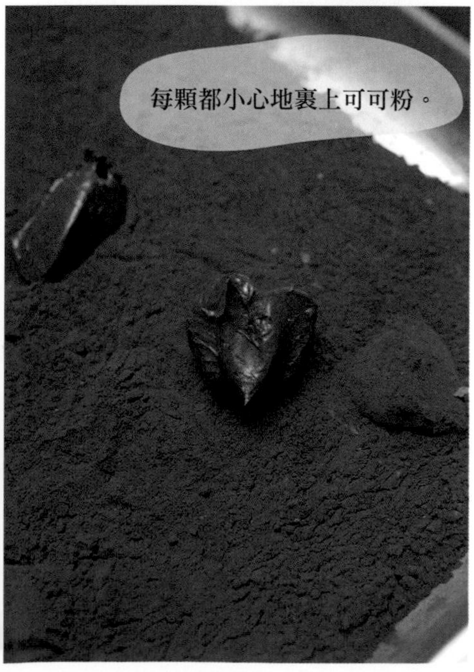
每顆都小心地裹上可可粉。

將松露巧克力放在
室溫中品嘗。

–

美味套餐 4

–

豆子燉蛤蜊

Beans with clams

–

鹽醃鱈魚燉菜

Salt cod & vegetable stew

–

烤蘋果

Baked apples

豆子燉蛤蜊

鹽醃鱈魚燉菜

材料

新鮮採購類：

* 小顆圓蛤蜊
* 長型甜紅椒
* 長型甜青椒
* 茄子
* 櫛瓜
* 大顆熟蕃茄
* 金冠蘋果（青蘋果）
* 鹽醃鱈魚

食品貯存室類：

* 罐裝白豆
* 鹽
* 黑胡椒粒
* 洋蔥
* 大蒜
* 葵花籽油
* 特級初榨橄欖油
* 白蘭地
* 蜂蜜
* 肉桂粉
* 糖

冷藏室類：

* 奶油
* 鮮奶油，含脂量35%

冷凍庫類：

* 魚高湯（參照p.56）
* 西班牙風味蕃茄洋蔥醬汁（參照p.43）
* 加泰隆尼亞風味醬汁（參照p.41）

烤蘋果

烹調流程規劃	距用餐時間（小時）
24小時前 把鹽醃鱈魚放在容器裡，加水浸滿，放入冰箱過夜，定時換水。	
	4
	3½
	3
	2½
	2
1½小時前 加水蓋過蛤蜊，讓它浸泡。	1½
1小時前 準備蘋果，放入烤箱。 製作燉鱈魚，以小火熬煮。	1
	½
25分鐘前 烹煮豆子。	
10分鐘前 攪打用於蘋果的鮮奶油。	
用餐前 將蛤蜊加入豆子中。	
	享受豐盛料理
上主菜前 把鱈魚加入蔬菜。	
	上主菜

-

豆子燉蛤蜊

-

我們用一種名為「西班牙白豆」（plancha-da）的豆子，讓湯頭更香醇。你也可以使用白腰豆（cannellini）或白鳳豆來代替。

•

買不到圓蛤蜊的話，可以改用貽貝或小一點的竹蟶（剃刀貝）。

•

這道菜須帶些湯汁。如果用寬口鍋子烹煮，就要多加些高湯；大量烹煮時，記得先加入高湯再放入豆子，以免太多的豆子破掉。

	2人份	6人份	20人份	75人份
小顆圓蛤蜊	160克	500克	1.6公斤	6公斤
西班牙風味蕃茄洋蔥醬汁（參照p.43）	2小匙	2大匙	300克	1公斤
罐裝白豆，瀝乾	300克	900克	3公斤	10公斤
魚高湯（參照p.56）	400毫升	1.5公升	3公升	7公升
加泰隆尼亞風味醬汁（參照p.41）	2小匙	2大匙	110克	400克

開始→

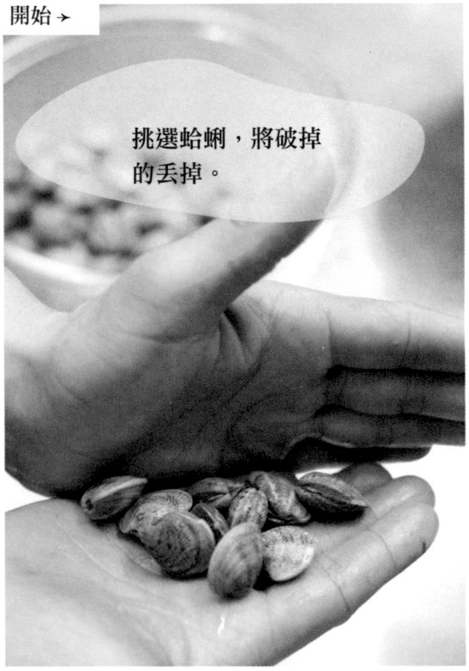
挑選蛤蜊，將破掉的丟掉。

將蛤蜊放入大碗裡面，浸泡鹽水。

浸泡1小時，使蛤蜊吐沙。

將蕃茄洋蔥醬汁倒入大鍋裡面，以中火加熱。

拌入白豆，再倒入魚高湯。

豆子熬煮15分鐘。

倒入加泰隆尼亞
風味醬汁。

將蛤蜊從鹽水中撈起，
讓沙留在碗裡，然後將
蛤蜊放入鍋中。

續煮3分鐘，煮至蛤蜊殼
打開，將所有殼沒有打
開的蛤蜊挑撿出來。

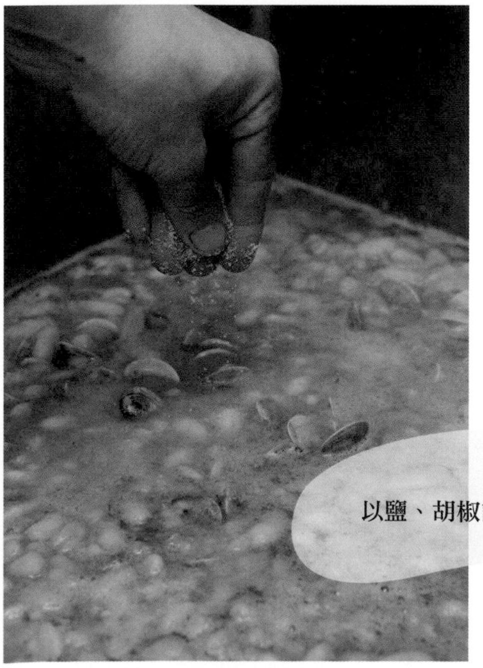
以鹽、胡椒調味。

呈入湯盤中，上菜囉！

鹽醃鱈魚燉菜

這道以橄欖油烹煮的傳統蔬菜料理，是加泰隆尼亞風味的「燉菜」（samfaina）。

•

這道料理可以淋在吐司上，做成單片三明治（open sandwich，在單片麵包上放餡料，沒有蓋上另一片麵包）。

•

鹽醃鱈魚的鹹度不一。可以請魚販建議烹煮前要泡多久的水，而且記得要定時更換水。

	2 人份	6人份	20人份	75人份
洋蔥	70克	200克	700克	2.25公斤
蒜瓣	1/2瓣	2瓣	10克	25克
長型甜紅椒	50克	150克	500克	2公斤
長型甜青椒	50克	150克	500克	2公斤
茄子	120克	350克	1.2公斤	4公斤
櫛瓜	120克	350克	1.2公斤	4公斤
熟蕃茄	100克	300克	1公斤	3.5公斤
葵花籽油	200毫升	500毫升	1公升	3公升
特級初榨橄欖油	1½ 大匙	3大匙	150毫升	600毫升
浸泡過的鹽醃鱈魚	150克	450克	1.5公斤	5公斤

2人份的蔬菜只須每種各買1個；6人份則各買2個。不管煮2人份或是6人份，都選小一點的蔬菜即可。

開始 ➛

洋蔥切丁，約2公分寬。

大蒜切細末。

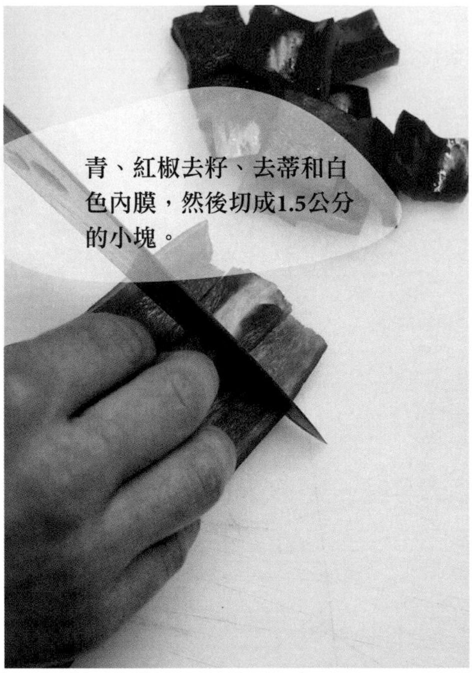

青、紅椒去籽、去蒂和白色內膜，然後切成1.5公分的小塊。

茄子去皮，切成2公分的小塊。

櫛瓜也切成同樣的大小。

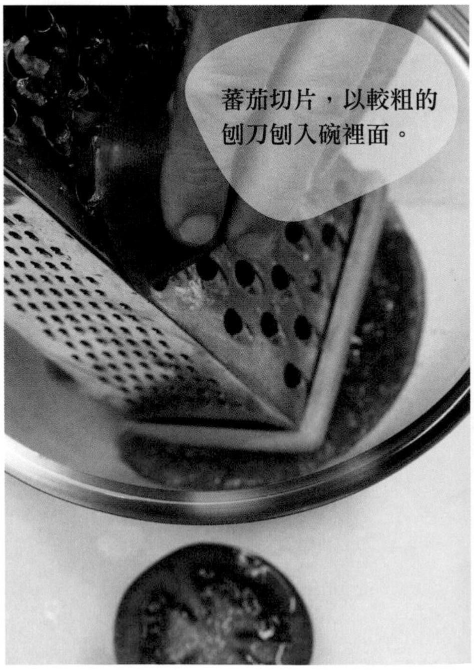

蕃茄切片，以較粗的刨刀刨入碗裡面。

繼續→

將葵花籽油倒入大深鍋裡面，以中火加熱。

油熱了之後，分數次放入櫛瓜、茄子，炸至呈金黃色。

放在濾盤上，瀝乾油分。

將橄欖油倒入大醬汁鍋裡面，以中火加熱，加入大蒜炒1分鐘，再放入洋蔥炒5分鐘至呈金黃色。

加入青、紅椒炒至軟嫩。

先加入已濾掉油分的炸茄子和炸櫛瓜，再加入刨好的蕃茄，以小火熬煮1小時。

當所有蔬菜都熟軟，並且蕃茄呈稠狀時，以鹽和胡椒調味，再倒入足夠的水讓湯頭濃郁。

將鱈魚撕成1.5公分寬、5公分長的魚片，放入燉湯中，以小火煮2分鐘，不要煮得太熟。

關火。盛入盤中上菜，或者淋在烤吐司上。

烤蘋果

可使用干邑白蘭地、法國阿馬尼亞克白蘭地、蘋果酒，或者其他類似蒸餾酒來替代白蘭地。

•

可以用任何一種蘋果，但我們偏好金冠蘋果（Golden delicious，又叫青蘋果）。

•

製作2人份時，可以改用高脂鮮奶油，因少量的一般鮮奶油不易打起泡。

	2人份	6人份	20人份	75人份
蘋果	2個	6個	20個	75個
白蘭地	2小匙	2大匙	120毫升	400毫升
蜂蜜	2小匙	2大匙	200克	700克
肉桂粉	1小撮	2小撮	8克	30克
奶油，切小塊	2小匙	2大匙	80克	300克
鮮奶油，含脂量35%	60毫升	180毫升	600毫升	2公升
糖	1/2小匙	2小匙	80克	300克

開始 →

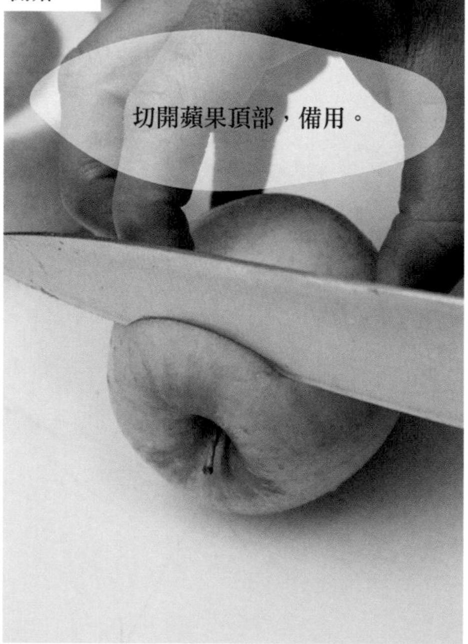
切開蘋果頂部，備用。

用蘋果去核器取出果核，或者用尖銳小刀沿著果核切開取出。

將烤箱預熱至200℃（400℉）。

切下果核底部，再放回蘋果內，避免內餡流出來。

將蘋果置於烤盤上，淋上白蘭地。

在蘋果上方淋上蜂蜜。

輕輕撒上肉桂粉。

將奶油放入蘋果內。

蓋上頂部，用鋁箔紙
覆蓋烤盤。

放入烤箱烘烤1小時
至蘋果鬆軟。

將鮮奶油倒入大
碗裡面，加入糖。

攪打成柔滑
的狀態。

將熱蘋果自烤盤取出，放
在餐盤上。欲食用時，用
湯匙淋上烤盤內的湯汁，
並搭配上鮮奶油即可。

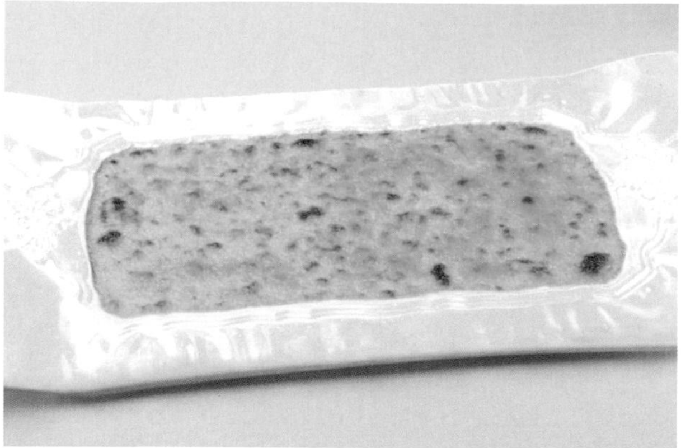

—

美味套餐 5

—

焗烤義式玉米粥

Polenta & parmesan gratin

—

芝麻沙丁魚佐胡蘿蔔沙拉

Sesame sardines with carrot salad

—

芒果白巧克力優格

Mango with

white chocolate yoghurt

焗烤義式玉米粥

芝麻沙丁魚佐胡蘿蔔沙拉

材料

新鮮採購類：

* 沙丁魚
* 檸檬
* 胡蘿蔔
* 新鮮薄荷
* 芒果

食品貯存室類：

* 鹽
* 芝麻
* 特級初榨橄欖油
* 橄欖油
* 第戎芥末醬
* 雪利酒醋
* 焦糖榛果
* 快熟玉米粉
* 白巧克力

冷藏室類：

* 帕瑪森起司
* 奶油
* 原味優格
* 鮮奶油，含脂量35%

芒果白巧克力優格

烹調流程規劃

距用餐時間（小時）

4

3½

3

2½

2

1½

1小時前 — 1

製作白巧克力優格，放涼。

30分鐘前 — ½

把焦糖榛果拍碎，備用。

清理沙丁魚，裹上芝麻，放入冰箱備用。

胡蘿蔔削皮切片。製作油醋醬。

20分鐘前

芒果去皮切塊，放入冰箱備用。

磨起司，煮水準備製作玉米粥。

15分鐘前

製作玉米粥，然後放在一旁。

用餐前

在玉米粥上撒入帕瑪森起司，放入烤箱烘烤。

享受豐盛料理

上主菜前

炸沙丁魚。胡蘿蔔淋上油醋汁醬。

上主菜

上甜點前

把優格舀在芒果上，撒上榛果。

上甜點

焗烤義式玉米粥

玉米粥要等上菜前才煮，這樣的味道才最香濃可口。

•

盡量使用快熟玉米粉，煮5～10分鐘即可，此外也可以使用一般的玉米粉。

	2人份	6人份	20人份	75人份
水	300毫升	900毫升	4公升	12公升
玉米粉	50克	150克	600克	2公斤
鮮奶油，含脂量35%	100毫升	300毫升	1.5公升	4公升
奶油	1小匙	2小匙	200克	600克
帕瑪森起司，磨碎	40克	120克	500克	1.6公斤
焗烤用：				
帕瑪森起司，磨碎	1 ½ 大匙	4大匙	600克	2公斤

開始 ➝

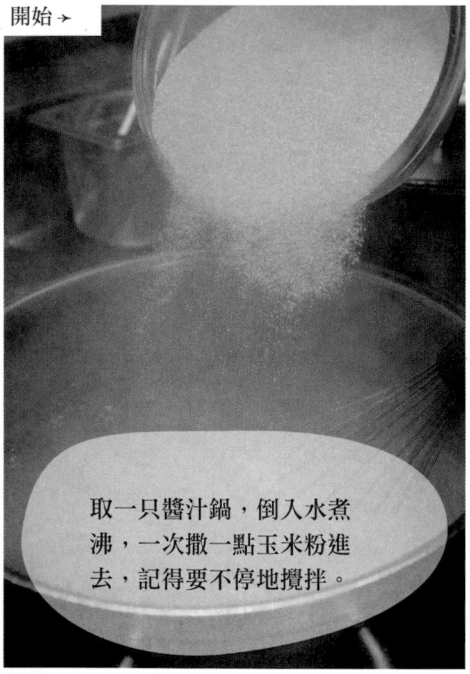
取一只醬汁鍋，倒入水煮沸，一次撒一點玉米粉進去，記得要不停地攪拌。

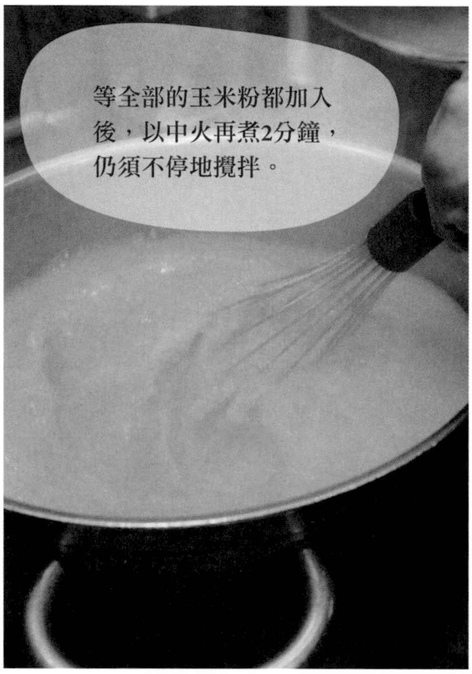
等全部的玉米粉都加入後，以中火再煮2分鐘，仍須不停地攪拌。

加入鮮奶油，再煮2分鐘。

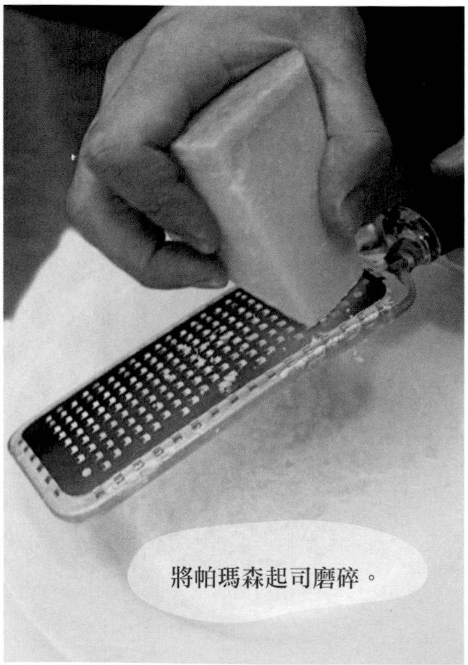
將帕瑪森起司磨碎。

慢慢放入第一份帕瑪森起司（非焗烤用）。

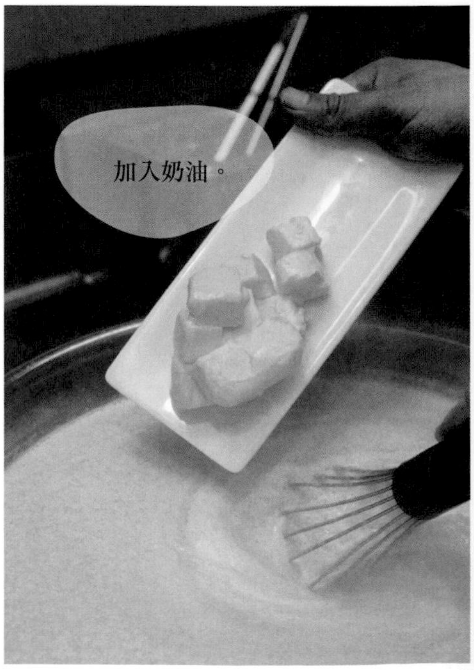
加入奶油。

繼續 →

不停地攪拌至玉米粥變得濃稠，然後以鹽調味。

將玉米粥倒入大烤盤或耐熱盤子，粥約1公分高。

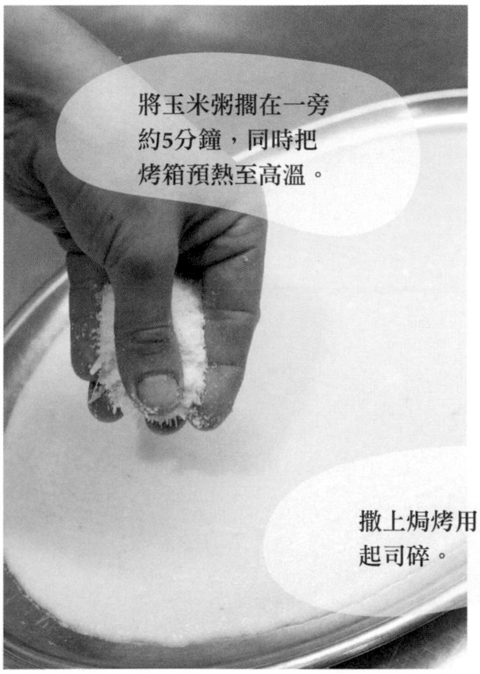

將玉米粥擱在一旁約5分鐘，同時把烤箱預熱至高溫。

撒上焗烤用的帕瑪森起司碎。

烤至起司呈金黃色而且冒泡泡。

趁熱立即享用。

-

芝麻沙丁魚
佐胡蘿蔔沙拉

-

可以請魚販替你清除魚的內臟。

	2人份	6人份	20人份	75人份
中尾沙丁魚	10尾	30尾	100尾	375尾
芝麻	3大匙	120克	500克	1.6公斤
橄欖油	2小匙	2大匙	100毫升	300毫升
檸檬，切半	1/2個	2個	4個	10個
胡蘿蔔沙拉用：				
胡蘿蔔	2根	6根	2公斤	6公斤
第戎芥末醬	2小匙	2大匙	175克	520克
雪利酒醋	2小匙	2大匙	125毫升	400毫升
特級初榨橄欖油	2大匙	6大匙	400毫升	1.2公升
新鮮薄荷，切碎	1 株	3 株	1束	2束

開始 →

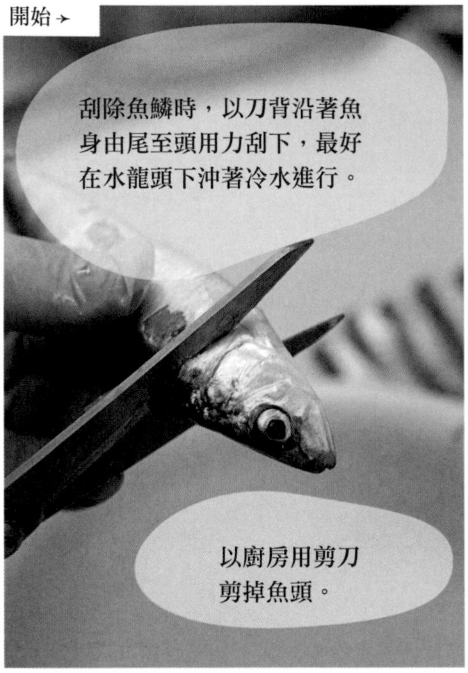

刮除魚鱗時，以刀背沿著魚身由尾至頭用力刮下，最好在水龍頭下沖著冷水進行。
以廚房用剪刀剪掉魚頭。

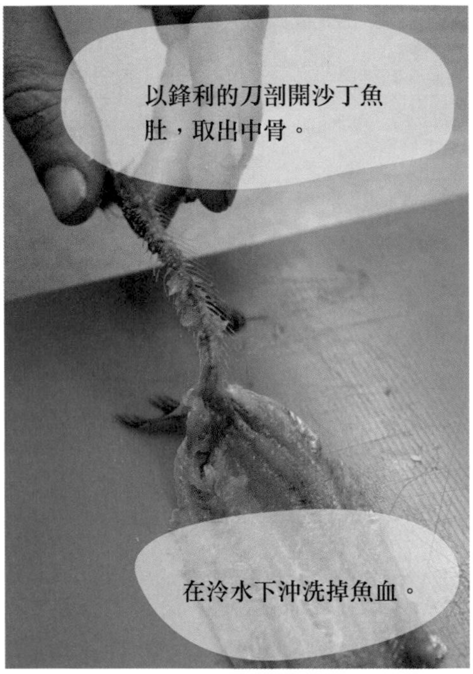

以鋒利的刀剖開沙丁魚肚，取出中骨。
在冷水下沖洗掉魚血。

將芝麻倒在盤子裡面，讓沙丁魚皮那面裹上芝麻。

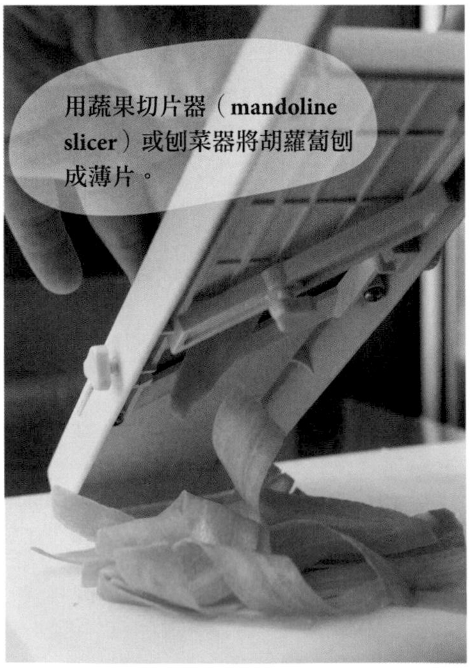

用蔬果切片器（mandoline slicer）或刨菜器將胡蘿蔔刨成薄片。

製作油醋醬：將芥末醬放入小碗裡面，拌入橄欖油。

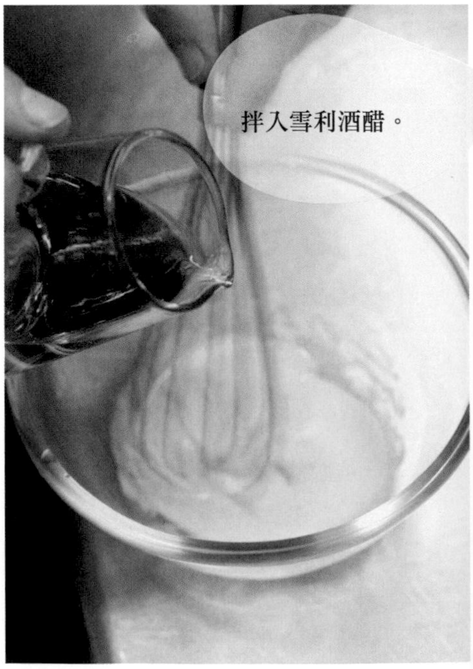

拌入雪利酒醋。

繼續➛

薄荷葉切碎末。

放入薄荷葉拌勻，
即成油醋醬。

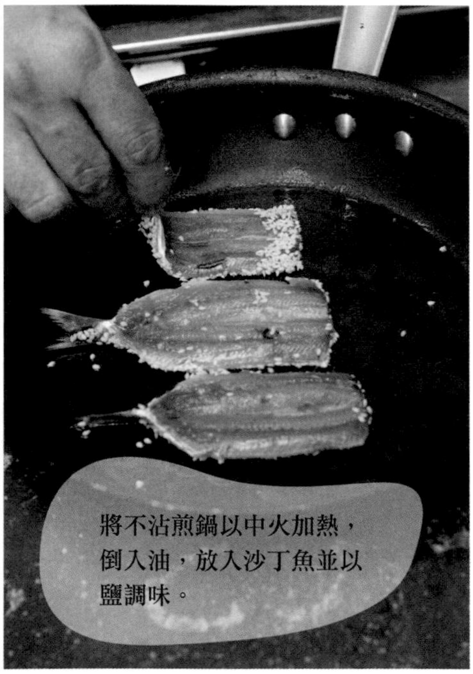
將不沾煎鍋以中火加熱，
倒入油，放入沙丁魚並以
鹽調味。

魚的兩面各煎1分鐘，
或者呈金黃色且多汁。

將魚盛盤，擠上檸檬汁。

將油醋醬拌入
胡蘿蔔片。

以鹽調味。

開始享用沙丁魚佐
胡蘿蔔沙拉！

芒果白巧克力優格

如果自己喜歡的話，可以用烤過或焦糖口味的杏仁、核桃或松子來取代榛果。

•

製作前先把優格從冰箱取出，以免在加入白巧克力時過冷。

	2人份	6人份	20人份	75人份
白巧克力	50克	150克	400克	1.25公斤
原味優格	125克	375克	625克	1.875公斤
焦糖榛果	8個	24個	200克	500克
熟芒果	1個	4個	8個	30個

開始→

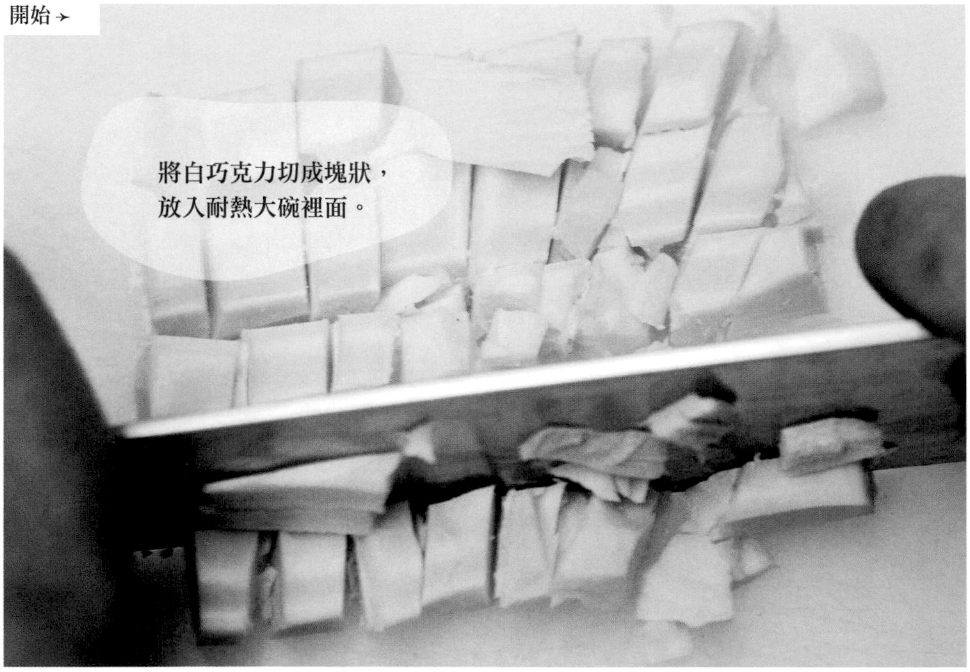

將白巧克力切成塊狀，放入耐熱大碗裡面。

取一只醬汁鍋，倒入水煮至微滾，將裝了白巧克力的碗放在鍋子上，碗底不要碰到水。

隔水讓巧克力慢慢融化，不時攪拌至呈滑順的巧克力液。

將優格倒入大碗裡面。
將榛果稍微切碎。

將巧克力液慢慢拌入優格裡，做成滑順的醬汁，並在室溫放涼。

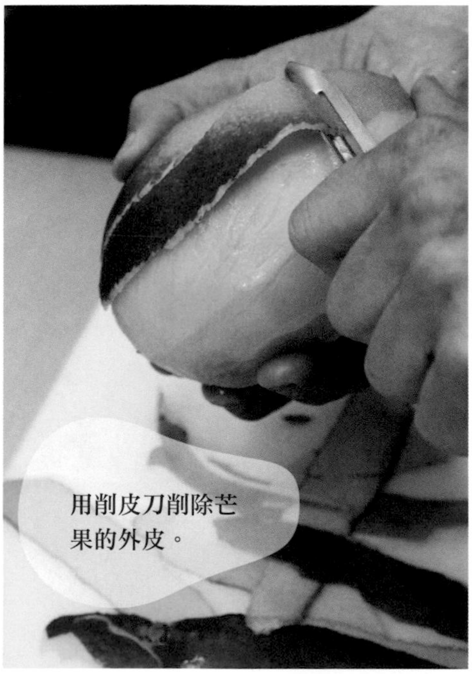

用削皮刀削除芒果的外皮。

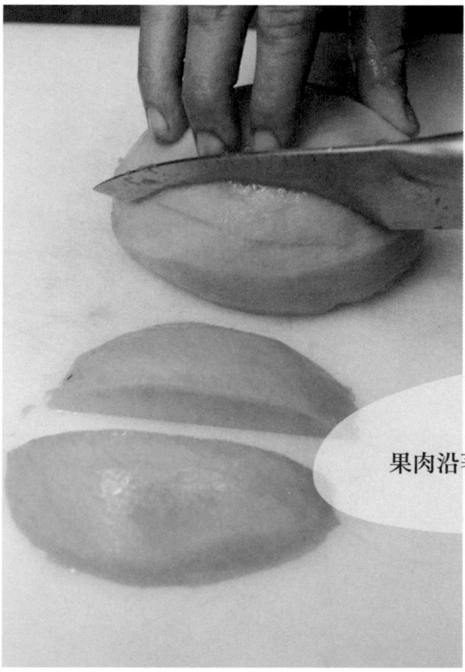

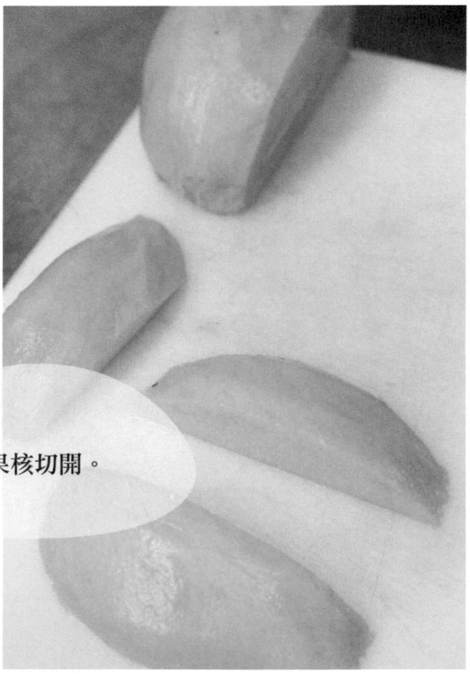

果肉沿著果核切開。

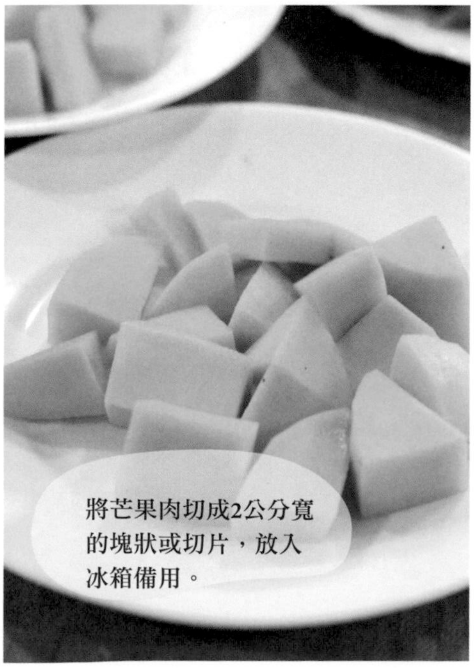

將芒果肉切成2公分寬的塊狀或切片，放入冰箱備用。

取出芒果擺盤，淋上優格，撒些榛果，上菜囉！

—

美味套餐 6

—

洋芋片歐姆雷

Crisp omelette

—

香煎豬排佐烤紅椒

Pork loin with peppers

—

椰香英式馬卡龍

Coconut macaroons

洋芋片歐姆雷

材料

新鮮採購類：

* 大顆紅椒
* 新鮮巴西里
* 薄片豬排
* 無糖椰子粉

食品貯存室類：

* 橄欖油
* 鹹味洋芋片
* 大蒜
* 鹽
* 黑胡椒粒
* 糖

冷藏室類：

* 蛋

香煎豬排佐烤紅椒

椰香英式馬卡龍

烹調流程規劃

距用餐時間（小時）：4、3½、3、2½、2

1½小時前（1½）
烘烤紅椒，放涼，然後切片。

1小時前（1）
製作和烘焙椰香馬卡龍，放涼。

（½）
準備豬排用的大蒜巴西里醬，紅椒用其湯汁烹煮。

5分鐘前
將洋芋片浸在蛋液中，開始製作歐姆雷(蛋卷)。

享受豐盛料理

上主菜前
開始煎豬排，搭配紅椒和大蒜巴西里醬。

上主菜

-

洋芋片歐姆雷

-

選用品質良好的洋芋片和雞蛋，是這道料理美味的最關鍵。

•

洋芋片已經有鹹度，所以不用再加入鹽調味。

•

烹煮給很多人吃時，我們會一次製作4～6人份的歐姆雷，然後放在桌上讓大家自行取用。

	2人份	6人份	20人份	75人份
橄欖油	1 ½大匙	4大匙	100克	200克
蛋	6顆	18顆	60顆	225顆
鹹味洋芋片	70克	210克	650克	2.25公斤

開始 ➛

將蛋打入碗裡面，以打蛋器攪打至起泡。

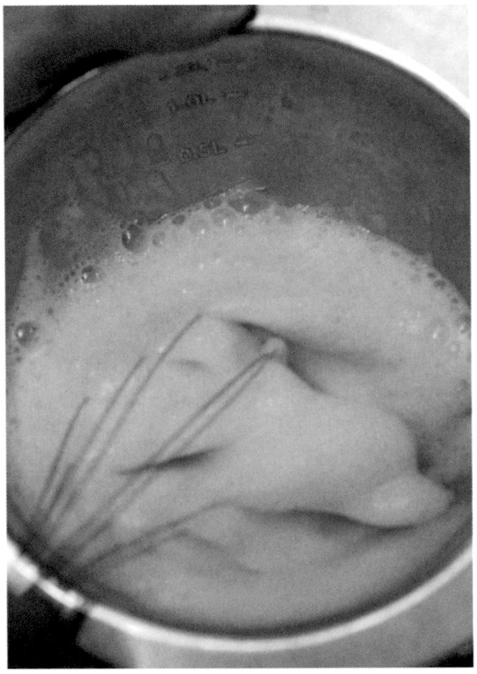

謹慎地加入洋芋片，不要弄碎，浸在蛋液中1分鐘。

取一個25公分直徑的不沾鍋，以中火加熱，倒入2小匙油。

將蛋液倒入鍋中，以橡皮鏟子輕輕翻拌。

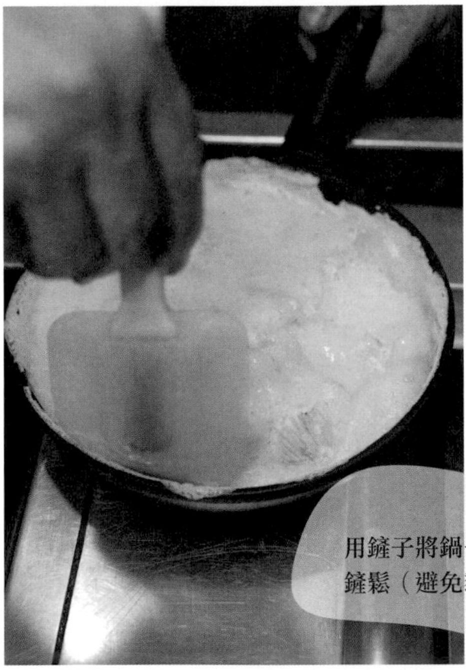

用鏟子將鍋子邊緣的歐姆雷鏟鬆（避免黏住鍋沿）。

40秒後，等蛋卷底部凝結，取盤子蓋住歐姆雷。如圖一手拿煎鍋，小心倒扣鍋子，讓歐姆雷滑入盤子裡。

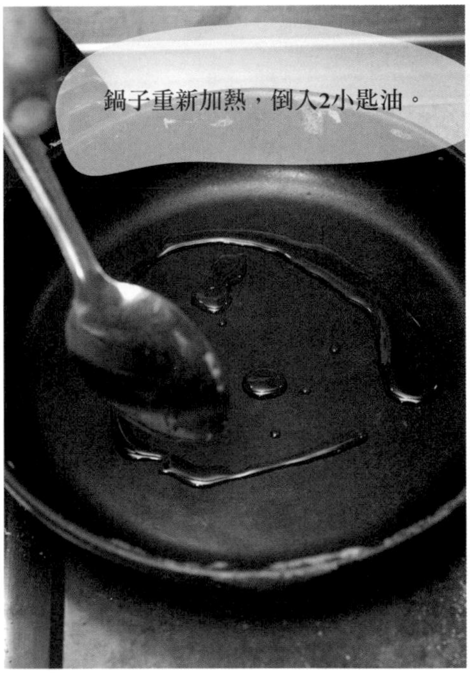

鍋子重新加熱，倒入2小匙油。

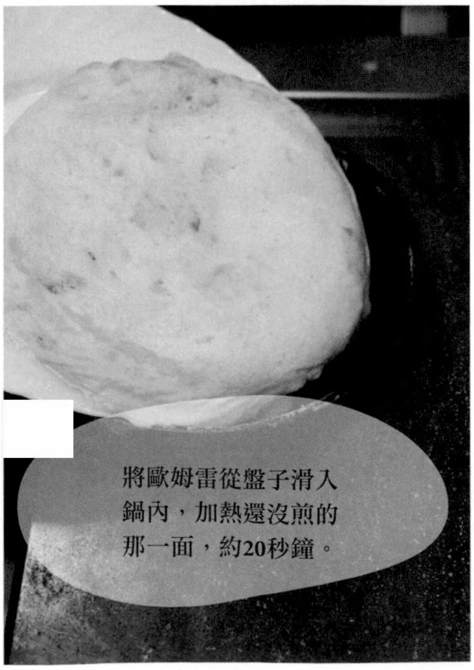

將歐姆雷從盤子滑入鍋內，加熱還沒煎的那一面，約20秒鐘。

盛入盤中，
上菜囉！

香煎豬排佐
烤紅椒

這道食譜也適用於牛肉。

	2人份	6人份	20人份	75人份
大顆紅椒	1個	2個	8個	30個
橄欖油，包括煎肉的用量	3½ 大匙	100毫升	150毫升	425毫升
蒜瓣	1瓣	3瓣	80克	225克
新鮮巴西里	1株	3株	½束	1束
薄片豬排	6片	18片	60片	225片

開始 ➝

將烤箱預熱至200℃（400℉），清洗紅椒，還沒有全乾就可放入烤盤裡面。

淋上一點橄欖油，烤40分鐘。

取一個小醬汁鍋，倒入水，加入大蒜，然後煮沸。

撈出大蒜，放在冰水中冰鎮，這個步驟要重複2次，每次都用冷水入鍋。

45分鐘後，紅椒應已經軟化變黑，放涼，保留烤盤的湯汁。

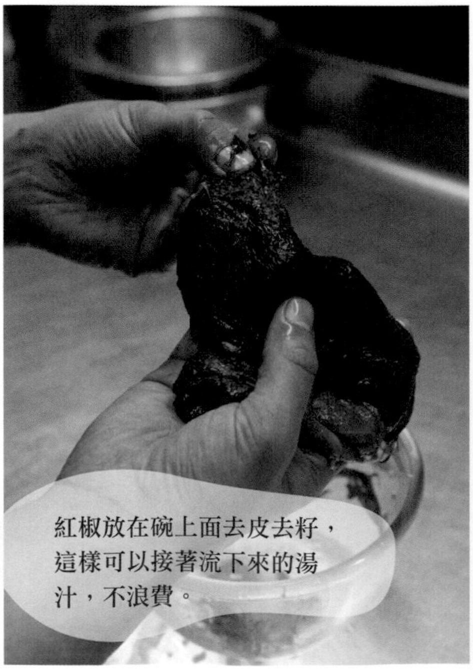

紅椒放在碗上面去皮去籽，這樣可以接著流下來的湯汁，不浪費。

繼續→

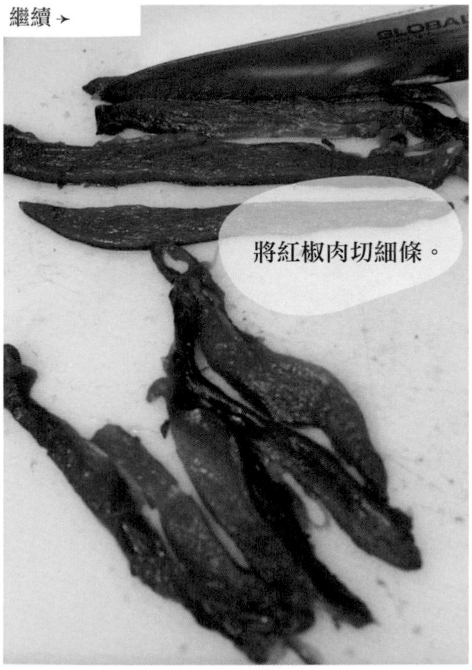

將紅椒肉切細條。

將紅椒和烘烤時留下的湯汁一起放入鍋中，以小火煮5分鐘。

將巴西里葉的莖部捏掉。

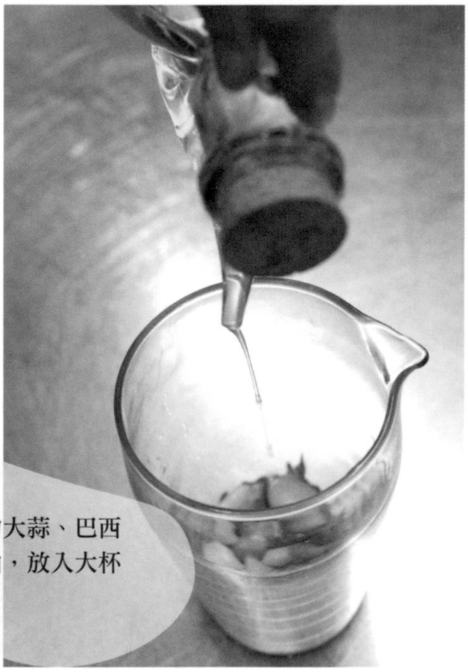

將瀝乾、燙熟的大蒜、巴西里葉和剩下的油，放入大杯子或水瓶裡面。

以手持式電動攪拌器攪打成細末，即成大蒜巴西里醬。

取一個大平底煎鍋，以大火加熱，加入一點點油。放入豬排煎1 ½分鐘，或煎至兩面呈金黃色，切開來鮮嫩多汁。

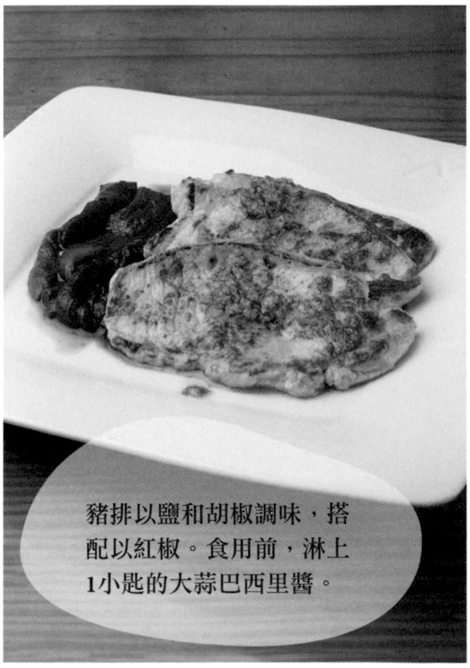

豬排以鹽和胡椒調味，搭配以紅椒。食用前，淋上1小匙的大蒜巴西里醬。

椰香英式馬卡龍

為了確保成品的美味，我們建議一次最好製作15個以上的份量。剩下吃不完的馬卡龍，可用密封盒保存數天。

•

英文macaroons，是一種小圓餅，但這和法式macaroons（杏仁蛋白餅）做法、口感都完全不一樣。

	2人份（約15個份量）	6人份（約30個份量）	20人份	75人份
無糖椰子粉	100克	200克	600克	1.5公斤
糖	100克	200克	600克	1.5公斤
蛋	1顆	2顆	5顆	15顆

開始 ➝

將烤箱預熱至180℃（350℉）。大烤盤上鋪上烘焙紙。將椰子粉和糖放入大碗拌勻。

用打蛋器攪打蛋液。

將蛋液拌入椰粉和糖。

用手攪拌均勻。

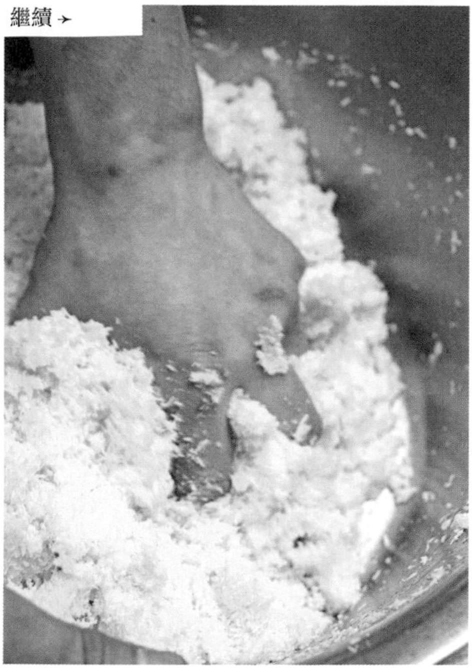

用手或2支湯匙，將每15克麵糊，捏成1個核桃大小的圓球。

置於烤盤上。

烤13分鐘至呈淡金黃色。

等放涼之後再品嘗。

–

美味套餐 7

–

番紅花蘑菇義式燉飯

Saffron risotto with mushrooms

–

加泰隆尼亞風味
燉火雞腿

Catalan-style turkey

–

優格奶泡佐草莓

Yoghurt foam with strawberries

番紅花
蘑菇義式燉飯

材料

新鮮採購類：
* 白蘑菇
* 檸檬
* 紅洋蔥
* 火雞腿
* 草莓

食品貯存室類：
* 番紅花
* 橄欖油
* 洋蔥
* 白酒
* 燉飯用米（Risotto rice）
* 鹽
* 黑胡椒粒
* 葡萄乾
* 話梅或加州梅
* 西班牙加烈酒（Vino rancio）
  或不甜雪利酒
* 罐裝去皮切丁蕃茄
* 松子
* 糖（依個人喜好添加）
* 虹吸瓶用氧化氮氣彈

冷藏室類：
* 奶油
* 帕瑪森起司
* 原味優格
* 鮮奶油，含脂量35%

冷凍室類：
* 雞高湯（參照p.57）

加泰隆尼亞風味燉火雞腿

優格奶泡佐草莓

烹調流程規劃

距用餐時間（小時）

12 小時前
葡萄乾和話梅乾用酒浸泡。

4

3½

3

2½

2

1½ 小時前 — 1½
開始煮火雞，先以小火煮30分鐘，再蓋上蓋子保溫。

製作優格奶泡，放入冰箱冷卻。

切燉飯要用的洋蔥。 — 1

40分鐘前
雞高湯加熱。
烤燉飯要用的番紅花。

30分鐘前
製作燉飯。

開始炸松子，準備完成火雞。 — ½

草莓清洗，切對半。

5分鐘前
蘑菇切片。

燉飯加入奶油和起司，放上蘑菇。

將松子撒在火雞上。

享受豐盛料理

上甜點前
將優格奶泡盛入碗中，放上草莓。

上甜點

番紅花蘑菇義式燉飯

燉飯時一定要選用正確的米。在義大利通常使用arborio, carnaroli和vialone nano這三種米。如果找不到燉飯用米，可以改用澱粉含量較高的短米。

	2 人份	6 人份	20 人份	75 人份
雞高湯（參照p.57）	600毫升	1.8公升	7公升	22公升
番紅花絲	1小撮	2小撮	1.2克	4克
橄欖油	1½ 大匙	50毫升	125毫升	425毫升
洋蔥，切末	1小匙	2小匙	120克	400克
白酒	2大匙	4大匙	200毫升	750毫升
燉飯用米（Risotto rice）	180克	540克	1.8公斤	7公斤
中型白蘑菇	2朵	6朵	800克	3公斤
奶油	1小匙	1大匙	60克	200克
帕瑪森起司，磨碎	30克	100克	300克	1公斤
檸檬汁	1小匙	2小匙	35毫升	120毫升

開始→

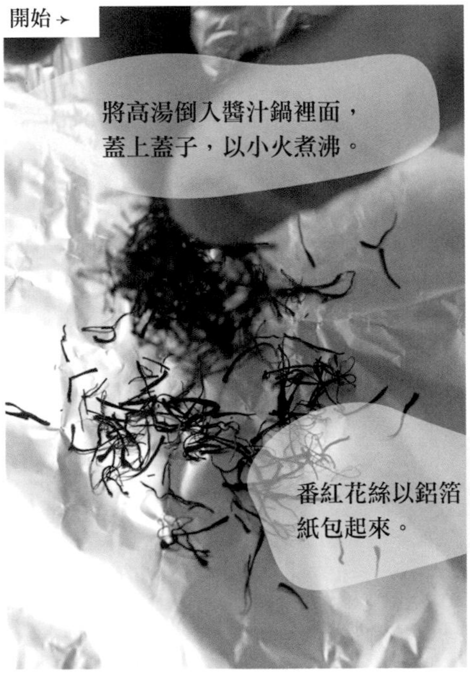

將高湯倒入醬汁鍋裡面，蓋上蓋子，以小火煮沸。
番紅花絲以鋁箔紙包起來。

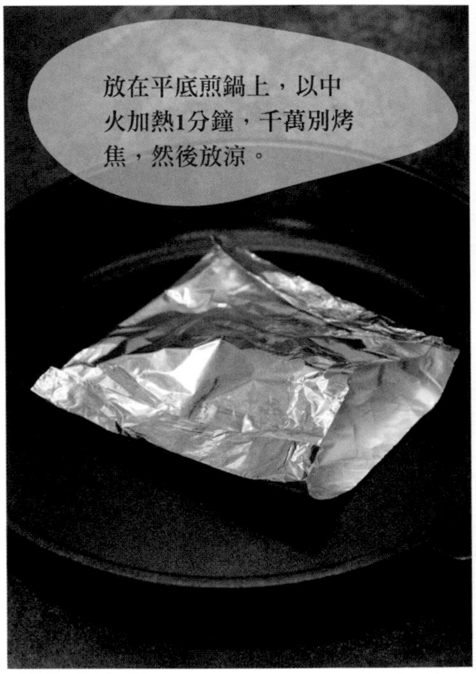

放在平底煎鍋上，以中火加熱1分鐘，千萬別烤焦，然後放涼。

取一只大鍋，倒入油，以中火加熱，放入洋蔥炒5分鐘至軟化但未變色。

倒入白酒，鏟動鍋底的鍋巴。

等大部分的酒精都蒸發以後，加入米炒3分鐘。

繼續→

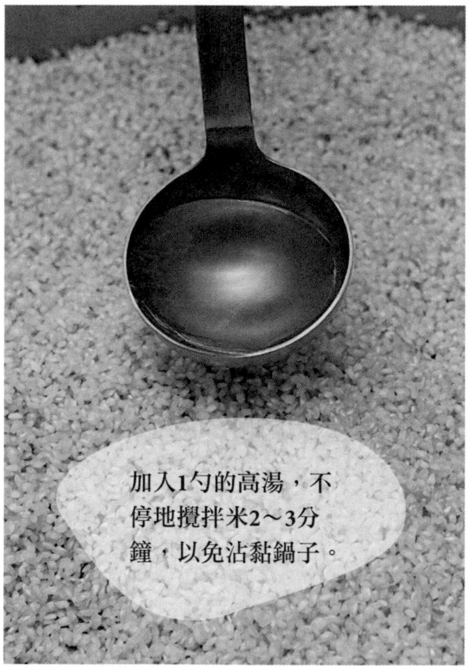
加入1勺的高湯，不
停地攪拌米2～3分
鐘，以免沾黏鍋子。

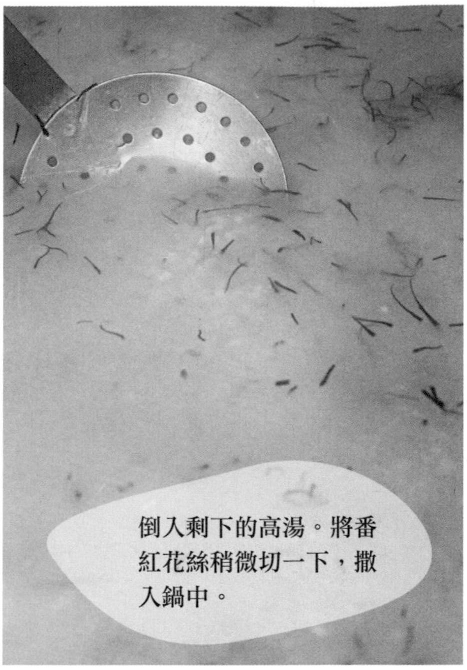
倒入剩下的高湯。將番
紅花絲稍微切一下，撒
入鍋中。

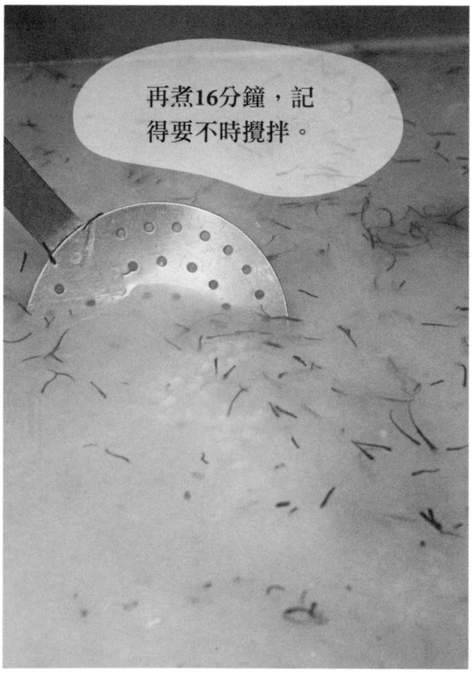
再煮16分鐘，記
得要不時攪拌。

同時拿紙巾將蘑菇拭淨，
以蔬果切片器或利刀將蘑
菇切成細片。

等鍋中的米飯快吸乾
水分時，加入奶油。

加入起司，攪拌均勻使米飯
呈濃稠狀，以鹽、胡椒和檸
檬汁調味，盛入盤中。

將蘑菇片撒在燉飯上，
用燉飯的熱氣使蘑菇片
變熟，上菜囉！

加泰隆尼亞風味燉火雞腿

Vino rancio是產於加泰隆尼亞的加烈酒，如果找不到的話，也可以改用不甜雪利酒。

	2 人份	6人份	20 人份	75人份
葡萄乾	30克	90克	300克	1公斤
去核話梅（加州梅）	40克	120克	400克	1.5公斤
西班牙加列酒	6大匙	250毫升	800毫升	3公升
紅洋蔥，切細絲	200克	600克	2.4公斤	8公斤
火雞腿	2隻	6隻	20隻	75隻
橄欖油	1½大匙	3大匙	150毫升	400毫升
蕃茄，切塊	100克	250克	1.2公斤	5公斤
水	240毫升	720毫升	2.4公升	8公升
松子	2小匙	2大匙	100克	300克

如果是2人份，使用1顆洋蔥；6人份的話，則使用3顆。

開始 →

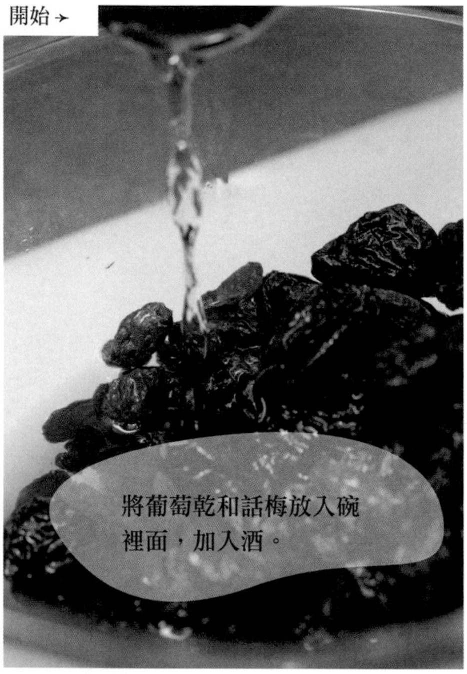
將葡萄乾和話梅放入碗裡面，加入酒。

浸泡12小時。

洋蔥切絲。

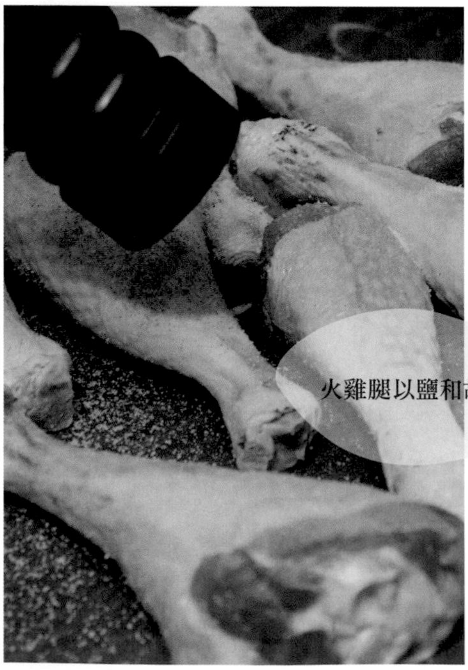
火雞腿以鹽和胡椒調味。

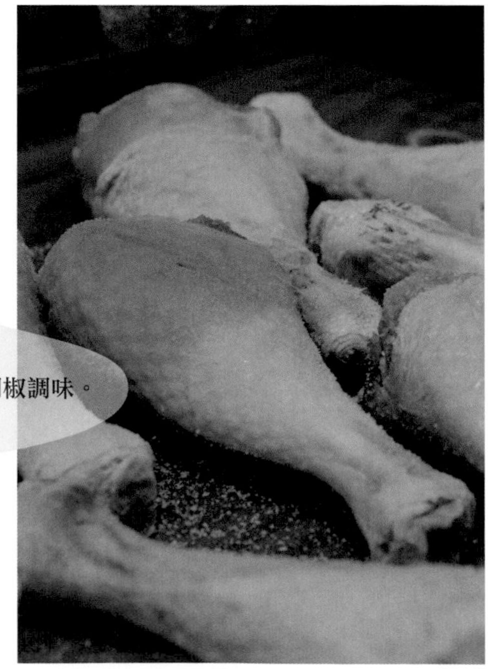

取一只寬口鍋，倒入大部分的油，以中火加熱，放入火雞腿煎至表面呈金黃色，約10分鐘。

繼續➝

加入洋蔥。

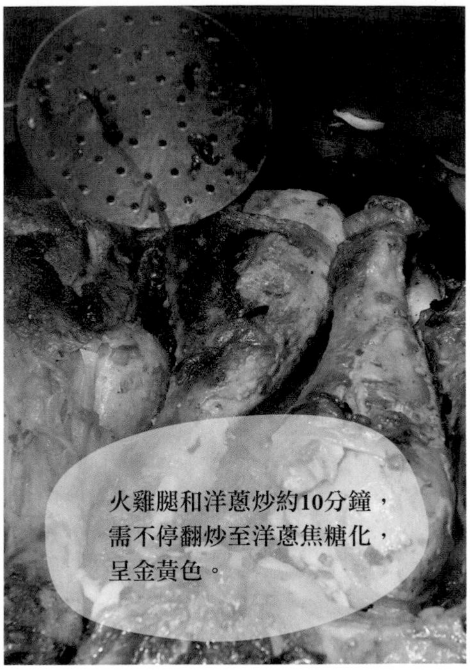

火雞腿和洋蔥炒約10分鐘，需不停翻炒至洋蔥焦糖化，呈金黃色。

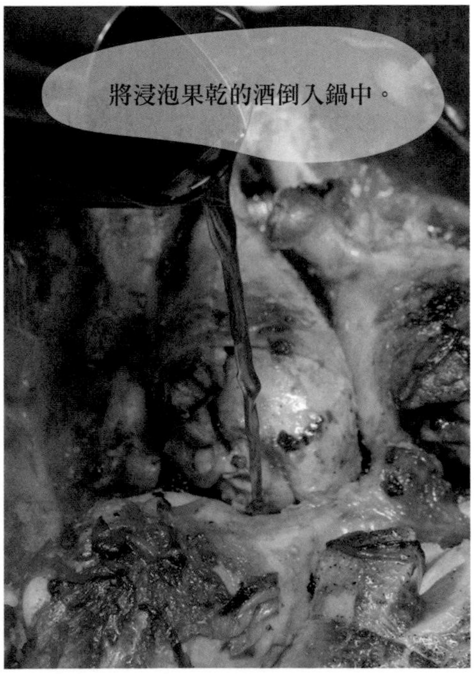

將浸泡果乾的酒倒入鍋中。

等酒精完全蒸發後，加入蕃茄塊，繼續煮至全部食材都焦糖化。

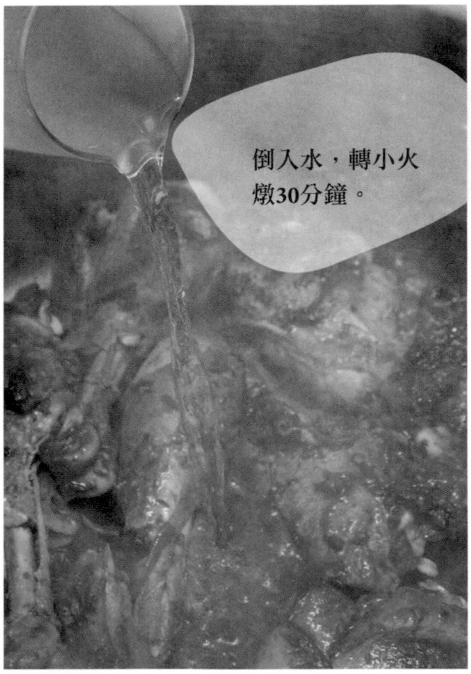

倒入水，轉小火燉30分鐘。

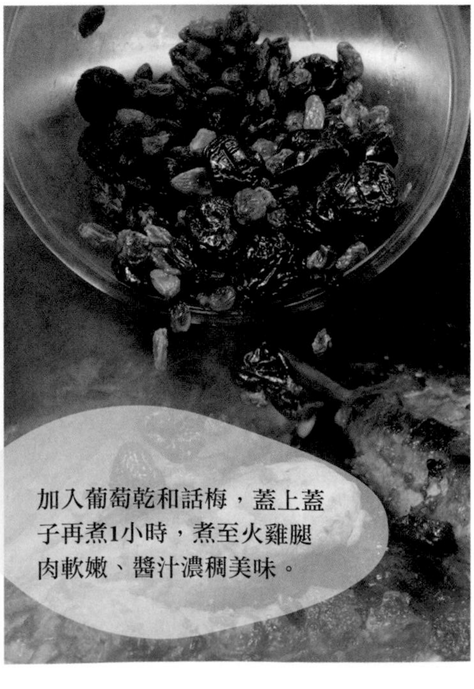

加入葡萄乾和話梅，蓋上蓋子再煮1小時，煮至火雞腿肉軟嫩、醬汁濃稠美味。

同時，將剩下的油倒入平底煎鍋，加入松子，以小火炒5分鐘，不停翻拌至呈金黃色。

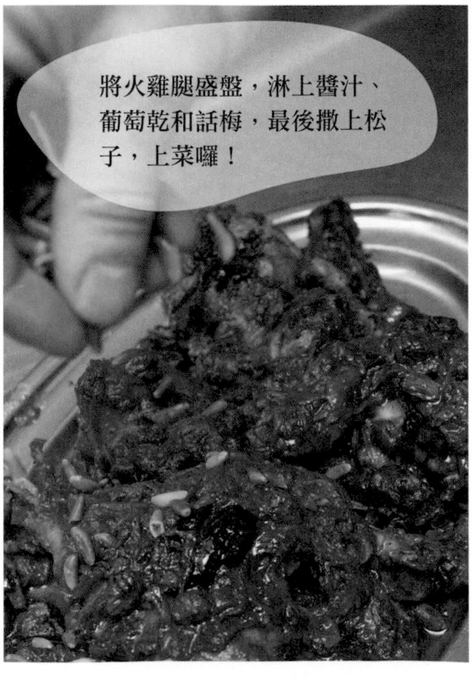

將火雞腿盛盤，淋上醬汁、葡萄乾和話梅，最後撒上松子，上菜囉！

-

優格奶泡佐草莓

-

如果你嗜吃甜味，可在每375克的優格中加入2小匙的糖。

•

草莓可以用任何當季時令水果取代，例如水蜜桃、杏桃、香蕉或鳳梨。

•

建議挑選每顆約15克的小草莓，每人份為3顆。

	2人份	4～6人份	20人份	75人份
原味優格	-	375克	1公斤	3.5公斤
鮮奶油，含脂量35%	-	100毫升	250毫升	900毫升
虹吸瓶用氧化氮氣彈	-	1支	6支	12支
草莓	-	180～270克	900克	3.4公斤

以鮮奶油虹吸瓶製作奶泡的話，最少的份量是4～6人份；如果沒有這項工具，可以用打蛋器攪拌鮮奶油和優格，但質地無法那麼輕盈。

使用0.5公升的虹吸瓶可製作4～6人份；使用2支×2公升的虹吸瓶可製作2 0人份；使用6支×1公升的虹吸瓶可製作75人份。

開始→

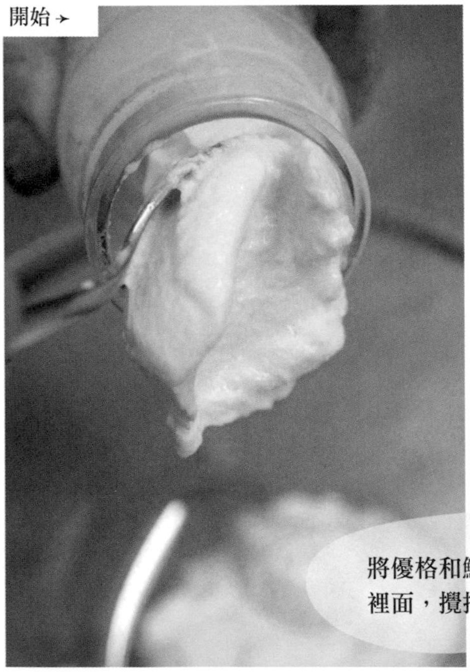

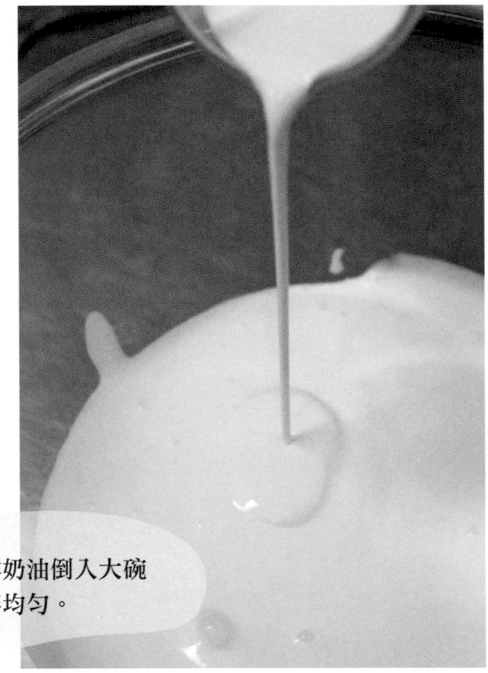

將優格和鮮奶油倒入大碗裡面，攪拌均勻。

可隨個人喜好加入糖。

將混合的優格奶油以篩網過篩，瀝至虹吸瓶內。

繼續 →

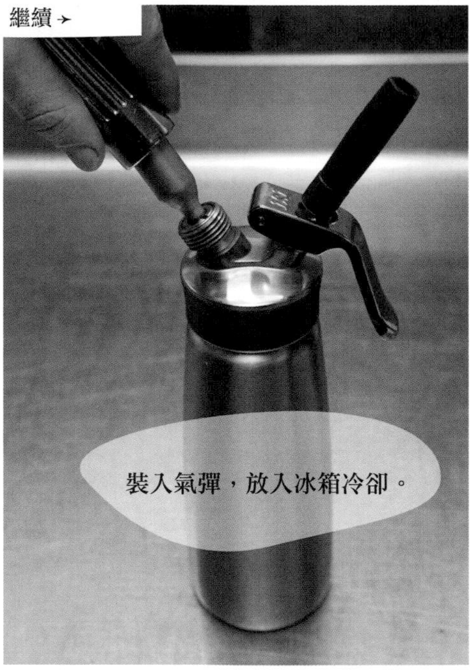
裝入氣彈，放入冰箱冷卻。

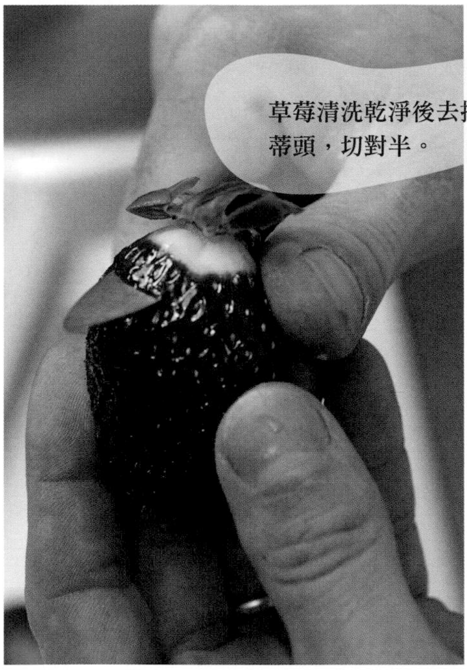
草莓清洗乾淨後去掉
蒂頭，切對半。

使用前，先用力搖一搖虹吸瓶。

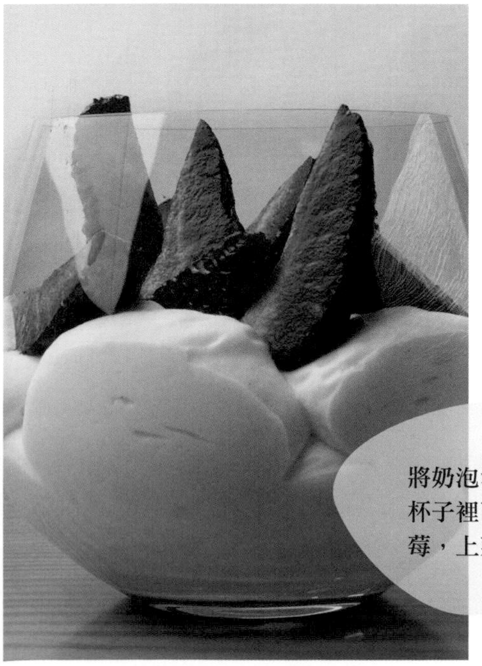
將奶泡注入小碗或
杯子裡面，放上草
莓，上菜囉！

—

美味套餐 8

—

味噌醬烤茄子

Roasted aubergine with miso dressing

—

茄汁香腸

Sausages with tomato sauce

—

加泰隆尼亞風味焦糖烤布丁

Crème Catalane

味噌醬烤茄子

茄汁香腸

材料

新鮮採購類：
* 茄子
* 豬肉香腸
* 新鮮百里香
* 檸檬
* 柳橙

食品貯存室類：
* 芝麻
* 日式柴魚海帶粉
* 紅味噌醬
* 醬油
* 香油
* 葵花籽油
* 橄欖油
* 大蒜
* 西班牙加烈酒或不甜雪利酒
* 肉桂片
* 綠八角、八角或茴香子
* 香草莢
* 玉米澱粉

冷藏室類：
* 鮮奶油，含脂量35%
* 全脂牛奶
* 蛋

冷凍室類：
* 蕃茄醬汁（參照p.42）

加泰隆尼亞風味焦糖烤布丁

烹調流程規劃	距用餐時間（小時）
	4
	3½
3小時前 製作烤布丁，放涼。	3
	2½
2小時前 開始烤茄子，放涼。	2
	1½
1小時前 拌味噌醬。 茄子去皮後切片。	1
15分鐘前 將茄子拌入味噌醬。	½
煎香腸。	
5分鐘前 茄子撒上芝麻。 加熱蕃茄醬汁，準備製作香腸。	
	享受豐盛料理
上甜點前 用火焰噴槍燒烤布丁上的糖。	
	上甜點

-

味噌醬烤茄子

-

柴魚海帶汁是一種日式傳統高湯，以海帶和柴魚（柴魚乾或鮪魚乾）熬煮而成，可以為湯品、醬汁或其他料理增添獨特風味。

•

味噌醬是以黃豆發酵而成，在日本料理中也很重要。兩種產品在一般食品店或大型超市都買得到。

•

味噌醬也適合用在其他烤蔬菜，像是櫛瓜或馬鈴薯。

	2 人份	6 人份	20 人份	75 人份
中型茄子	2個	6個	20個	75個
芝麻	2大匙	6大匙	150克	500克
水	50毫升	150毫升	500毫升	1.6公升
柴魚海帶粉	2小匙	2大匙	50克	160克
紅味噌醬	1/2小匙	1大匙	40克	150克
醬油	2小匙	2大匙	60毫升	200毫升
香油	1小匙	1大匙	30毫升	100毫升
葵花籽油	2大匙	6大匙	150毫升	500毫升

開始 →

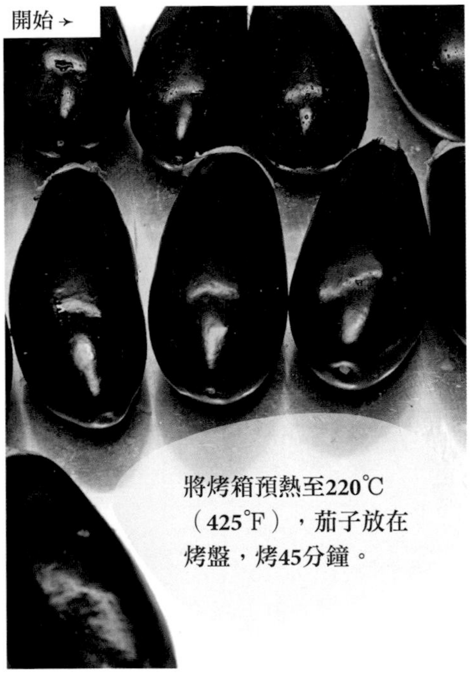

將烤箱預熱至220℃（425℉），茄子放在烤盤，烤45分鐘。

芝麻放入平底煎鍋裡面，以小火加熱5分鐘，不時翻動至呈金黃色。

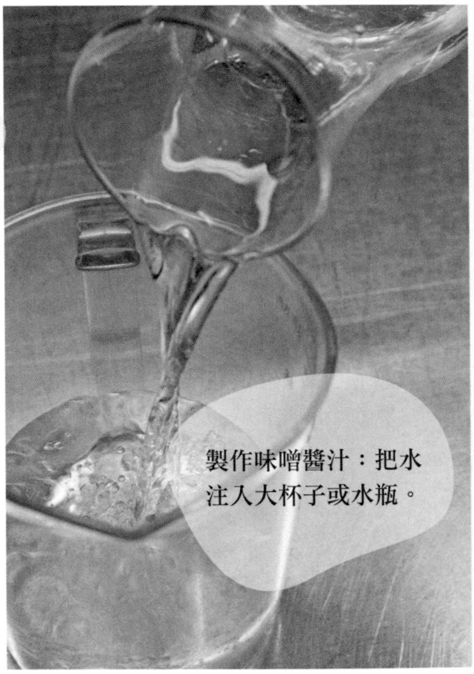

製作味噌醬汁：把水注入大杯子或水瓶。

加入柴魚海帶粉、味噌醬、醬油、香油和葵花籽油。

用手持電動攪拌器攪打至稍微濃稠，即成味噌醬汁。

繼續→

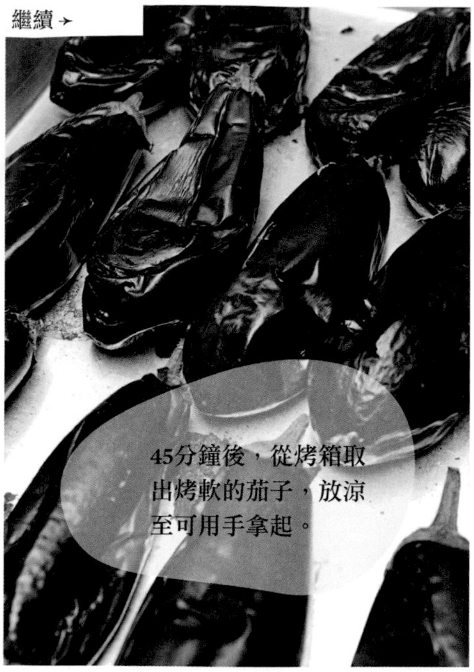
45分鐘後，從烤箱取
出烤軟的茄子，放涼
至可用手拿起。

茄子去除外皮。

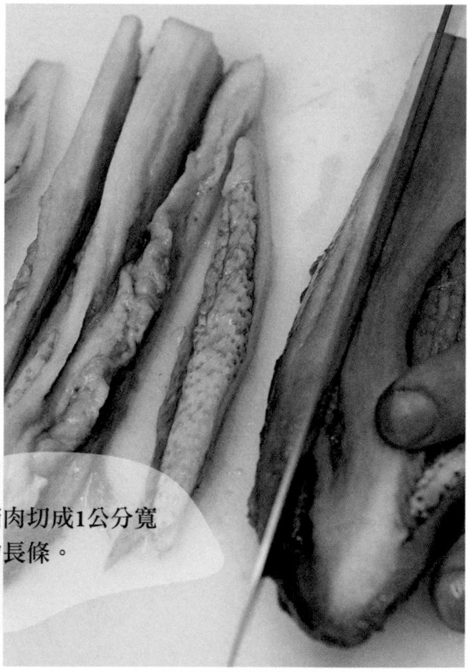
茄肉切成1公分寬
的長條。

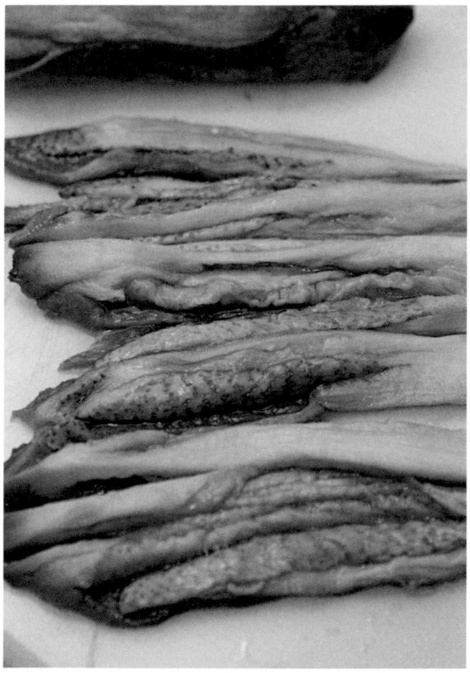

再次攪打味噌醬汁，使其
混合均勻。將茄子排入盤
中，淋上味噌醬汁。

待茄子完全冷卻後，
撒上芝麻，上菜囉！

茄汁香腸

隨個人喜好，可以使用市售的蕃茄醬汁，再加些特級初榨橄欖油（每150克加1小匙）提味。

•

Vino rancio酒是產於加泰隆尼亞的加烈酒，找不到的話，可以改用不甜雪利酒。

•

香腸可以搭配簡單的烤蔬菜，例如：馬鈴薯或櫛瓜。

	2 人份	6 人份	20 人份	75 人份
橄欖油	3大匙	9大匙	150毫升	500毫升
豬肉香腸	150克	900克	3公斤	11公斤
蒜瓣	2瓣	6瓣	40克	120克
新鮮百里香	1株	2株	6克	20克
Vino rancio酒或不甜雪利酒	2大匙	100毫升	350毫升	1.3公升
蕃茄醬汁（參照p.42）	150克	450克	1.5公斤	5公斤

開始→

取一只大平煎鍋，倒入油後加熱。

加入香腸，煎5分鐘至底部呈金黃色。

將整粒蒜瓣和百里香塞在香腸間。

繼續➤

將香腸翻面。

等香腸熟透且呈褐色，
拿起鍋子，遠離火源。

倒入酒，用木匙把鍋底的
鍋巴鏟鬆。

取一個醬汁鍋，倒入
蕃茄醬汁後加熱。

將香腸盛入盤中。

以湯匙淋上鍋中的
醬汁和蒜瓣。

將蕃茄醬汁淋在香腸上，
上菜囉！

-

加泰隆尼亞風味焦糖烤布丁

-

這道料理是歐洲歷史最悠久的甜點之一，同時也出現在中古世紀的加泰隆尼亞文學裡。

•

除了用噴槍來讓布丁表面的糖融化成焦糖，也可以改用焦糖碎片。

•

建議最少製作4人份以上的份量。烤布蕾可以用陶瓷布丁碗分裝起來，放在冰箱保存數天。

	2 人份	4 人份	20 人份	75 人份
全脂牛奶	-	250毫升	1.2公升	4公升
鮮奶油，含脂量35%	-	4大匙	300毫升	1公升
肉桂棒	-	1/4支	2支	4支
檸檬皮	-	1條	2條	4條
柳橙皮	-	1條	2條	4條
綠八角、八角或茴香子	-	1小撮	3克	10克
香草莢，剖開	-	1/2支	1½支	4支
蛋黃	-	3顆	250克	850克
糖	-	45克	225克	750克
玉米澱粉	-	2小匙	50克	180克

開始 ➝

將牛奶和鮮奶油倒入大醬汁鍋裡面。

加入肉桂棒、檸檬皮、柳橙皮、八角或茴香子和香草莢。

將奶液以小火加熱煮沸。

將蛋黃、糖和玉米澱粉加入大碗裡面。

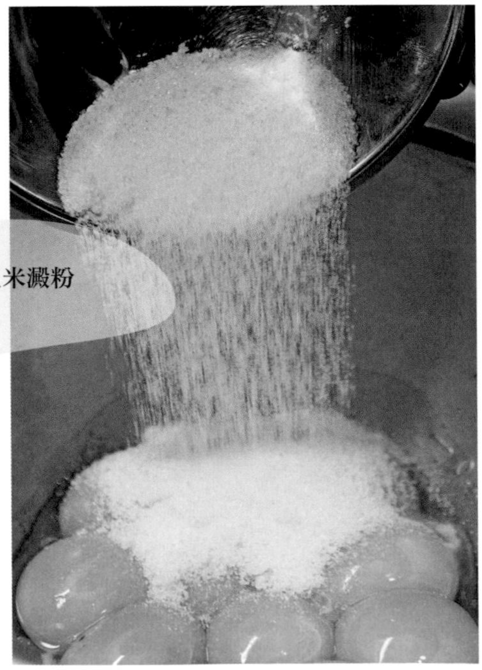

繼續 ➔

攪拌至平滑。

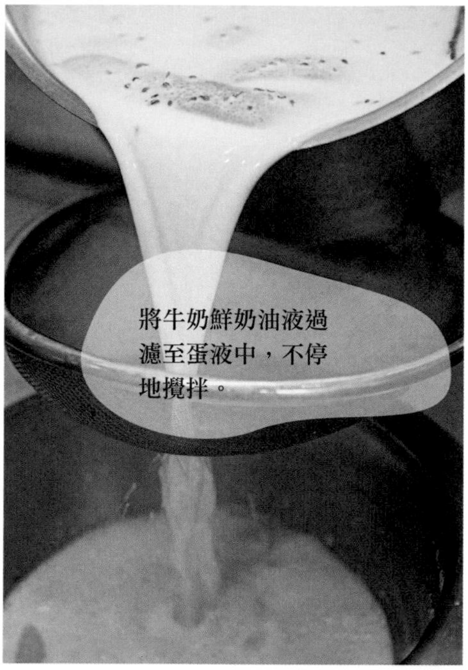
將牛奶鮮奶油液過濾至蛋液中，不停地攪拌。

小心倒入乾淨的鍋子，以中火加熱，記得要不停攪拌，煮10分鐘。

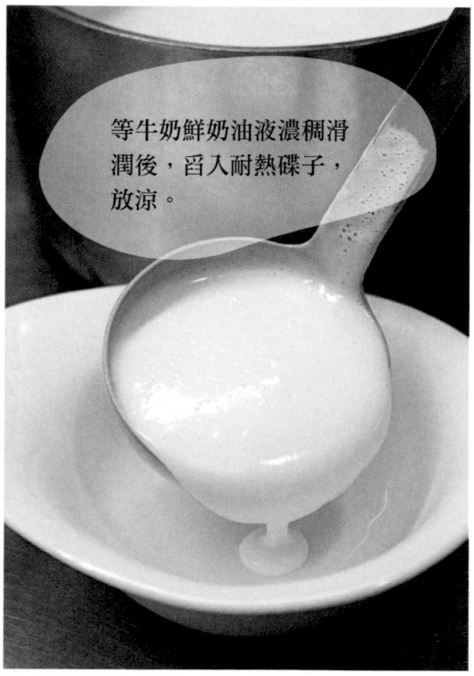
等牛奶鮮奶油液濃稠滑潤後，舀入耐熱碟子，放涼。

在布丁表層均勻鋪一層糖。

用噴槍使糖焦化，待糖凝固後即可品嘗。

–

美味套餐 9

–

萊姆漬魚

Lime-marinated fish

–

煨燉小牛膝

Ossobuco

–

椰林風情

Piña colada

萊姆漬魚

煨燉小牛膝

材料

新鮮採購類：

* 新鮮白口魚、海鱸魚
* 萊姆
* 青蔥
* 芫荽
* 小牛腿
* 胡蘿蔔
* 西洋芹
* 新鮮巴西里
* 檸檬
* 柳橙
* 鳳梨

食品貯存室類：

* 大蒜
* 洋蔥
* 橄欖油
* 鹽
* 黑胡椒粒
* 麵粉
* 白酒
* 月桂葉
* 椰奶
* 白蘭姆酒

冷藏室類：

* 奶油

冷凍室類：

* 蕃茄醬汁（p.42）
* 牛高湯（p.58）

椰林風情

烹調流程規劃	距用餐時間（小時）
	4
	3½
	3
2½小時前 製作燉小牛腿，放入烤箱烤。	2½
2小時前 製作椰林風情，調好後放入冰箱冷藏。	2
	1½
	1
30分鐘前 魚切片，冷藏備用。 洋蔥切片，然後準備醬汁。 製作義式三味醬（gremolata）。	½
用餐前 將魚調味，撒上洋蔥，淋上醬汁和芫荽。	
	享受豐盛料理
上主菜前 在燉小牛腿上澆上義式三味醬。	
	上主菜
上甜點前 將椰林風情倒入小杯子或小碗裡，再撒上喜歡的配料。	
	上甜點

萊姆漬魚

這道魚料理是秘魯式生魚片（tiradito），做法類似西班牙的醃拌生魚（ceviche），將魚切薄片後淋上萊姆汁食用。

•

我們用白口魚來製作這道料理，這種魚肉質較硬，在西班牙和地中海很受歡迎。買不到白口魚的話，可以改用其他白肉魚，像是海鱸魚。

•

可以請魚販幫忙去皮和魚骨，也可參照p.352示範去鮭魚皮的方法。

	2人份	6人份	20人份	75人份
新鮮魚片	150克	500克	2公斤	8公斤
萊姆汁	1大匙	85毫升	210毫升	660毫升
青蔥（或蔥白）	1/2根	1根	300克	900克
芫荽	4株	12株	1束	3束
橄欖油	4大匙	150毫升	500毫升	1.8公升

開始 ➝

將魚切成薄片。

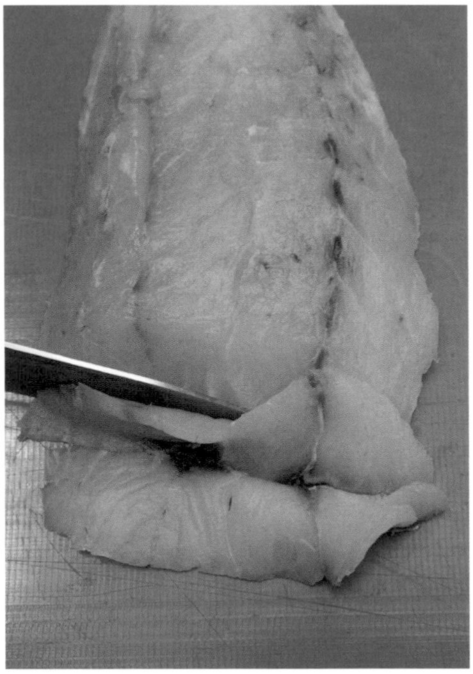

魚片排在餐盤上，重疊的部分不要太多。放入冰箱冷藏。

擠萊姆汁，然後以篩網過濾。

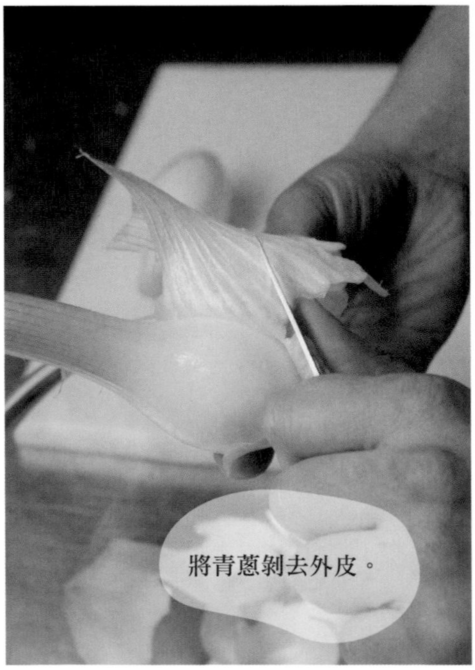

將青蔥剝去外皮。

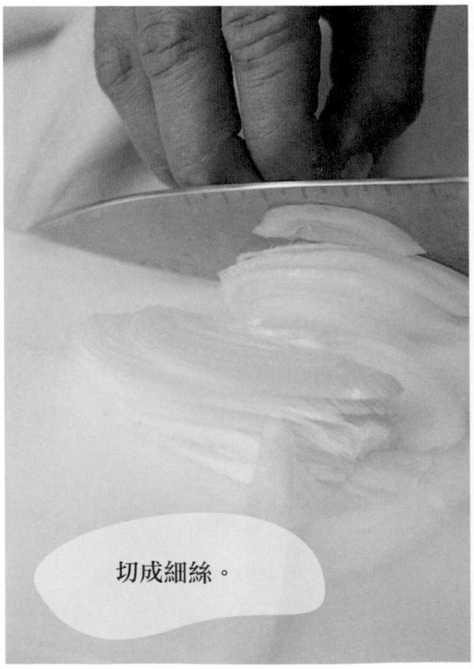

切成細絲。

繼續→

芫荽去莖部，然後切末。

將油慢慢倒入萊姆汁中，
以打蛋器（手持電動攪拌
器）不斷地攪打至呈稍微
濃稠的混濁醬汁。

將青蔥拌入萊姆汁和
橄欖油中。

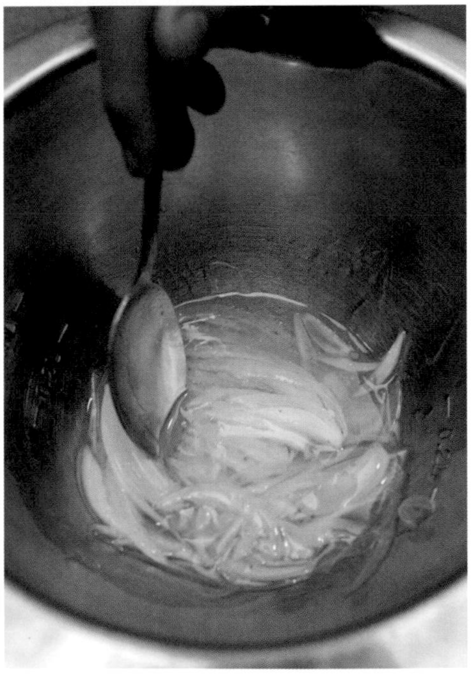

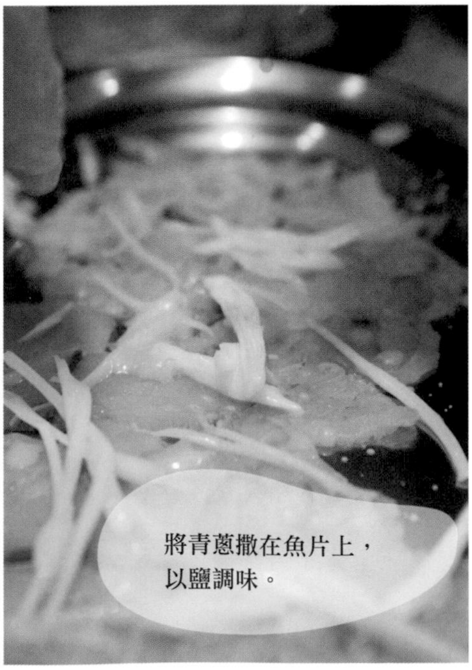
將青蔥撒在魚片上，
以鹽調味。

淋上剛才混合的萊姆汁
和橄欖油，撒上芫荽，
上菜囉！

煨燉小牛膝

Ossobuco在義大利文中，是指「有洞的肉」的意思，指這道名菜使用的是小牛膝。肉的中間有厚厚的骨頭，裡面全是牛髓。牛髓讓醬汁的味道更豐富，可以一起食用。

•

上菜前才加入「義式三味醬」（Gremolata，將巴西里末、大蒜、橘子碎皮和檸檬碎皮拌勻的調味料），以免果皮失去清新的柑橘香氣。

	2人份	6人份	20人份	75人份
胡蘿蔔，切丁	1小匙	1½大匙	150克	400克
西洋芹，切丁	1小匙	2大匙	175克	520克
洋蔥，切末	1個	2個	1公斤	3公斤
蒜瓣，切末	1瓣	3瓣	50克	150克
小牛膝排，每片250克	2片	6片	20片	75片
麵粉	1½大匙	4大匙	150克	400克
奶油	1½ 大匙	100克	450克	1.4公斤
白酒	6大匙	240毫升	1.1公升	3.2公升
乾燥月桂葉	2片	4片	15克	40克
蕃茄醬汁（參照p.42）	2小匙	2大匙	330克	1公斤
牛高湯（參照p.58）	500毫升	1.5公升	8公升	24公升
製作義式三味醬（Gremolata）：				
巴西里，切末	2小匙	2大匙	½ 把	1把
蒜瓣，切末	1瓣	3瓣	20克	50克
檸檬	1個	2個	3個	5個
柳橙	1個	2個	3個	5個

開始 ➛

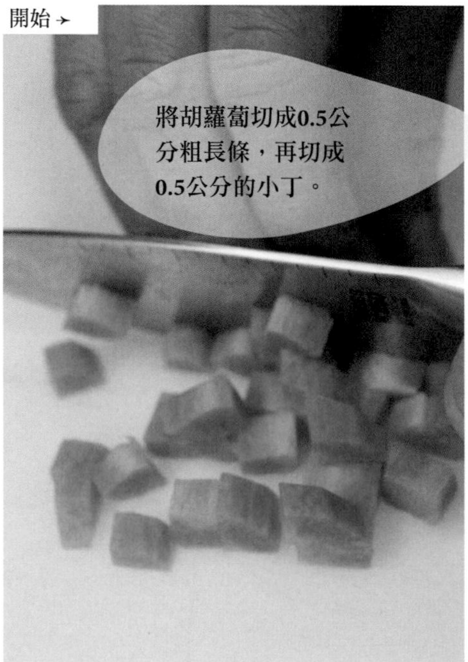

將胡蘿蔔切成0.5公分粗長條，再切成0.5公分的小丁。

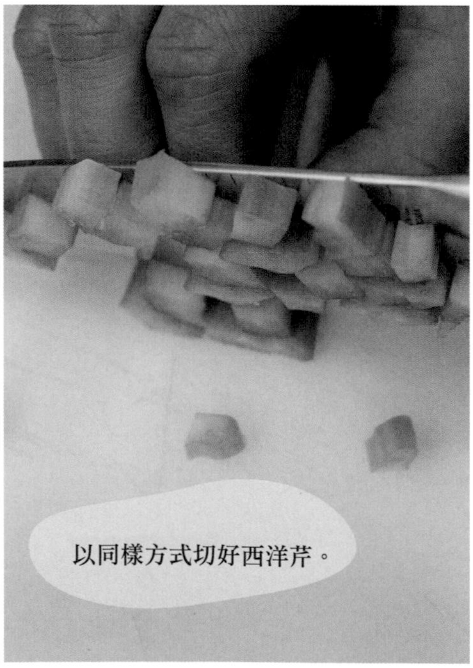

以同樣方式切好西洋芹。

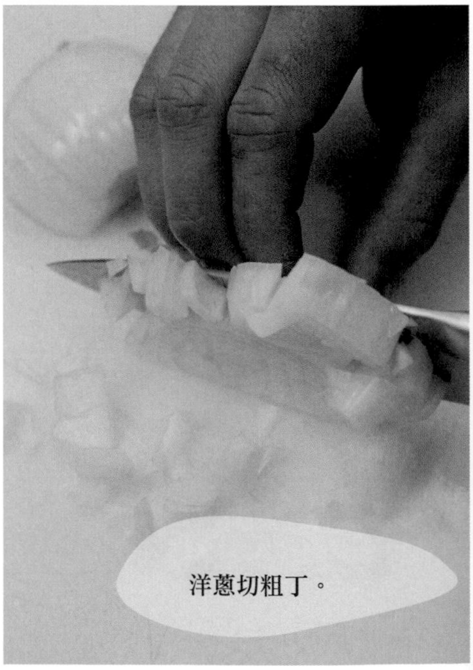

洋蔥切粗丁。

繼續 ➛

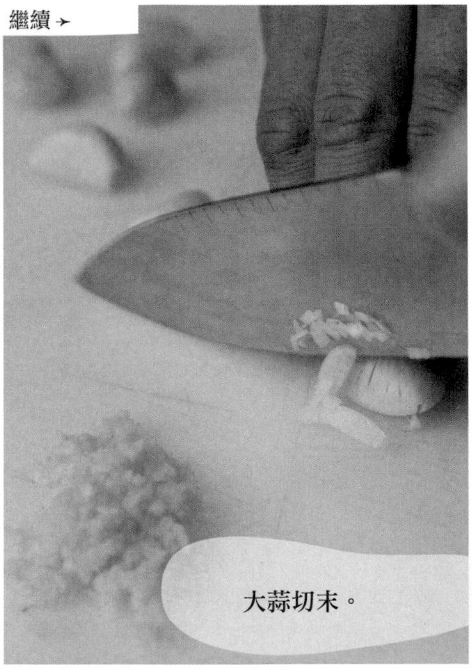
大蒜切末。

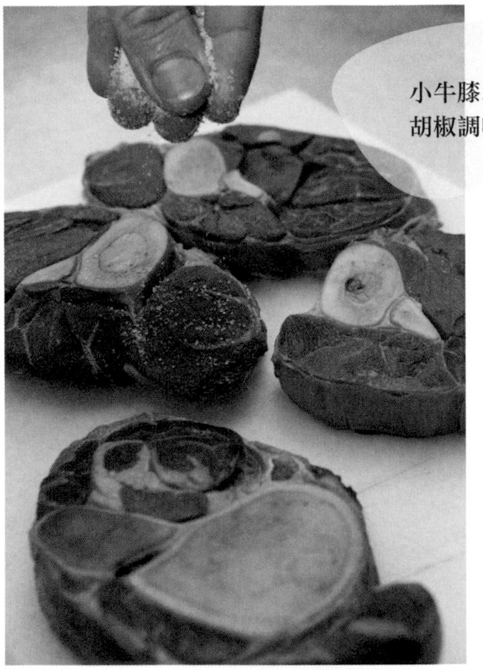
小牛膝以鹽和
胡椒調味。

將小牛膝裹上麵粉。

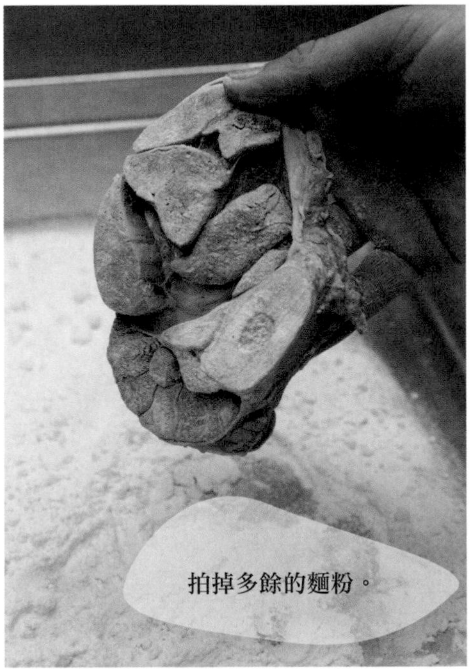
拍掉多餘的麵粉。

取一只大鍋，以大火加
熱，放入一半量的奶油。

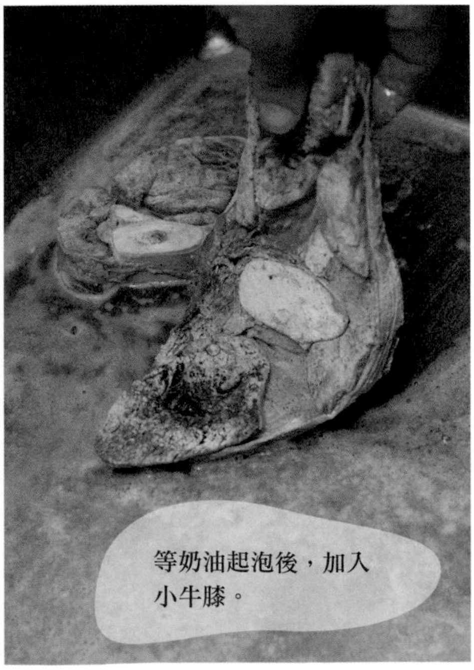
等奶油起泡後，加入
小牛膝。

將兩面煎黃後取出。

轉中火，加入胡蘿蔔和
剩餘的奶油，炒1分鐘。

繼續 ➛

繼續→

加入洋蔥、西洋芹和大蒜，
以小火煮10分鐘，不時攪拌
至蔬菜軟化。

倒入白酒，再用木匙
鏟動鍋底。
將烤箱預熱至200℃
（400℉）。

等酒精快蒸發時，加入月桂
葉和蕃茄醬汁，以中火再煮
10分鐘至湯汁濃稠。

將煎過的小牛膝擺入烤
盤，舀入蔬菜料，再倒
入牛高湯或水。

用鋁箔紙封住烤盤，
放入烤箱烤2小時，
至肉十分軟嫩。

同時製作義式三味醬。將巴西
里、大蒜切細末，放入小碗裡
面拌勻。最後加入檸檬碎皮和
柳橙碎皮，拌勻即成。

上菜前，將義式三味醬均
勻地淋在燉小牛膝上。

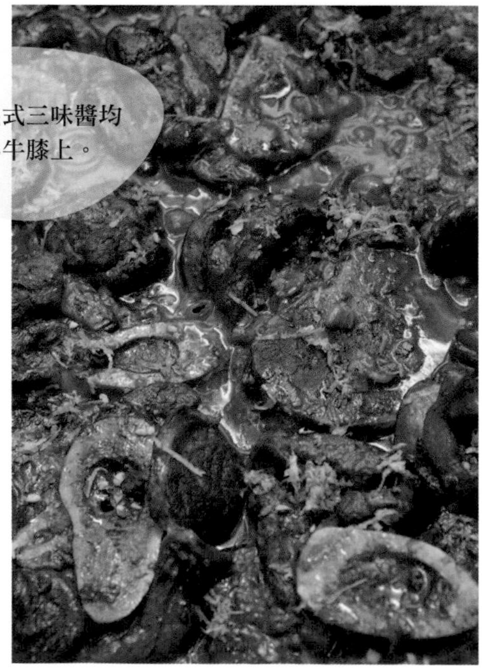

椰林風情

我們喜歡在調酒上放入更多的鳳梨塊、冷凍果乾、堅果等，讓口感更有層次。

•

挑選鳳梨時，找中間葉片可以輕易拔起的那種，表示已經熟透。

	2人份	6人份	20人份	75人份
鳳梨	1/2個	1個	5個（3.5公斤）	18個（13公斤）
椰奶	3大匙	100克	350克	2.8公斤
白蘭姆酒	1½大匙	65毫升	225毫升	1.6公升

開始 ➝

鳳梨切去頭和尾，然後切下果皮和靠近皮0.5公分的果肉。

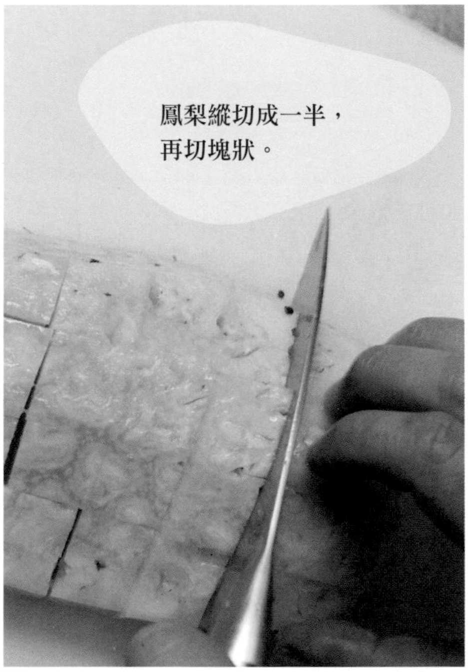

鳳梨縱切成一半，再切塊狀。

放入深容器裡面，以手持電動攪拌器攪打至均勻平滑，也可用食物處理機處理。

加入椰奶和白蘭姆酒，繼續攪打均勻。

用篩網過濾後，放入冰箱冷藏。

盛入碗或玻璃杯中，可以搭配自己喜歡的佐料。

美味套餐 10

蛤蜊味噌湯

Miso soup with clams

醋漬鯖魚

Mackerel with vinaigrette

杏仁餅乾

Almond biscuits

蛤蜊味噌湯

醋漬鯖魚

材料

新鮮採購類：

* 小顆圓蛤蜊
* 嫩豆腐
* 新鮮鯖魚
* 熟蕃茄
* 新鮮羅勒
* 新鮮百里香
* 黑橄欖醬

食品貯存室類：

* 柴魚海帶粉
* 紅味噌醬
* 小乾辣椒
* 特級初榨橄欖油
* 醃漬酸豆
* 鹽
* 黑胡椒
* 糖
* 杏仁粉
* 整顆烤熟的西班牙杏仁（Marcona almonds）

冷藏室類：

* 蛋

冷凍室類：

* 冰淇淋

杏仁餅乾

烹調流程規劃	距用餐時間（小時）
	4
	3½
	3
	2½
	2
	1½
1小時前 蛤蜊浸泡鹽水。 製作和烘焙杏仁餅乾。 準備魚料理的所有材料。	1
	½
15分鐘前 製作味噌湯底，豆腐切丁。	
5分鐘前 蛤蜊放入湯中，加入剩下的豆腐攪拌。	
	享受豐盛料理
上主菜前 開始煎魚。 先從冷凍室取出冰淇淋，待會才不會太硬難以挖取。	
	上主菜

蛤蜊味噌湯

烹調前先篩選蛤蜊，將破損的蛤蜊挑出丟掉，完整的放入大碗裡面，以冷鹽水泡1小時來吐沙。

•

也可以使用其他蛤類或貽貝。越大顆的烹調時間越長。

	2人份	6人份	20人份	75人份
水	425毫升	1.3公升	4.5公升	14公升
柴魚海帶粉	1/2小匙	2小匙	30克	100克
紅味噌醬	2小匙	100克	400克	1.2公斤
嫩豆腐	150克	450克	1公斤	7公斤
小顆圓蛤蜊	120克	400克	1.5公斤	5公斤

開始 ➝
取一只大鍋，倒入水，加入柴魚海帶粉、紅味噌醬。

用手持電動攪拌器混合均勻。

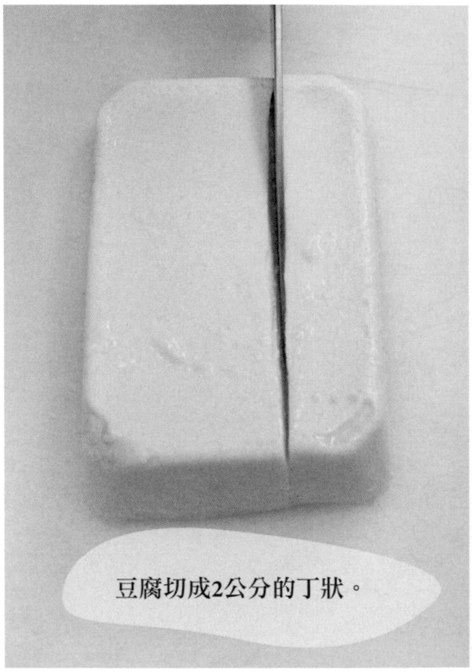

豆腐切成2公分的丁狀。

將豆腐放入湯碗裡面，每碗放5塊。

繼續→

用冷水沖洗蛤蜊。

將湯煮沸，加入蛤蜊。

煮3分鐘或煮至蛤蜊殼張開，將鍋子離火。

以漏勺撈出蛤蜊。

放在湯碗的豆腐上，丟掉殼沒有打開的蛤蜊。

剩餘豆腐加入湯中，攪打成香濃滑潤的湯。

將湯舀入湯碗，記得湯要蓋過蛤蜊和豆腐，上菜囉！

醋漬鯖魚

可請魚販幫忙清理魚的肚腸，再將魚切好。

•

可改用其他整尾小型的魚，例如沙丁魚。

	2人份	6人份	20人份	75人份
鯖魚，每尾200克	2尾	6尾	20尾	75尾
熟蕃茄	1個	3個	750克	2公斤
小乾辣椒	1根	3根	15根	40根
特級初榨橄欖油	120毫升＋2小匙	200毫升＋1 ½大匙	1公升＋100毫升	3.2公升＋200毫升
醃漬酸豆	2小匙	2大匙	100克	300克
新鮮百里香	2株	6株	20株	80株
黑橄欖醬	1小匙	2小匙	60克	190克
新鮮羅勒	1株	3株	1束	2束

開始→

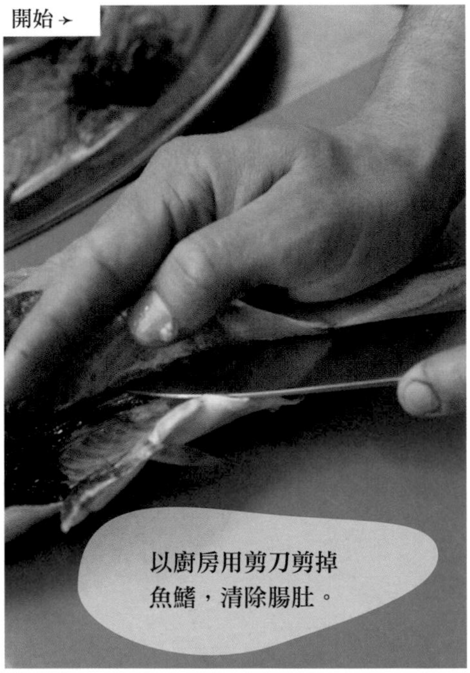
以廚房用剪刀剪掉
魚鰭，清除腸肚。

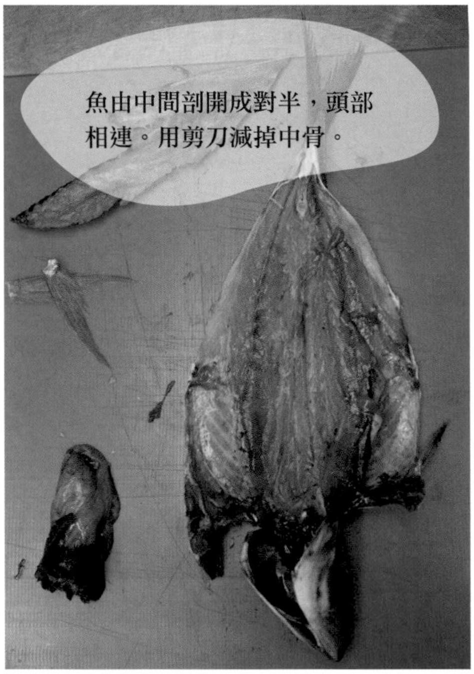
魚由中間剖開成對半，頭部
相連。用剪刀減掉中骨。

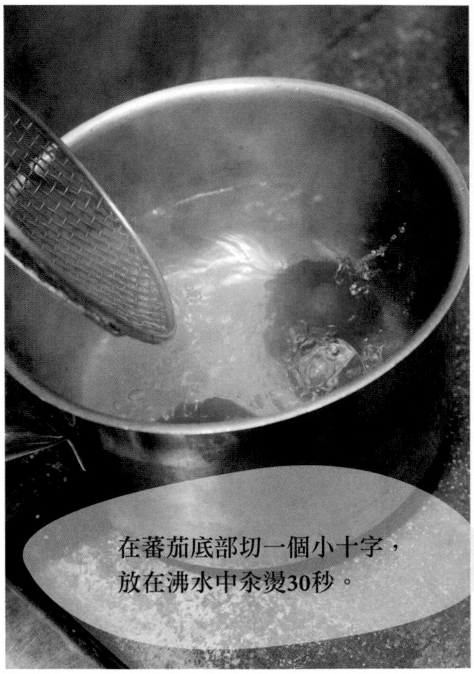
在蕃茄底部切一個小十字，
放在沸水中汆燙30秒。

放入冰水中冰鎮。

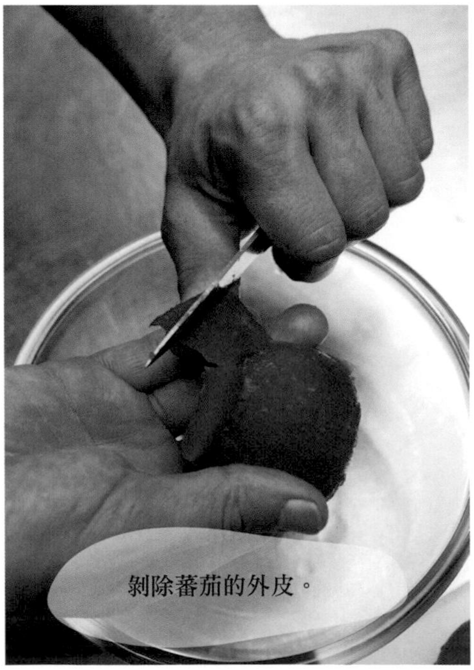
剝除蕃茄的外皮。

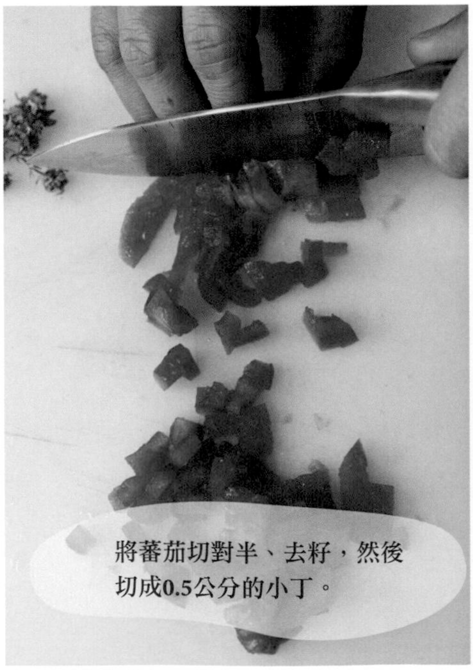
將蕃茄切對半、去籽，然後
切成0.5公分的小丁。

繼續 ➝

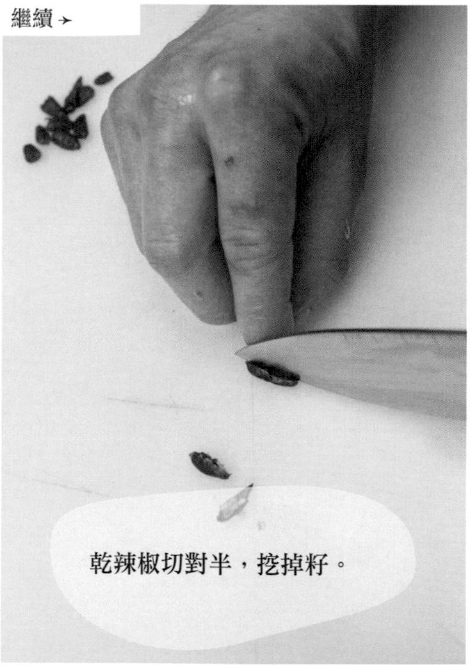

乾辣椒切對半，挖掉籽。

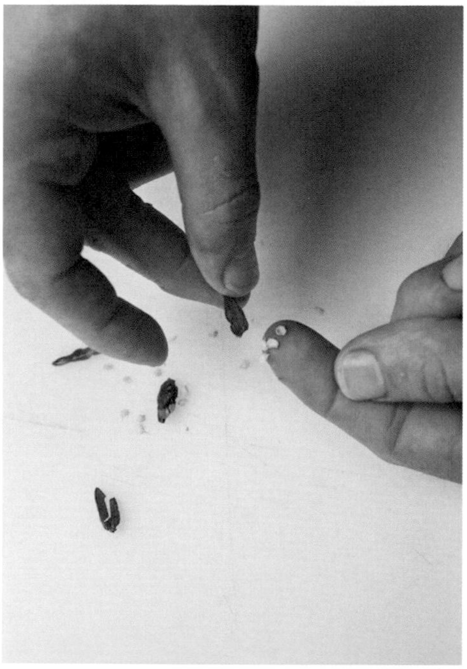

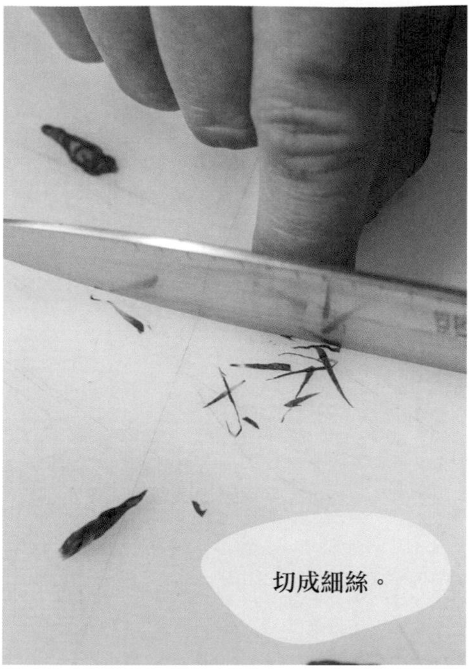

切成細絲。

蕃茄丁放入碗裡面，加入前半部分的橄欖油（如食譜中120毫升、200毫升）、辣椒絲、酸豆和百里香。

以鹽和胡椒調味，即成蕃茄油醋醬。

以剩下的橄欖油將黑橄欖醬調開。

大平底煎鍋以中火加熱，加少許油，魚皮朝下放入鍋裡面，煎3分鐘或至底部呈金黃色。

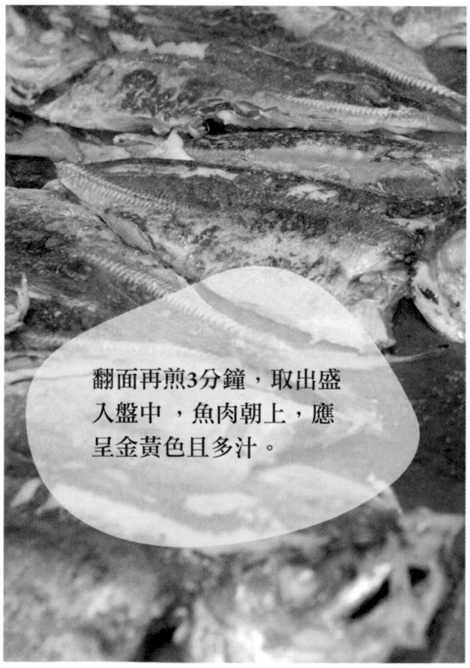

翻面再煎3分鐘，取出盛入盤中，魚肉朝上，應呈金黃色且多汁。

摘取羅勒最小的嫩葉。將蕃茄油醋醬淋在魚肉上，撒上羅勒，再滴數滴黑橄欖醬，上菜囉！

杏仁餅乾

建議一次最少製作12個餅乾以上的份量。沒吃完的餅乾，可以裝在密封盒中保存數天。

•

這道餅乾可以搭配任何口味的冰淇淋，但我們比較偏好用牛軋糖冰淇淋。

•

西班牙杏仁（Marcona almonds）是產自西班牙的甜杏仁，也可以改用任何一種品質好的杏仁。

	2人份	6人份（約12塊份量）	20人份	75人份
蛋白	-	1顆	95克	280克
糖	-	135克	315克	945克
杏仁粉	-	135克	315克	945克
整顆烤熟的西班牙杏仁	-	12顆	150克	500克
冰淇淋	-	300克	2公斤	5公斤

開始→

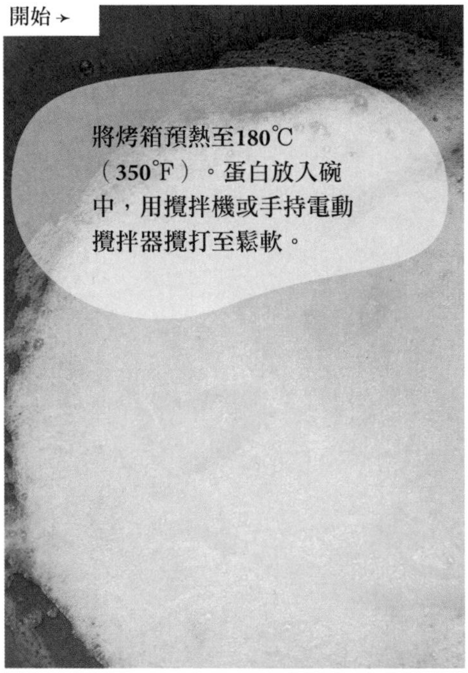

將烤箱預熱至180℃（350℉）。蛋白放入碗中，用攪拌機或手持電動攪拌器攪打至鬆軟。

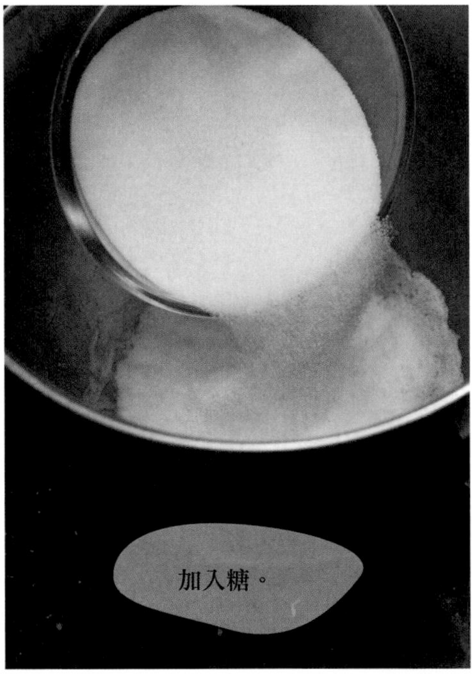

加入糖。

將蛋白再攪打至光滑變硬。

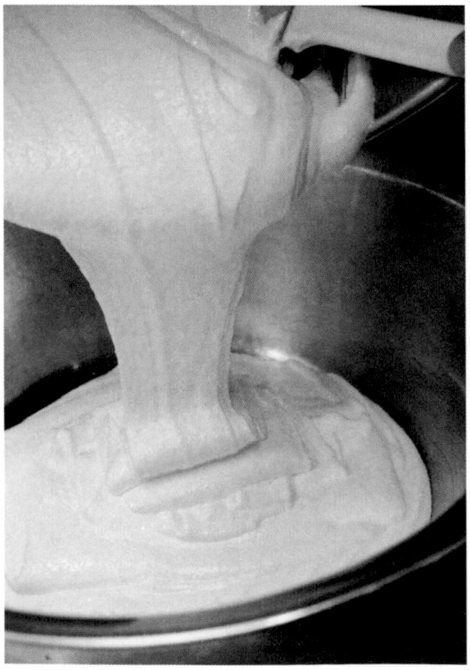

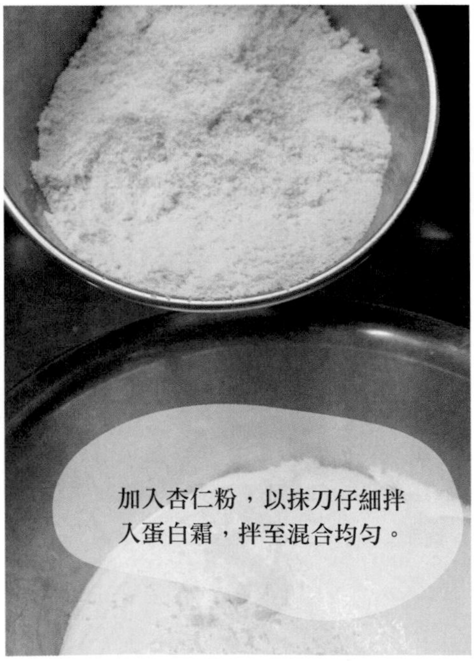

加入杏仁粉，以抹刀仔細拌入蛋白霜，拌至混合均勻。

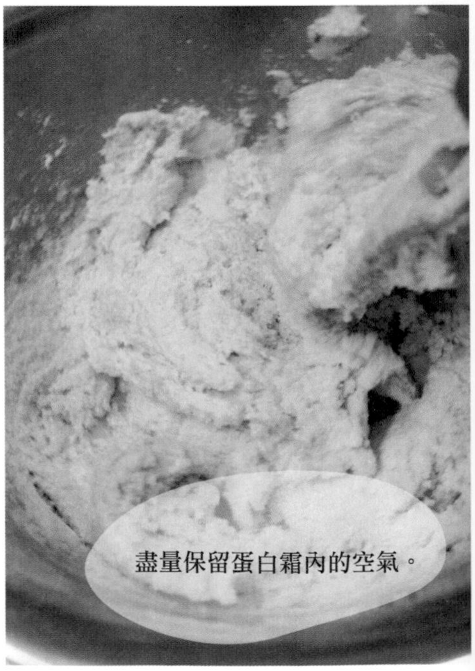

盡量保留蛋白霜內的空氣。

繼續→

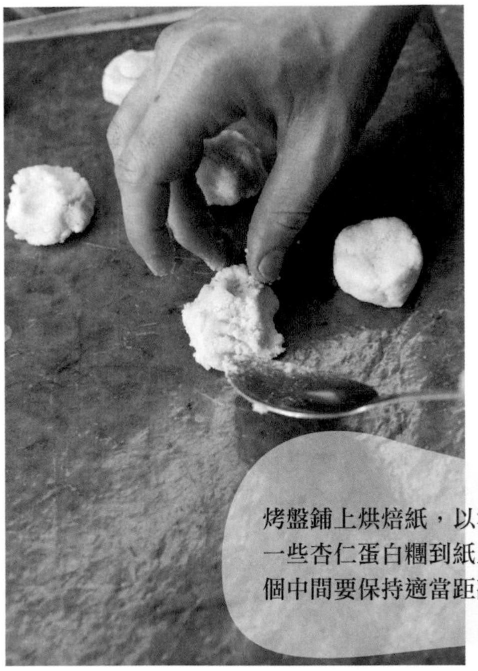

烤盤鋪上烘焙紙，以湯匙舀一些杏仁蛋白糰到紙上，每個中間要保持適當距離。

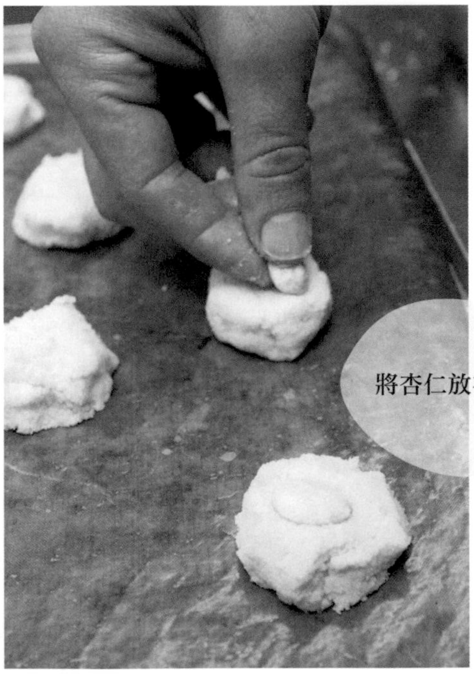

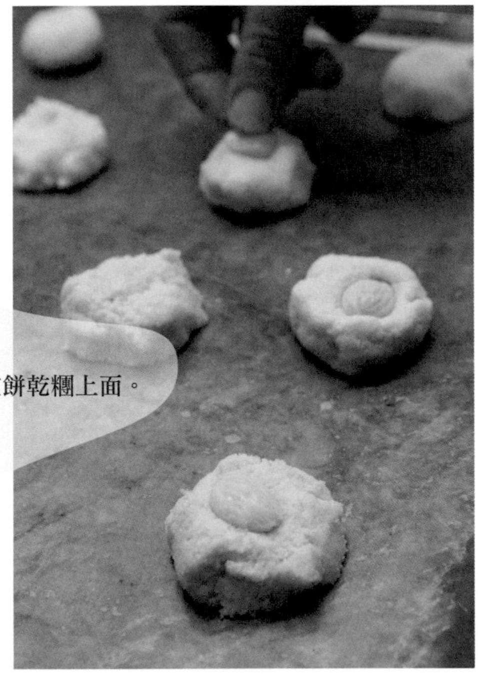

將杏仁放在餅乾糰上面。

烘烤14分鐘，或至表面呈金黃色且稍微龜裂。

讓餅乾在烘焙紙上放涼，再移至架子上完全冷卻。

品嘗時，可搭配冰淇淋。

–

美味套餐 11

–

炸荷包蛋佐蘆筍

Fried eggs with asparagus

–

蘑菇雞翅

Chicken wings with mushrooms

–

西班牙水果雞尾酒

Sangria with fruit

炸荷包蛋佐蘆筍

蘑菇雞翅

材料

新鮮採購類：

* 細蘆筍
* 雞翅
* 蘑菇
* 新鮮百里香
* 粉紅葡萄柚
* 柳橙
* 檸檬
* 蘋果
* 梨子
* 桃子
* 新鮮薄荷

食品貯存室類：

* 橄欖油
* 鹽
* 黑胡椒粒
* 大蒜
* 乾燥月桂葉
* 白酒
* 紅酒
* 糖
* 君度橙酒
* 肉桂粉

冷藏室類：

* 蛋

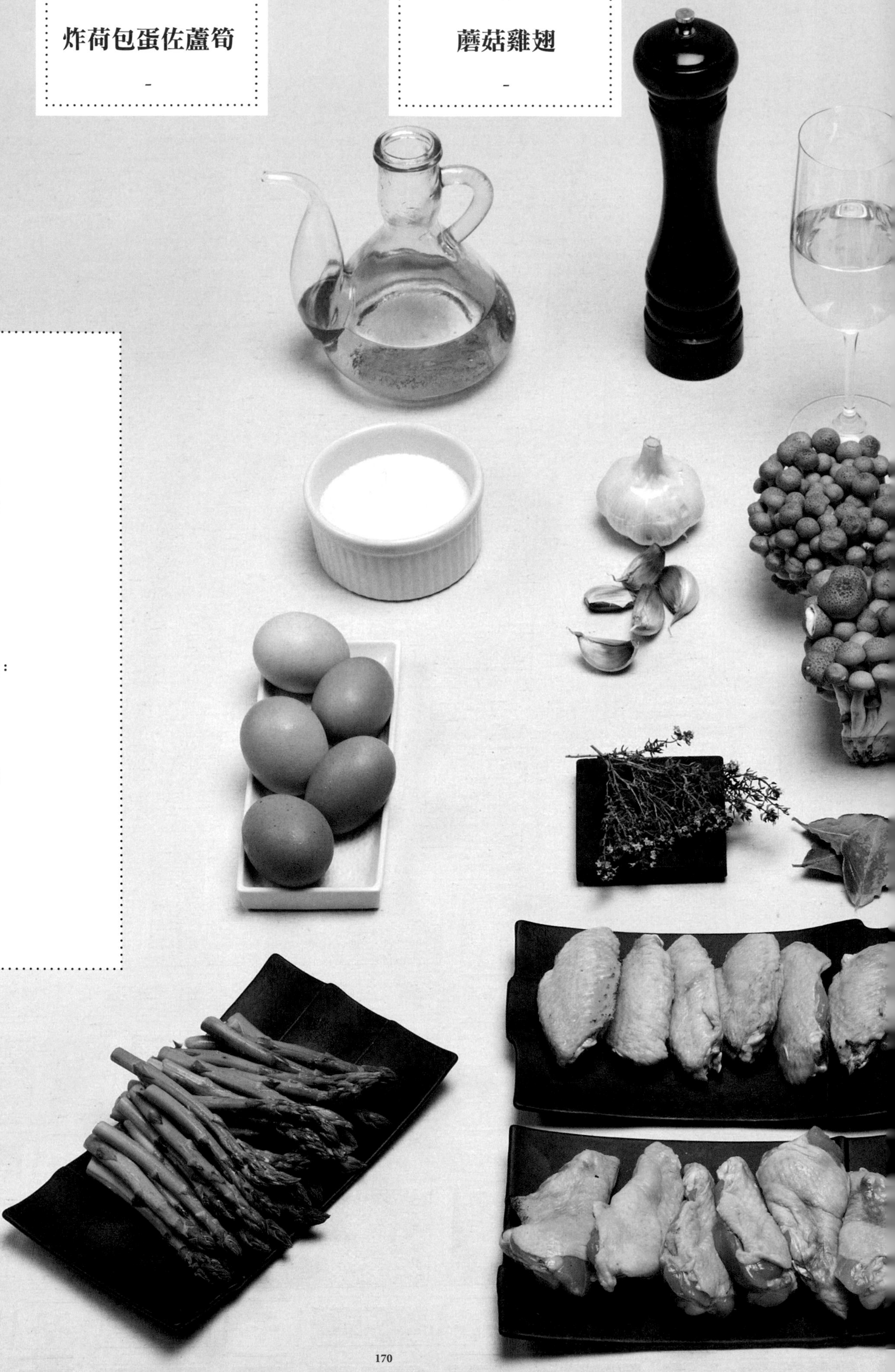

西班牙
水果雞尾酒

烹調流程規劃

4

3½

3

2½

2

1½

1¼小時前
製作水果酒，放入冰箱冷藏。

1

40分鐘前
先將雞翅煎黃。

蘆筍削除老梗。

½

準備水果酒用的水果，先放入冰箱冷藏。

10分鐘前
加入熱炸荷包蛋的油，並且烹調蘆筍。

雞翅烹調完成。

用餐前
炸荷包蛋，並搭配蘆筍。

享受豐盛料理

上甜點前
將水果放入碗中，倒入水果酒，以薄荷葉裝飾。

上甜點

-

炸荷包蛋佐蘆筍

-

可依個人喜好，以鹽醃火腿片、炒蘑菇或小青椒來替代蘆筍。

•

煎蛋用過的油，可過濾之後用來炒甜椒。

•

如果烹調大量時，可事先將蛋打在小杯子裡面再煎。

	2 人份			
細蘆筍尖	14支	42支	140支	[illegible]
橄欖油	200毫升	500毫升	2公升	5公升
蛋	4顆	12顆	40顆	150顆

開始→

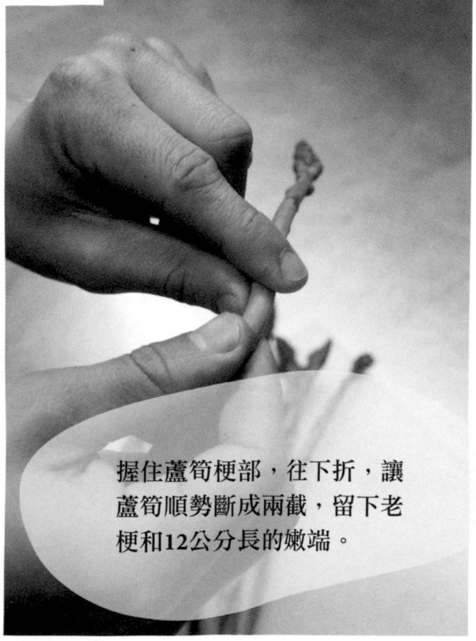

握住蘆筍梗部，往下折，讓蘆筍順勢斷成兩截，留下老梗和12公分長的嫩端。

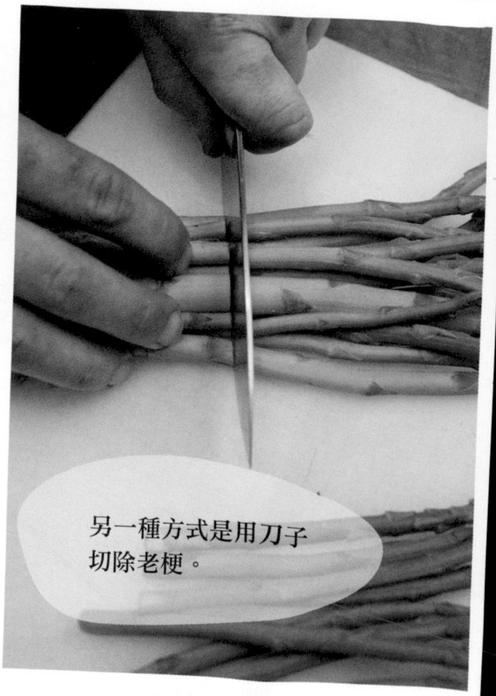

另一種方式是用刀子切除老梗。

準備炸蛋。將大部分的油倒入炸鍋中，以中火加熱。
油在加熱時，另取一平底煎鍋，以高溫加熱，加入一點剩下的油，然後放入蘆筍。

蘆筍煎3～4分鐘，不時翻動至剛好熟透。然後取出放在盤子裡面，保持溫熱。

繼續→

將蛋打在杯子裡，一個
個小心地滑入熱油中。

炸1½分鐘或至蛋白邊緣
香脆，蛋黃仍柔軟狀。

用漏勺取出荷包蛋，瀝乾
油分，放在蘆筍上，以鹽
調味就可以上菜囉！

除了蘆筍，這道蛋料理還
可以搭配炒菇（中圖），
或者小青椒（右圖）。

蘑菇雞翅

只要是養殖蘑菇，像是白洋菇、鮑魚菇或袖珍菇，都很適合用於這道料理，而且四季都有。有一些野蘑菇在當季時的價格合理，用來做菜可以更增添料理的美味。

	2人份	6人份	20人份	75人份
雞翅	6隻	18隻	60隻	225隻
橄欖油	4大匙	100毫升	900毫升	2.1公升
蘑菇	120克	360克	1.2公斤	4.5公斤
蒜瓣	10瓣	30瓣	400克	1.4公斤
乾燥月桂葉	1片	3片	14片	38片
新鮮百里香	1株	3株	10株	30株
白酒	4大匙	180毫升	950毫升	2.25公升
水	50毫升	150毫升	300毫升	1公升

開始 →

以鋒利的剪刀剪去雞翅尖，
並在關節處剪成兩半。

以鹽和胡椒調味。

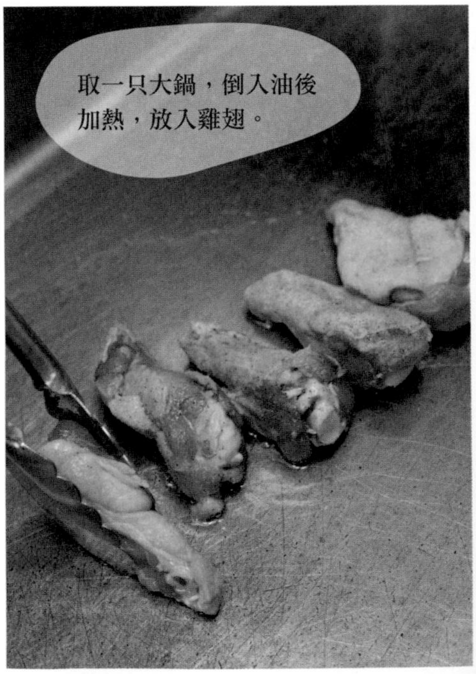
取一只大鍋，倒入油後
加熱，放入雞翅。

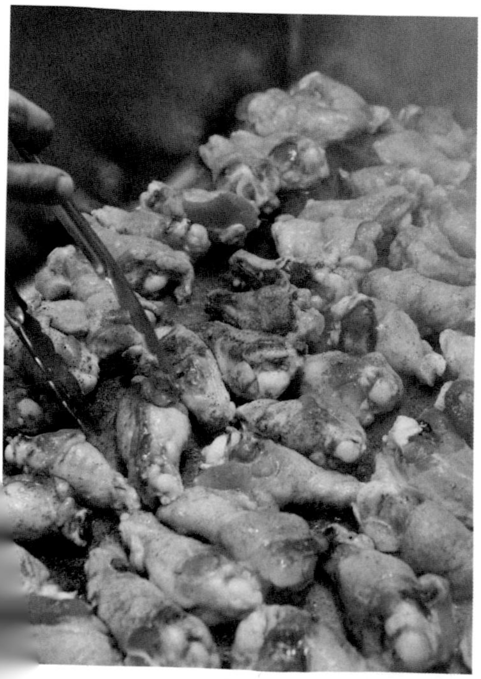

以小火煎30分鐘，
不時翻轉至焦黃。

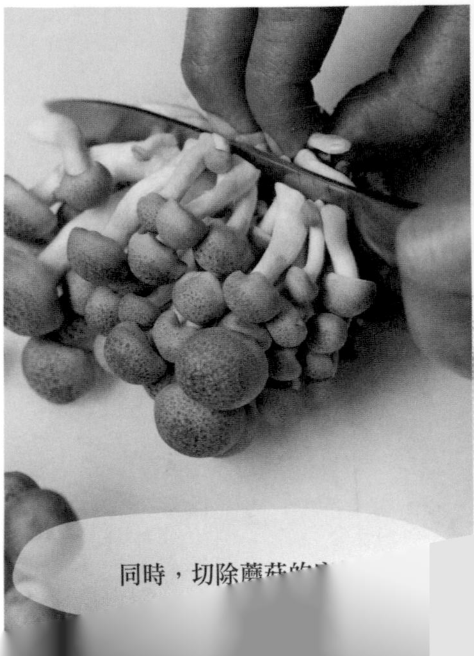
同時，切除蘑菇

繼續→

將蛋打在杯子裡，一個個小心地滑入熱油中。

炸1½分鐘或至蛋白邊緣香脆，蛋黃仍柔軟狀。

用漏勺取出荷包蛋，瀝乾油分，放在蘆筍上，以鹽調味就可以上菜囉！

除了蘆筍，這道蛋料理還可以搭配炒菇（中圖），或者小青椒（右圖）。

蘑菇雞翅

只要是養殖蘑菇，像是白洋菇、鮑魚菇或袖珍菇，都很適合用於這道料理，而且四季都有。有一些野蘑菇在當季時的價格合理，用來做菜可以更增添料理的美味。

	2人份	6人份	20人份	75人份
雞翅	6隻	18隻	60隻	225隻
橄欖油	4大匙	100毫升	900毫升	2.1公升
蘑菇	120克	360克	1.2公斤	4.5公斤
蒜瓣	10瓣	30瓣	400克	1.4公斤
乾燥月桂葉	1片	3片	14片	38片
新鮮百里香	1株	3株	10株	30株
白酒	4大匙	180毫升	950毫升	2.25公升
水	50毫升	150毫升	300毫升	1公升

開始 ➛

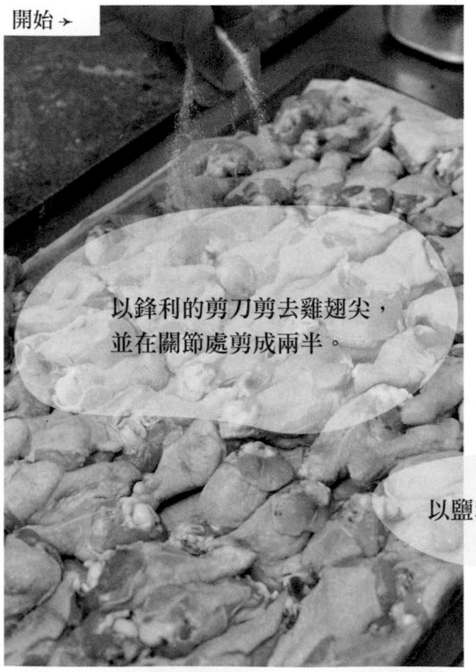
以鋒利的剪刀剪去雞翅尖，並在關節處剪成兩半。

以鹽和胡椒調味。

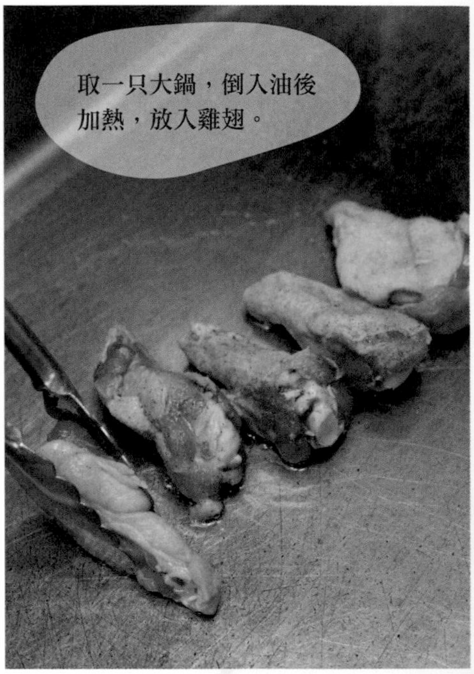
取一只大鍋，倒入油後加熱，放入雞翅。

以小火煎30分鐘，不時翻轉至焦黃。

同時，切除蘑菇的底部。

繼續→

將大朵蘑菇切
小一點。

大蒜切厚片。

將大蒜片加入雞翅中，
再煎5分鐘。

加入月桂葉和
百里香。

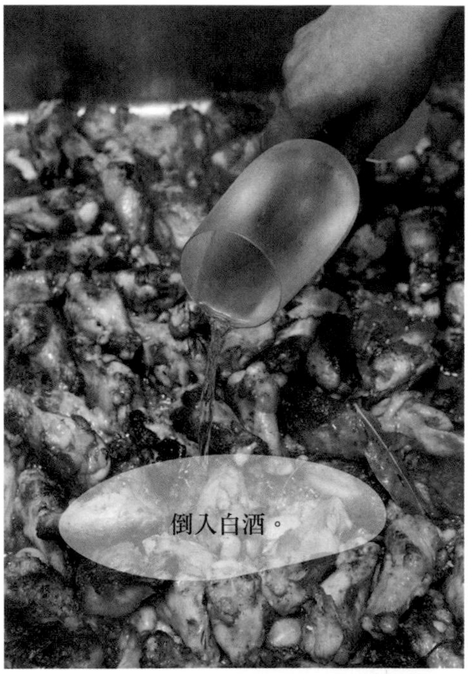
倒入白酒。

轉大火，煮至白酒稍微收乾。

加入蘑菇，拌炒2分鐘，

加入水，用小火滾5分鐘，
煮至蘑菇剛好熟透。

將雞翅和蘑菇盛入
盤中，上菜囉！

西班牙水果雞尾酒

我們通常用青蘋果和西洋梨來製作這款雞尾酒，也可以用其他水果代替。

	2人份	6人份	20人份	75人份
現榨柳橙汁	2大匙	6大匙	900毫升	2.4公升
紅酒	4大匙	240毫升	800毫升	2公升
糖	2小匙	2大匙	200克	680克
君度橙酒	2小匙	1½大匙	125毫升	375毫升
肉桂粉	1小撮	2小撮	2克	7克
檸檬	1/2個	1個	2個	5個
粉紅葡萄柚	1/2個	1個	5個	15個
柳橙	1/2個	1個	5個	15個
蘋果	1/2個	1個	5個	15個
梨子	1/2個	1個	5個	15個
桃子	1/2個	1個	5個	15個
新鮮薄荷	4片	12片	1/2把	1把

開始→

先榨柳橙汁。

以篩網過濾出果汁。

倒入紅酒。

加入糖。

倒入君度橙酒。

繼續➛

拌入肉桂粉。

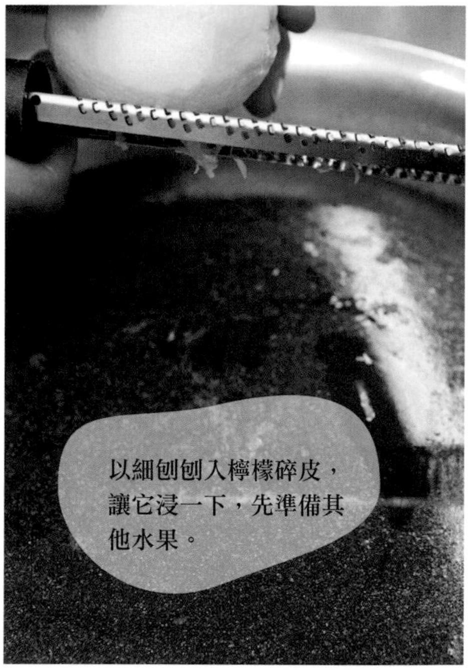
以細刨刨入檸檬碎皮，讓它浸一下，先準備其他水果。

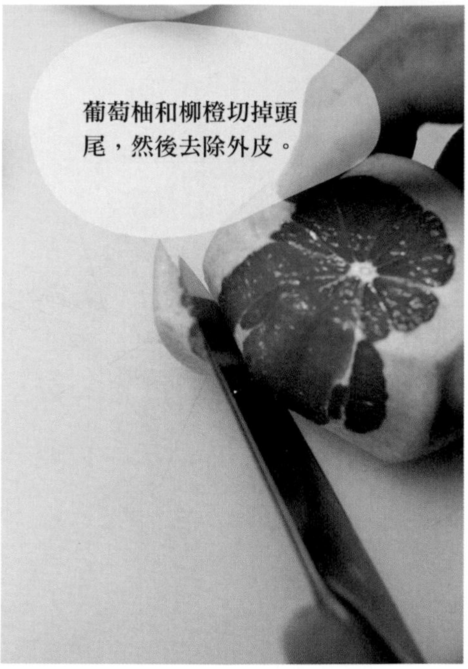
葡萄柚和柳橙切掉頭尾，然後去除外皮。

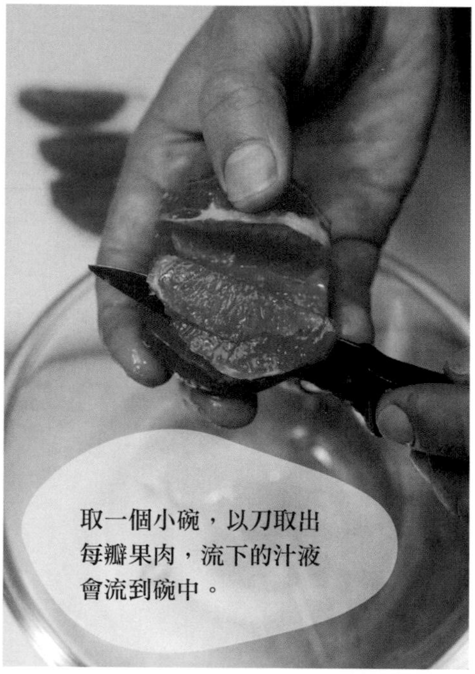
取一個小碗，以刀取出每瓣果肉，流下的汁液會流到碗中。

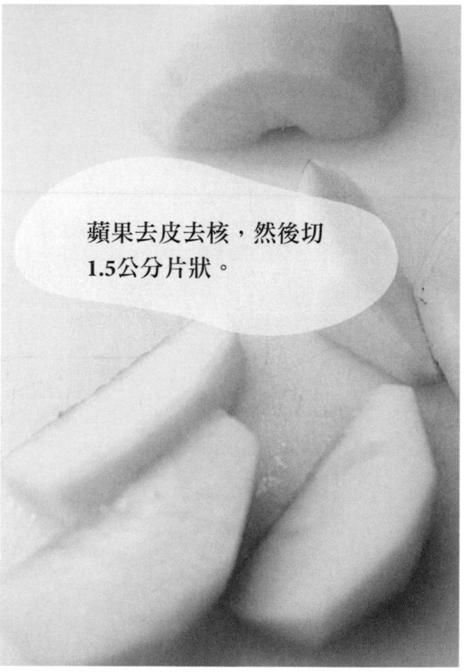
蘋果去皮去核，然後切1.5公分片狀。

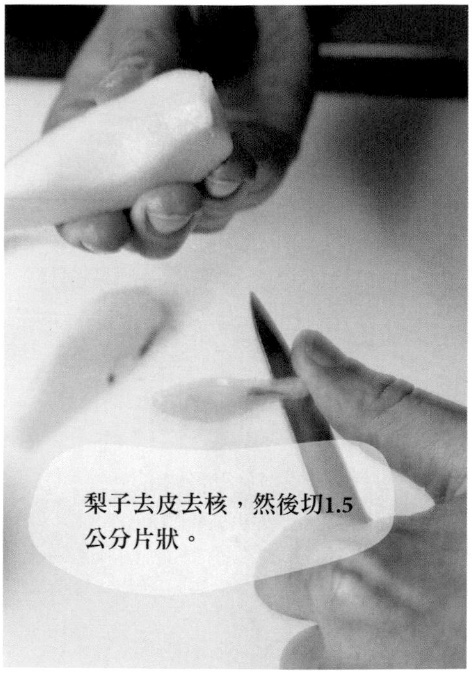
梨子去皮去核，然後切1.5公分片狀。

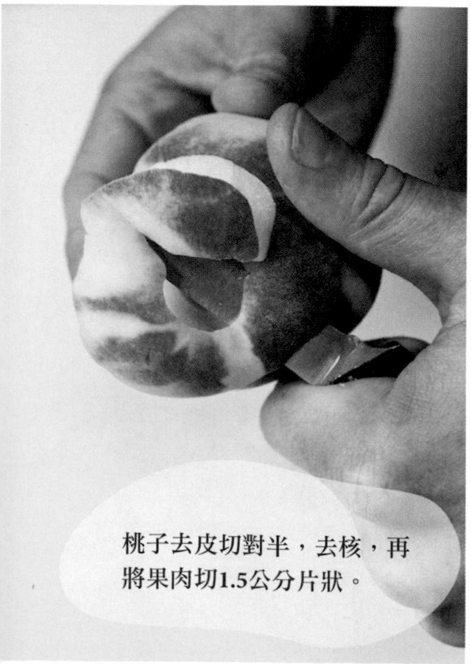
桃子去皮切對半，去核，再將果肉切1.5公分片狀。

將水果加入酒中，浸泡1小時。

將水果舀出來
裡面，加入
再倒入水果

—

美味套餐 12

—

馬鈴薯沙拉

Potato salad

—

泰式咖哩牛肉

Thai beef curry

—

草莓醋汁

Strawberries in vinegar

-

馬鈴薯沙拉

-

材料

新鮮採購類：

* 大顆新鮮馬鈴薯
* 新鮮蝦夷蔥
* 青蔥
* 法蘭克福香腸
* 肩胛骨牛排
* 生薑
* 新鮮芫荽
* 中型草莓

食品貯存室類：

* 鹽
* 醃黃瓜
* 醃漬酸豆
* 第戎芥末醬
* 黑胡椒粒
* 橄欖油
* 泰式黃咖哩醬
* 椰奶
* 紅酒醋

冷藏室類：

* 美乃滋
* 鮮奶油，含脂量35%

泰式咖哩牛肉

草莓醋汁

烹調流程規劃

距用餐時間（小時）

4

3½ — **3½小時前**
做咖哩（如果用烤箱烤的話）。

3

2½

2 — **2小時前**
製作焦糖，放入冰箱放涼。

1½ — **1½小時前**
把沙拉的馬鈴薯用水煮熟，再以鋁箔紙包起，置涼。

1 — **1小時前**
製作咖哩（以壓力鍋製作的話）。

草莓和焦糖醋汁混合均勻，放入冰箱等其入味。

½ — **30分鐘前**
馬鈴薯去皮切塊。
準備沙拉的材料。

用餐前
將沙拉醬拌入馬鈴薯，撒上蝦夷蔥，上菜。

加椰奶和芫荽，完成泰式牛肉咖哩。

享受豐盛料理

上甜點前
取出醋汁裡的草莓，放入小碗或杯子裡面。

上甜點

馬鈴薯沙拉

這道德式料理不僅僅是主菜的好配菜，也是一道很棒的野餐料理。

•

用鋁箔紙將煮好的馬鈴薯包起來，一來可以保溫，二來更方便去皮。

	2 人份	6 人份	20 人份	75 人份
大顆新鮮馬鈴薯	2個	1.2公斤	4公斤	15公斤
新鮮蝦夷蔥，切末	1小匙	1½大匙	90克	325克
青蔥（或用一把青蔥蔥白）	1/2支	2支	250克	850克
中型醃黃瓜，瀝乾	2根	6根	300克	1公斤
法蘭克福香腸	1根	180克	600克	2公斤
醃漬酸豆，瀝乾	2小匙	1½大匙	300克	1公斤
美乃滋	2大匙	360克	1公斤	3.5公斤
鮮奶油，含脂量35%	1½大匙	150毫升	300克	900克
第戎芥末醬	1½大匙	135克	400克	1.3公斤

開始→

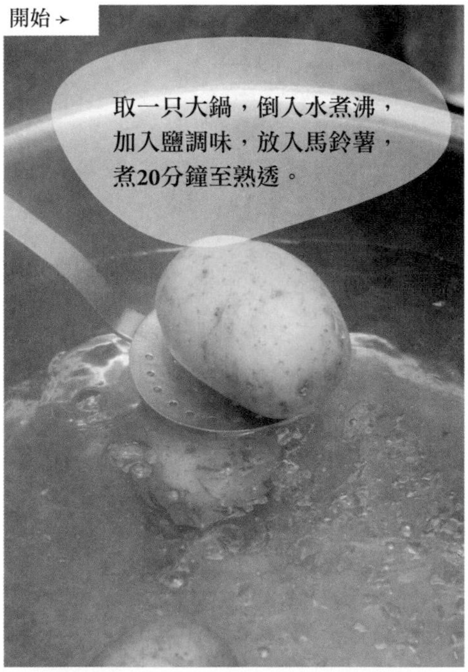

取一只大鍋，倒入水煮沸，加入鹽調味，放入馬鈴薯，煮20分鐘至熟透。

瀝乾水分，然後逐一用鋁箔紙包起來。

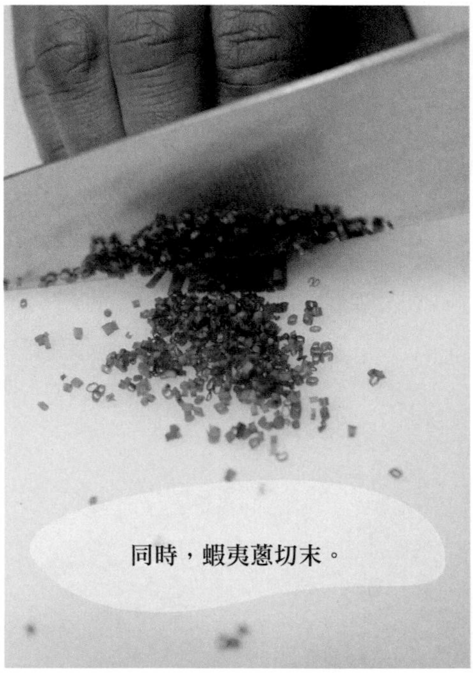

同時，蝦夷蔥切末。

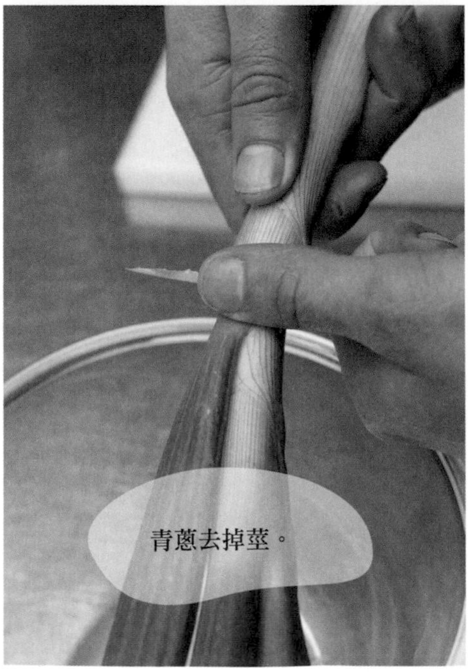

青蔥去掉莖。

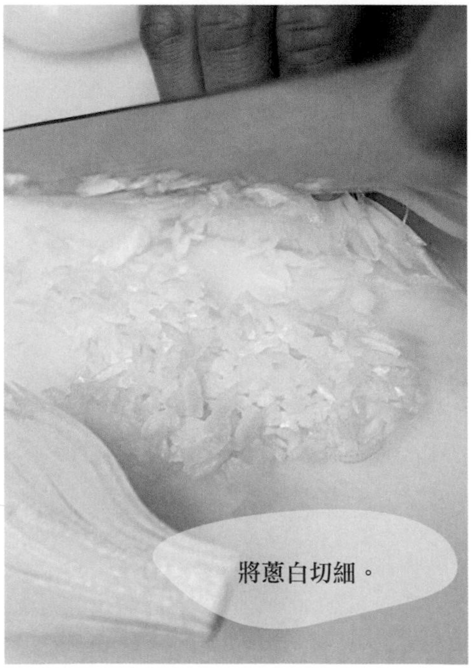

將蔥白切細。

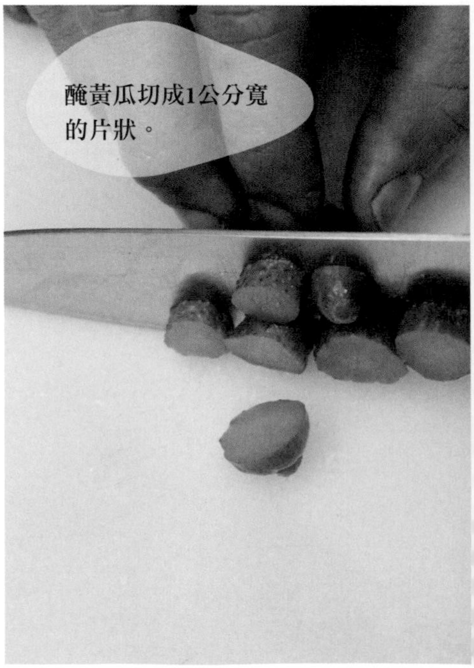

醃黃瓜切成1公分寬的片狀。

繼續→

法蘭克福香腸切片。

以打蛋器混合美乃滋、鮮奶油和第戎芥末醬，然後以鹽和胡椒調味。

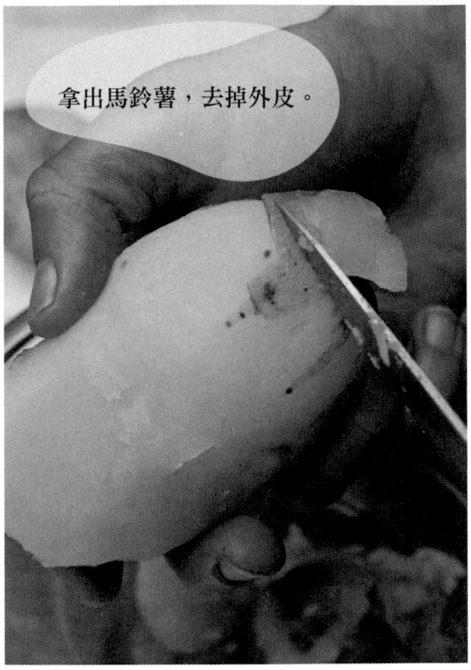
拿出馬鈴薯，去掉外皮。

將馬鈴薯切成3公分的塊狀，放入大碗裡面。

加入洋蔥、醃黃瓜、酸豆和香腸。

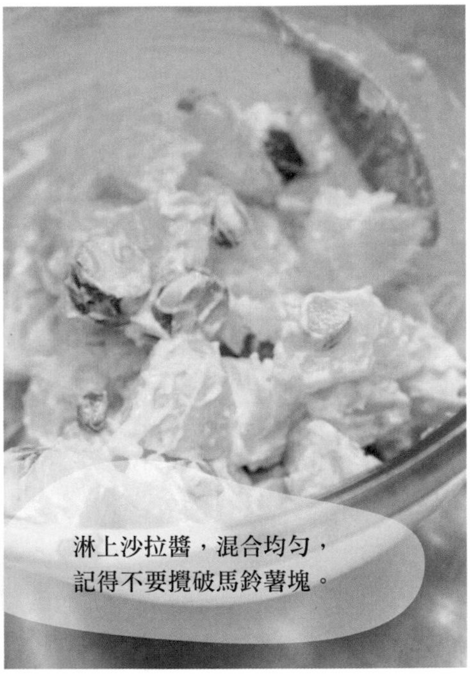
淋上沙拉醬，混合均勻，記得不要攪破馬鈴薯塊。

以鹽和胡椒調味。

撒上蝦夷蔥末，上菜囉！

泰式咖哩牛肉

壓力鍋很適合燉煮較韌部位的肉，沒有壓力鍋的話，可用烤箱烹調這道料理。先預熱烤箱至160℃（325℉），再以耐熱燉鍋煮好咖哩，然後蓋上蓋子烤3小時，至牛肉極軟。取出牛肉，以小火煮醬汁至濃稠美味。

•

找不到肩胛骨牛排的話，可以改用牛腱或牛頰肉。

	2 人份	6 人份	20 人份	75 人份
肩胛骨牛排	330克	900克	3公斤	12公斤
橄欖油	2大匙	80毫升	200豪升	500毫升
生薑	1/2小匙	2大匙	75克	270克
泰式黃咖哩醬	1/2小匙	1小匙	40克	140克
芫荽	10片	1把	60克	220克
椰奶	100毫升	300毫升	1.3公升	5公升
水	500毫升	1.5公升	3.4公升	13公升

開始→

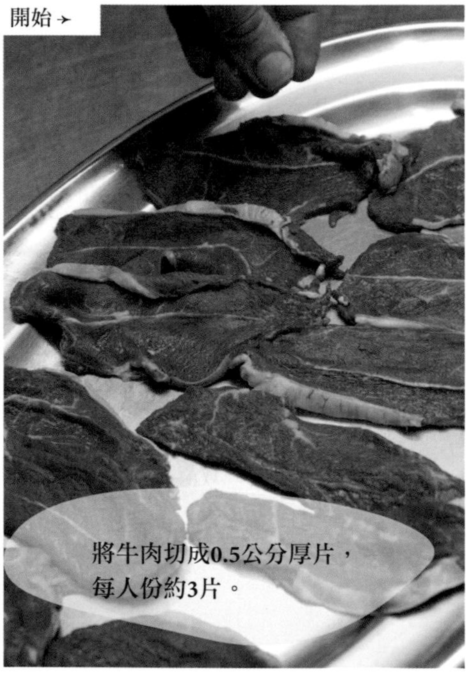
將牛肉切成0.5公分厚片，
每人份約3片。

以鹽和胡椒調味。

生薑不要去皮，直接切
薄片，然後切末。

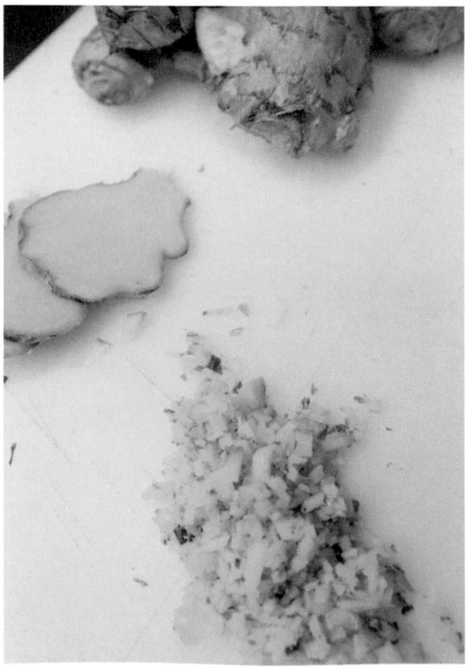

壓力鍋以中火加熱。
放入油，加入薑末，小火
炒2分鐘至飄出香味。

加入咖哩醬攪拌均勻。

繼續→

加入一半量的芫荽。

倒入水。

再倒入3/4量的椰奶。

加入牛肉。

壓力鍋加蓋，以中火煮50分鐘，再掀開蓋子，用小火熬煮至醬汁濃稠美味。

加入剩下的椰奶。

加入剩下的芫荽，試試味道，如需要再以鹽調味。

上菜囉！

草莓醋汁

我們使用卡本內蘇維濃紅酒醋（Cabernet Sauvignon vinegar）來製作這道甜點，也可以改用義大利陳年葡萄醋（Balsamic vinegar）。

	2 人份	6 人份	20 人份	75 人份
糖	3大匙	175克	600克	2.2公斤
滾燙開水	1大匙	65毫升	210毫升	800毫升
紅酒醋	2大匙	75毫升	240毫升	900毫升
中型草莓	10顆	600克	2公斤	7.5公斤

開始 →

將糖倒入寬面大醬汁鍋
裡面，以中小火加熱。

會開始出現深色片狀的焦糖。

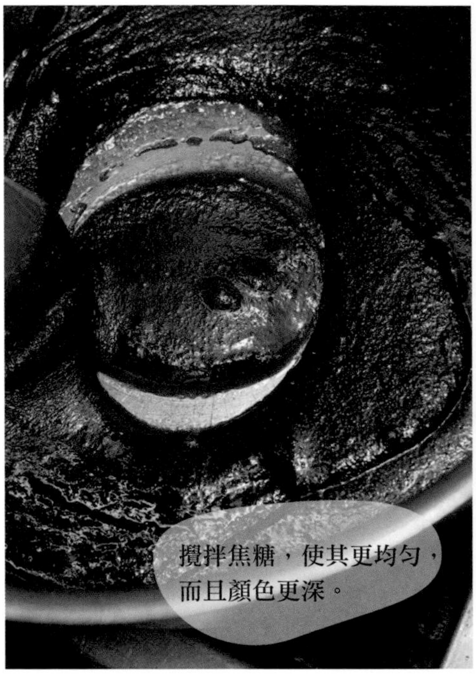

攪拌焦糖，使其更均勻，
而且顏色更深。

用金屬勺子小心加入滾燙開水，
焦糖會開始冒泡，小心不要燙傷，
讓焦糖冷卻一會兒。

加入紅酒醋後拌勻，
即成焦糖酒醋。

繼續 ➛

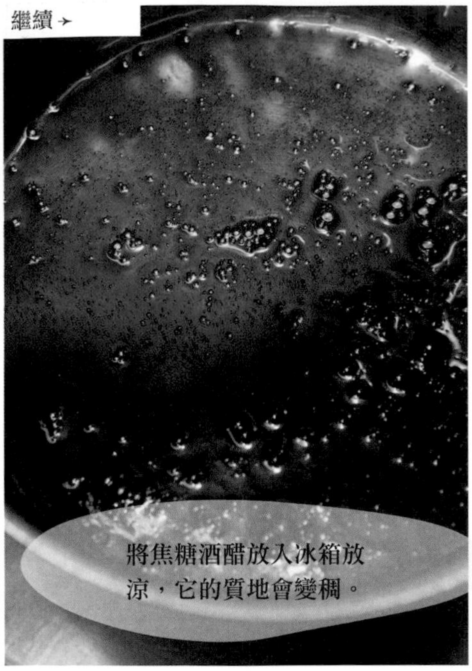
將焦糖酒醋放入冰箱放
涼，它的質地會變稠。

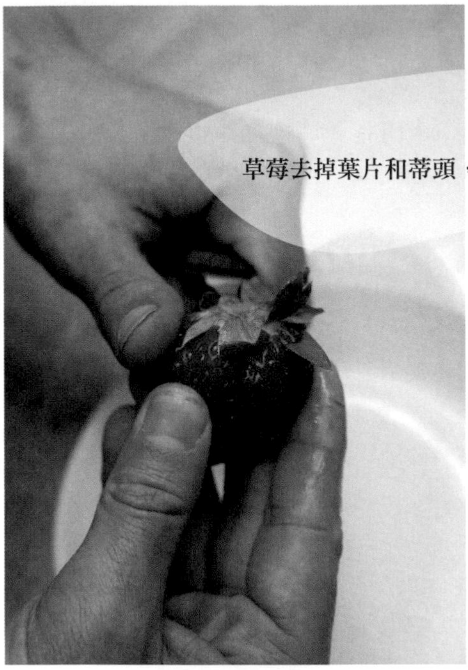
草莓去掉葉片和蒂頭，對半縱切。

將草莓放入碗裡面，淋上焦糖酒醋。

食用菜前先放在冰箱 1
小時，讓它更入味。

–

美味套餐 13

–

青醬蝴蝶麵

Farfalle with pesto

–

日式清蒸鯛魚

Japanese-style bream

–

橘子佐君度橙酒

Mandarins with Cointreau

青醬蝴蝶麵

日式清蒸鯛魚

材料

新鮮採購類：

* 金頭鯛魚
* 青蔥
* 新鮮芫荽
* 生薑
* 橘子

食品貯存室類：

* 鹽
* 蝴蝶麵
* 特級初榨橄欖油
* 葵花籽油
* 醬油
* 君度橙酒
* 粗粒黑糖（Demerara sugar）

冷藏室類：

* 帕瑪森起司

冷凍室類

* 羅勒青醬（參照p.46）
* 香草冰淇淋

橘子佐君度橙酒

-

烹調流程規劃

4

3½

3

2½

2

1½

1小時前 — 1
魚去腸肚，用臘紙包起、放入冰箱。

30分鐘前 — ½
切料理魚用的洋蔥、芫荽和生薑。

25分鐘前
橘子剝除外皮後榨汁。

10分鐘前
開始煮麵。

蒸鍋的水煮沸。

用餐前
用煮麵水將青醬調開。

在吃麵時蒸魚。

享受豐盛料理

上主菜前
爆香薑片。

將香料淋在魚上面。

上主菜

上甜點前
將君度橙酒和果汁淋在橘子上。

上甜點

青醬蝴蝶麵

羅勒青醬（參照p.46）可事先做好冷凍起來，但使用前記得要事先解凍。

•

使用前，在每150克的青醬中加入2大匙煮麵水來調開，並且加熱醬汁。

•

可用任何麵條代替蝴蝶麵。

	2人份			
水	1.5公升	3公升		
鹽	1小撮	2小撮	60克	
蝴蝶麵	200克	600克	2公斤	7.5公斤
特級初榨橄欖油	3大匙	120毫升	400毫升	1.5公升
羅勒青醬（參照p.46）	150克	450克	1.5公斤	5.5公斤
帕瑪森起司，磨碎	60克	180克	600克	2公斤

開始→

將大鍋裡的水煮沸，加入鹽，然後放入蝴蝶麵。

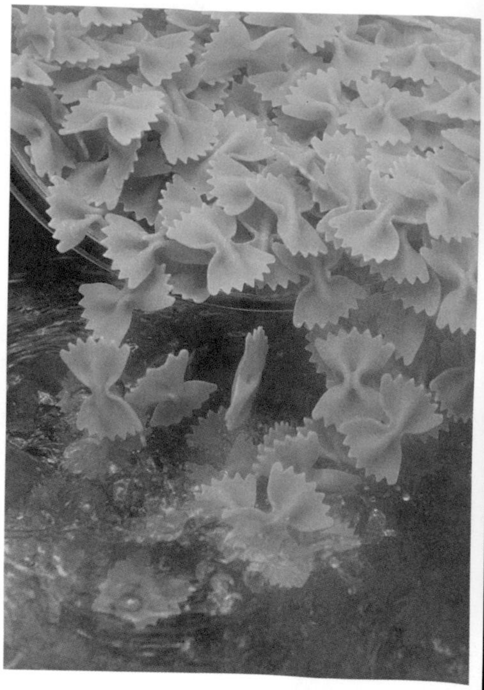

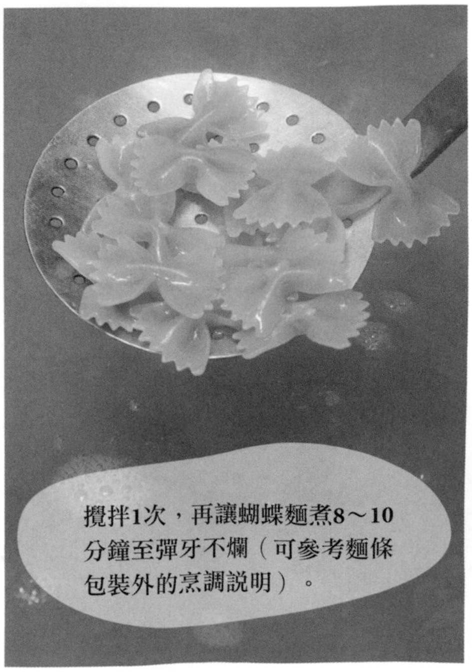
攪拌1次，再讓蝴蝶麵煮8～10分鐘至彈牙不爛（可參考麵條包裝外的烹調說明）。

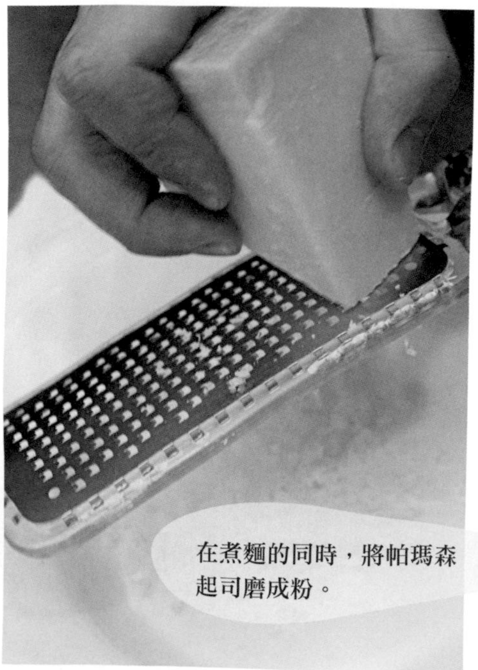
在煮麵的同時，將帕瑪森起司磨成粉。

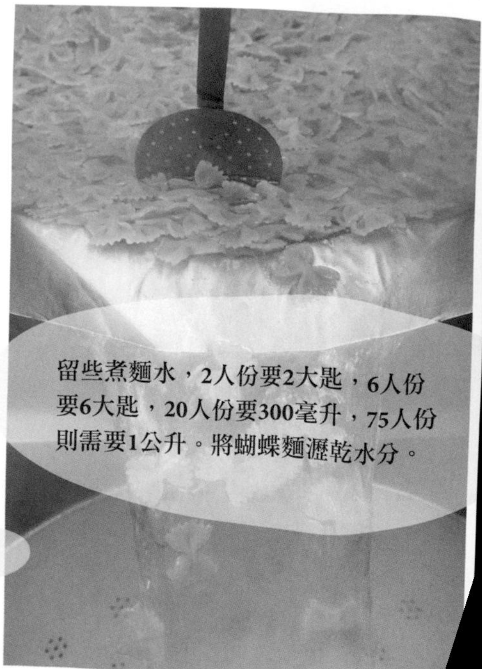
留些煮麵水，2人份要2大匙，6人份要6大匙，20人份要300毫升，75人份則需要1公升。將蝴蝶麵瀝乾水分。

繼續→

將蝴蝶麵放回鍋子裡面，
拌入橄欖油，以免凝結。

將煮麵水倒入青醬中，
調開拌勻。

將蝴蝶麵盛入湯盤
或淺碗中。

以湯匙舀入青醬。

撒上帕瑪森起司粉，上菜囉！

日式清蒸鯛魚

可請魚販幫忙清理以及去除魚腸肚。

•

魚也可用烤的方式烹調。

•

可改用海鱸魚、深海鱈魚或鰈魚製作這道料理。

	2 人份	6 人份	20 人份	75 人份
金頭鯛魚，每尾350克	2尾	6尾	20尾	75尾
青蔥（或用1把青蔥蔥白），切末	1支	2支	300克	1公斤
芫荽	6株	30株	80克	300克
生薑	20克	60克	200克	750克
葵花籽油	3大匙	150毫升	400毫升	1.5公升
醬油	1½大匙	4大匙	200毫升	750毫升

開始 ➝

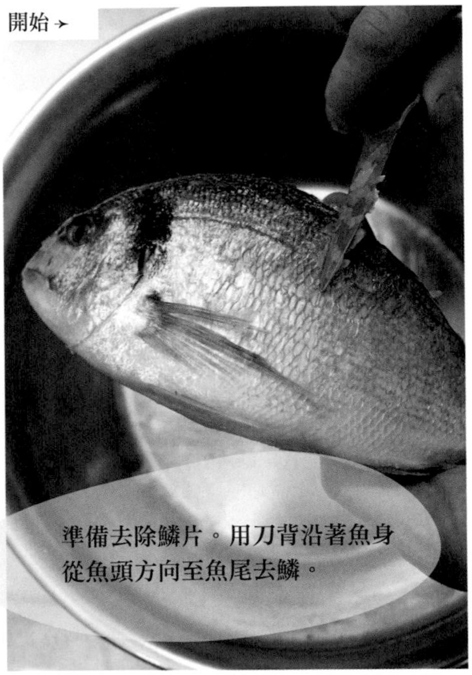

準備去除鱗片。用刀背沿著魚身從魚頭方向至魚尾去鱗。

用廚用剪刀去魚鰭。

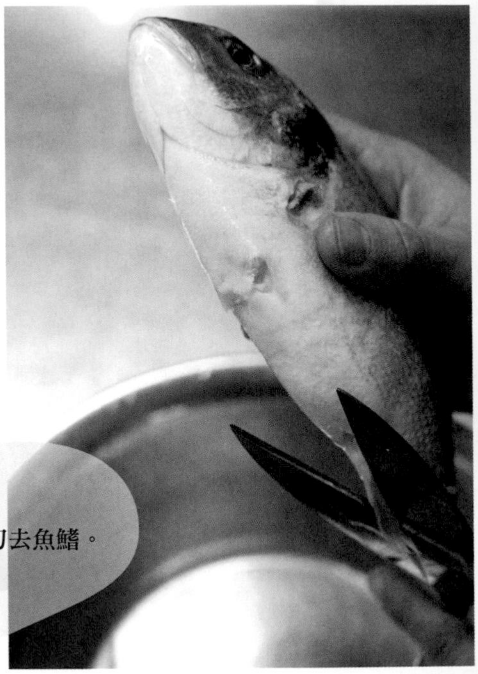

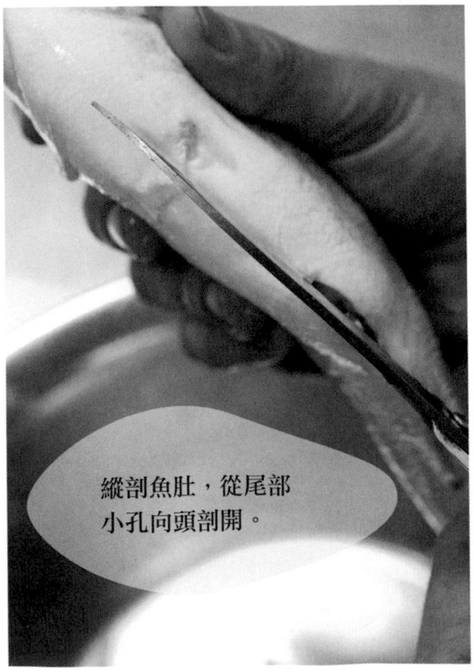

縱剖魚肚，從尾部小孔向頭剖開。

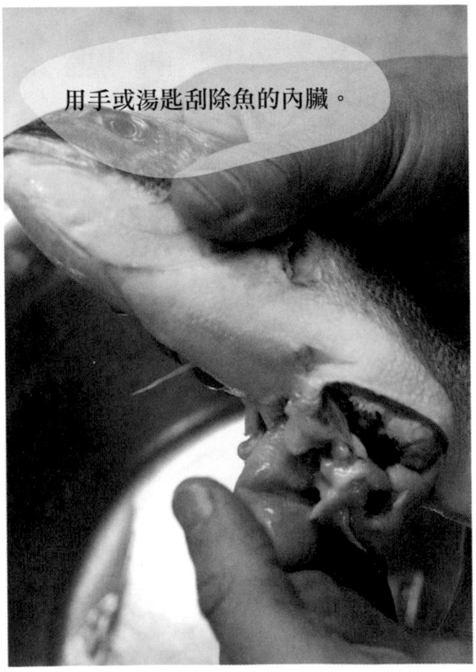

用手或湯匙刮除魚的內臟。

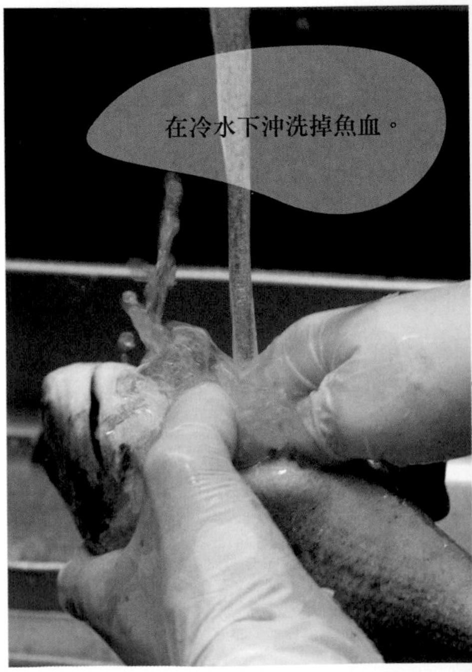

在冷水下沖洗掉魚血。

繼續→

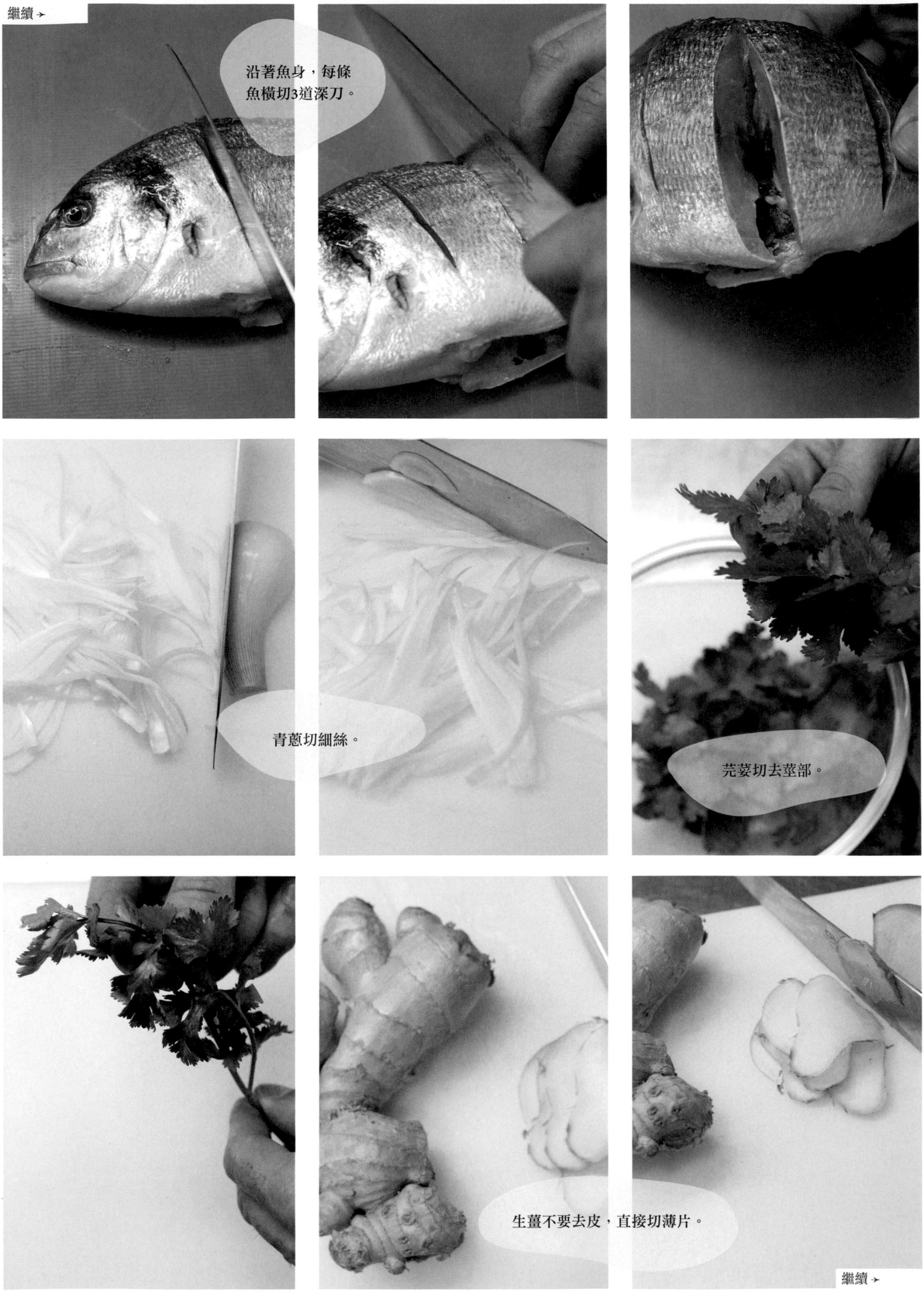

沿著魚身，每條
魚橫切3道深刀。
青蔥切細絲。
芫荽切去莖部。
生薑不要去皮，直接切薄片。

繼續→

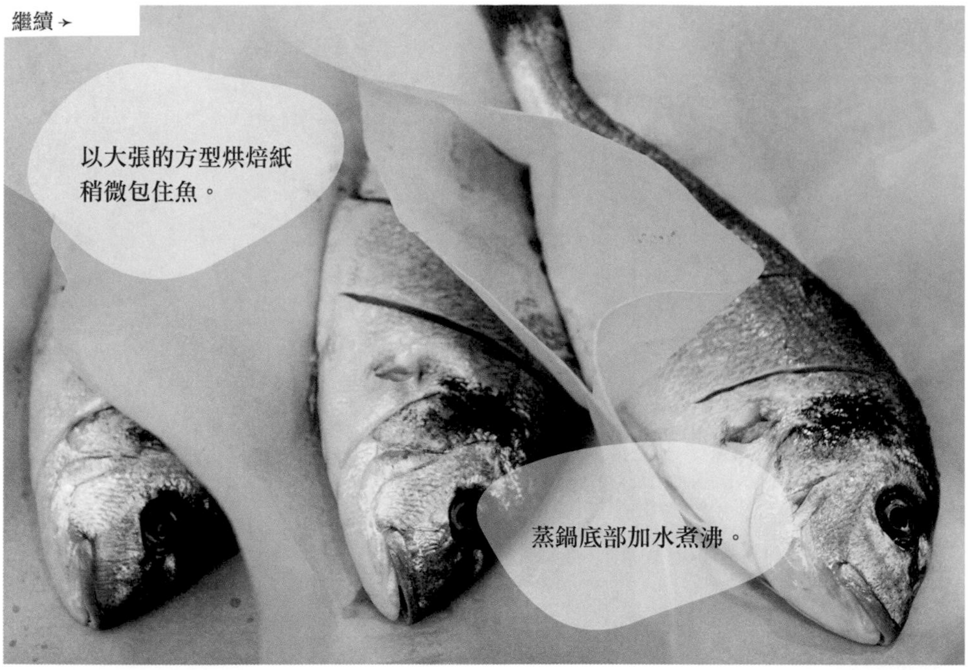
以大張的方型烘焙紙
稍微包住魚。
蒸鍋底部加水煮沸。

以鹽調味。將魚放入鍋子裡面，蒸12分鐘至魚肉呈白色，能輕易從魚脊骨分開為止。

蒸魚時，另起一油鍋，放入薑片，以中火爆香。

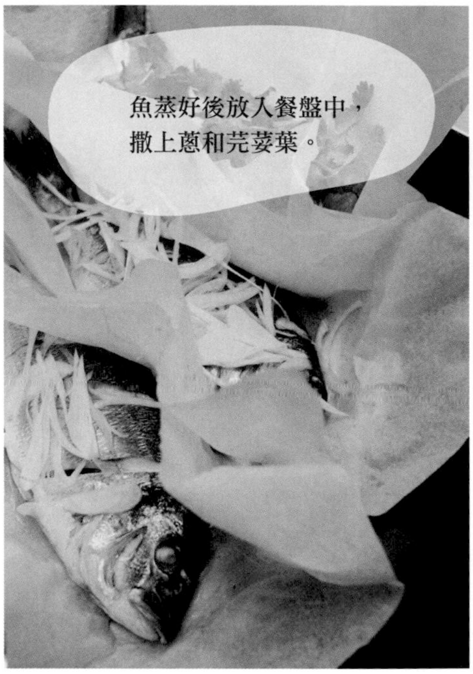
魚蒸好後放入餐盤中，撒上蔥和芫荽葉。

以湯匙小心地淋上熱薑油，使蔥和芫荽葉滋滋作響。

最後在魚上面淋入1大匙的醬油。

橘子佐君度橙酒

在食用前10分鐘，將冰淇淋從冷凍庫取出，使冰淇淋稍微軟化，這樣比較容易挖取。

•

除了橘子以外，可以改用溫州蜜柑（Satsumas）或智利產柑橘（Clementines）。君度橙酒也可改用柑橘香甜酒（Grand marnier）代替。

	2人份	6人份	20人份	75人份
橘子	3個	9個	30個	112個
君度橙酒	1/2大匙	4大匙	80毫升	300毫升
粗粒黑糖（Demerara sugar）	1大匙	2大匙	65克	200克
香草冰淇淋	2勺	6勺	500克	2公斤

開始 →
取1/3量的橘子榨成橘子汁。

剩下的橘子剝除外皮後分一瓣瓣。

將橘瓣擺盤成花朵狀。每人份用一顆橘子，淋上君度橙酒。

撒上糖。

倒入橘子汁。

上桌前，舀1匙冰淇淋在橘子上。

–

美味套餐 14

–

羅勒蕃茄沙拉

Tomato & basil salad

–

螃蟹燉飯

Crab & rice stew

–

椰香布丁

Coconut flan

羅勒蕃茄沙拉

材料

新鮮採購類：

* 超大熟蕃茄
* 新鮮羅勒
* 整隻小螃蟹
* 椰奶
* 乾燥或新鮮椰絲

食品貯存室類：

* 鹽
* 特級初榨橄欖油
* 雪利酒醋
* 橄欖油
* 西班牙米（Paella rice）
* 白酒
* 黑胡椒粒
* 糖

冷藏室類：

* 蛋

冷凍室類：

* 魚高湯（參照p.56）
* 西班牙風味蕃茄洋蔥醬汁（參照p.43）
* 加泰隆尼亞風味醬汁（參照p.41）

螃蟹燉飯

椰香布丁

烹調流程規劃

距用餐時間（小時）

4

4小時前
製作椰絲布丁，放入冰箱冷藏。

3½

3

2½

2

1½

1

½

30分鐘前
將螃蟹煎黃，放在一旁。
開始煮飯。

在煮時飯，準備製作沙拉用的蕃茄和摘取羅勒葉。

用餐前
拌入油和醋，完成蕃茄沙拉。

享受豐盛料理

上主菜前
將小螃蟹放入飯中，拌入加泰隆尼亞風味醬汁。

上主菜

上甜點前
從模型倒扣出布丁。

上甜點

-

蕃茄羅勒沙拉

-

這道料理最適合在夏天蕃茄熟透時製作，不過冬天也有一些很棒的蕃茄品種。

•

如果你喜歡薄片的質感和稍微脆脆的口感，可以使用片狀海鹽幫蕃茄調味。

	2 人份	6 人份	20人份	75人份
超大顆熟蕃茄	3個	9個	2.5公斤	8公斤
新鮮羅勒	30片	45克	2把	5把
特級初榨橄欖油	4大匙	180毫升	600毫升	2.2公升
雪利酒醋	2小匙	1½大匙	60毫升	150毫升

開始 ➛

以小刀的尖端從蕃茄頂部除去果蒂，以及綠色纖維部位。

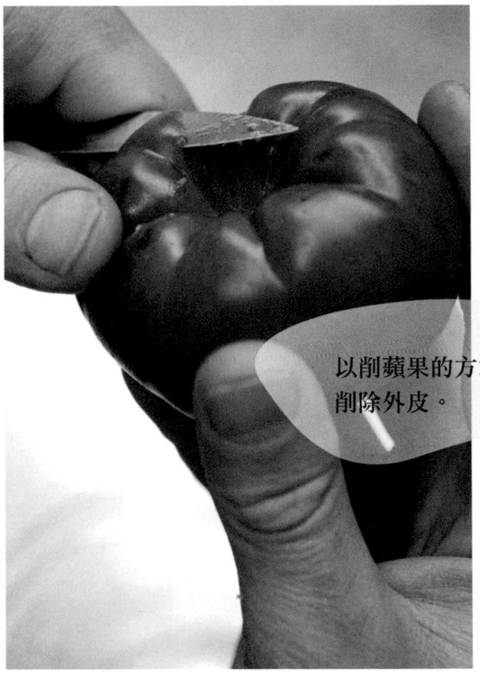

以削蘋果的方式削除外皮。

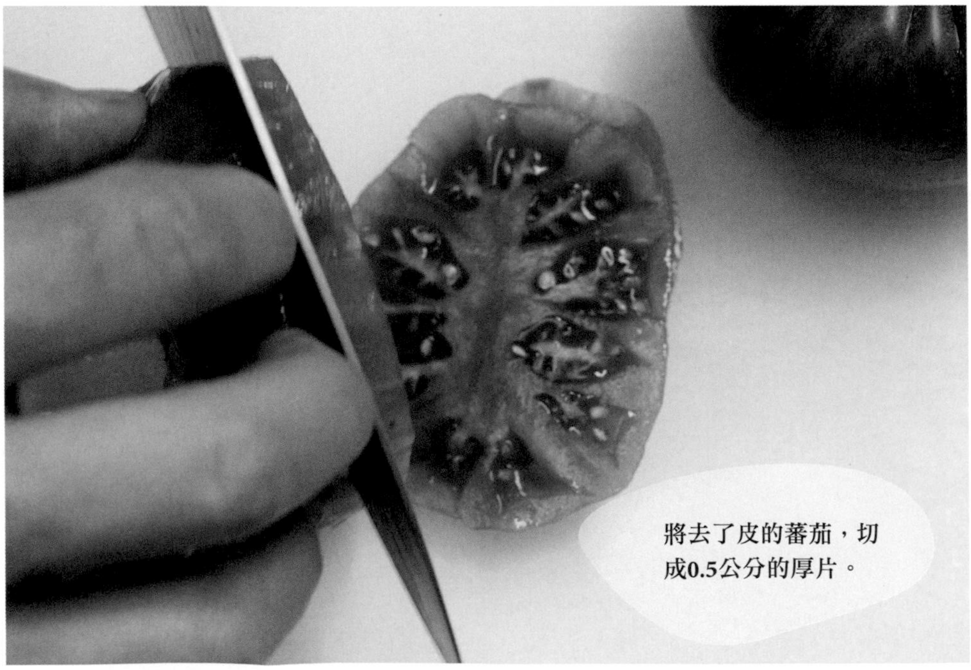

將去了皮的蕃茄，切成0.5公分的厚片。

繼續 →

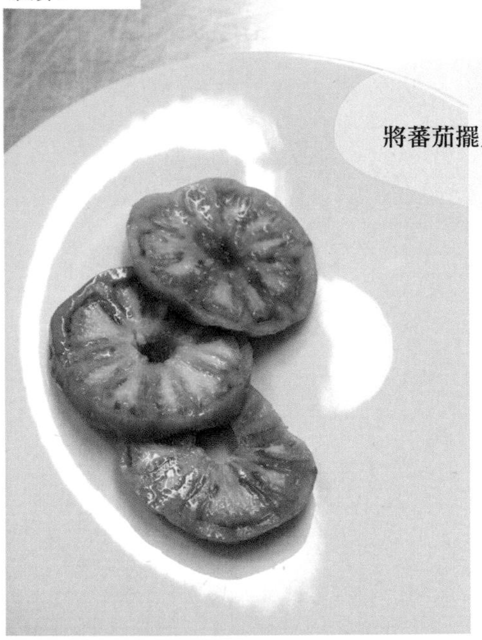

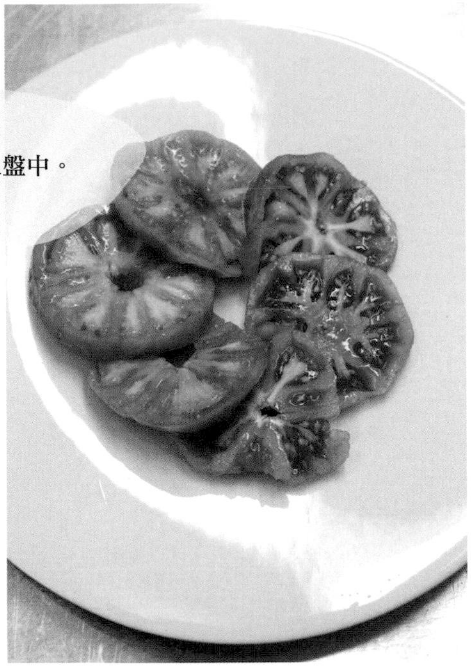
將蕃茄擺入盤中。

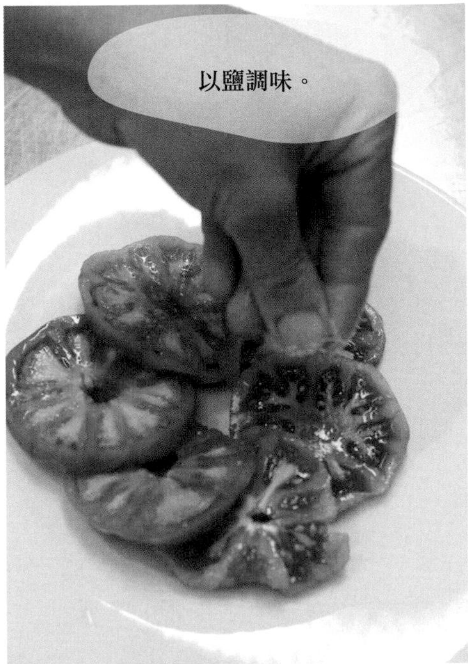
以鹽調味。

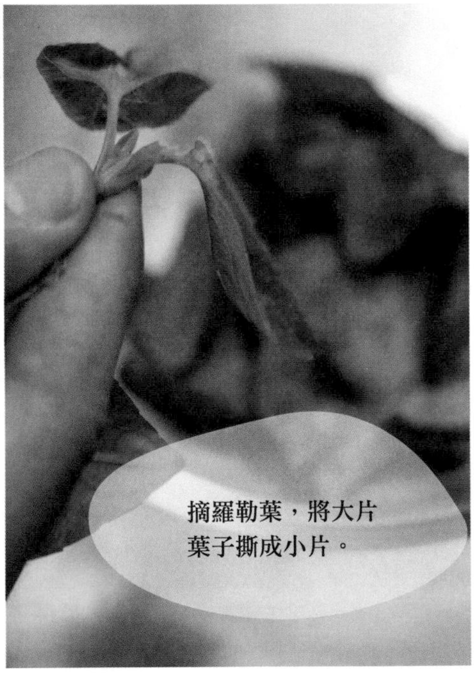
摘羅勒葉，將大片
葉子撕成小片。

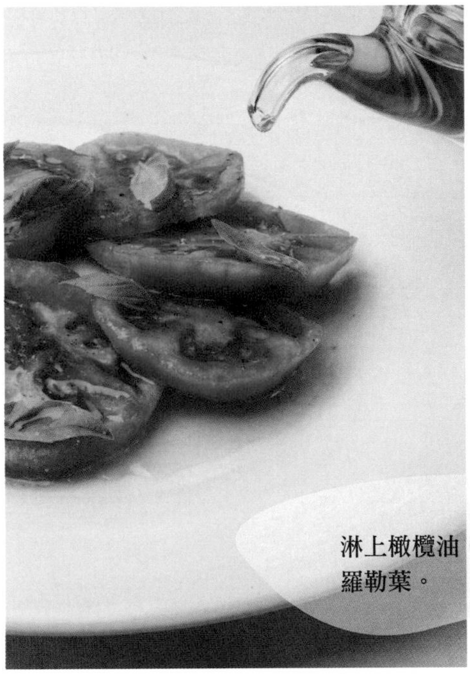
淋上橄欖油，撒上
羅勒葉。

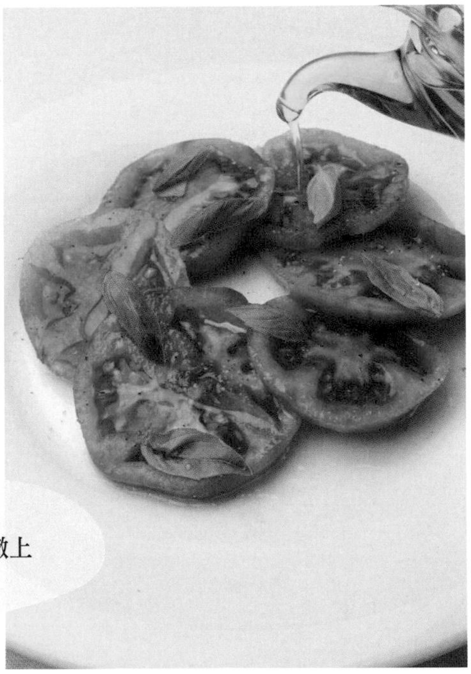

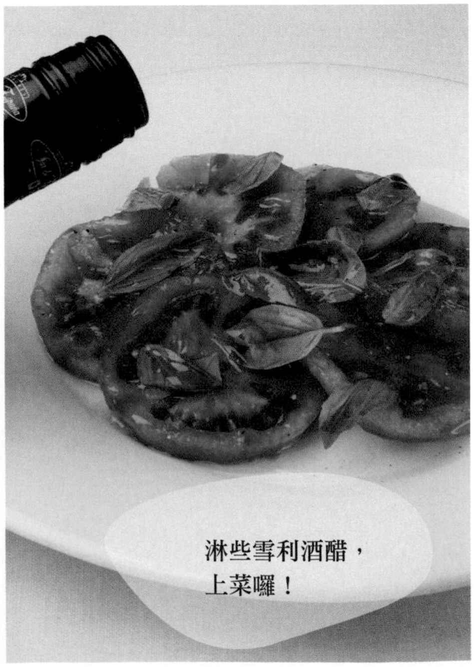
淋些雪利酒醋，
上菜囉！

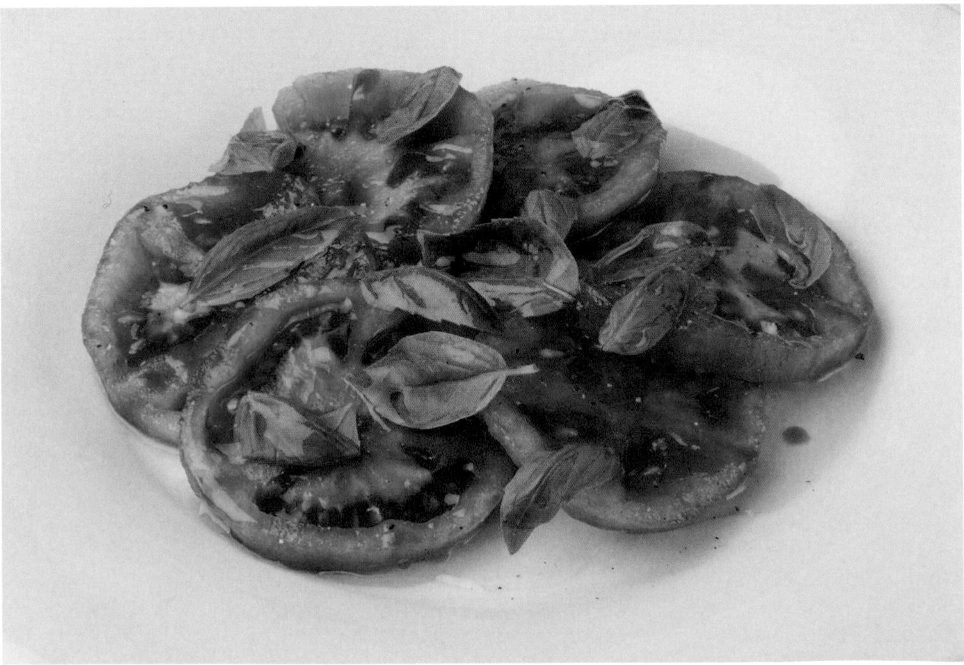

螃蟹燉飯

小螃蟹易碎，所以放入鍋子裡面時，要避免攪拌燉飯，否則蟹腳容易斷裂。

•

如果使用很小隻的螃蟹，去除蟹腳，只用蟹身，否則不容易食用。

•

可用大蒜蛋黃醬（參照p.53）替代加泰隆尼亞風味醬汁。

	2人份	6人份	20人份	75人份
魚高湯（參照p.56）	1.2公升	3.6公升	9公升	30公升
橄欖油	1½大匙	100毫升	500毫升	1公升
整隻小螃蟹	15隻	700克	2.5公斤	8.5公斤
西班牙米（Paella rice）	200克	600克	2公斤	7.5公斤
蕃茄洋蔥醬汁（參照p.43）	1½大匙	100克	300克	1公斤
白酒	1½大匙	50毫升	150毫升	500毫升
加泰隆尼亞風味醬汁（參照p.41）	2小匙	2大匙	125克	400克

開始 ➝

將高湯倒入醬汁鍋裡面，以小火加熱。

取另一只大醬汁鍋，以大火加熱，倒入油，然後放入螃蟹。

將螃蟹煎黃，取出放於一旁。

轉中火，加入蕃茄洋蔥醬汁。

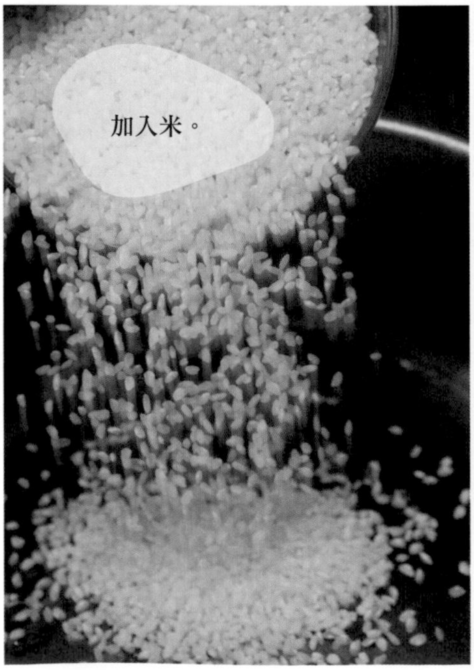
加入米。

繼續 ➔

炒2分鐘，翻炒至每粒米
都裹上醬汁。

倒入白酒，鏟起鍋底的鍋巴。

等白酒將快要煮乾
時，加入1勺高湯。

等高湯被吸收後，
再加入1勺，重複這
個動作約3分鐘。
加入剩餘的高湯，以
小火再煮12分鐘，要
不時地攪動。

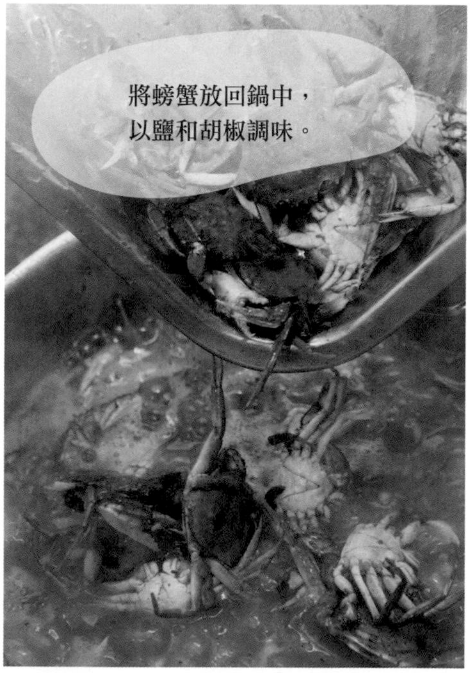
將螃蟹放回鍋中，
以鹽和胡椒調味。

倒入加泰隆尼
亞風味醬汁。

將燉飯盛在淺盤
上，上菜囉！

-

椰香布丁

-

這道布丁建議製作5人份以上的份量。如果用餐人數較少，吃不完的布丁可以放在冰箱保存3天。

•

不論新鮮或乾燥的無糖椰絲，都可以使用。

•

可以用單人份的小烤模或鼓形烤模製作布丁，但烹調時間就要縮短15～20分鐘。

	2人份	5人份	20人份	75人份
製作焦糖：				
水	-	2小匙	2大匙	100毫升
糖	-	30克	100克	1公斤
製作椰香布丁：				
蛋	-	2顆	8顆	32顆
椰奶	-	250克	1公斤	4公斤
椰絲	-	15克	60克	450克
糖	-	25克	100克	400克

開始→

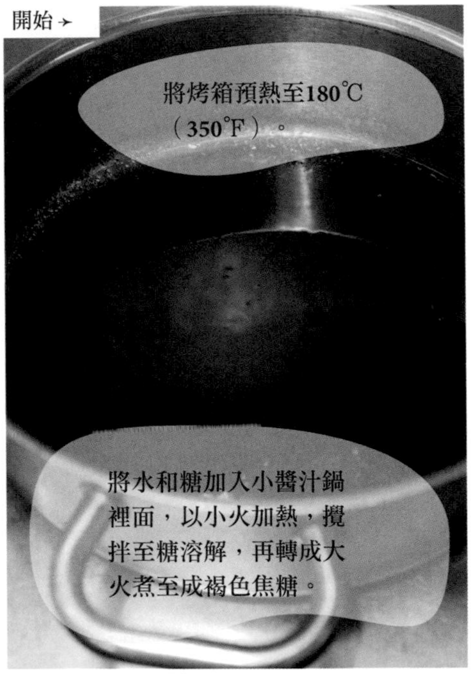
將烤箱預熱至180℃（350℉）。
將水和糖加入小醬汁鍋裡面，以小火加熱，攪拌至糖溶解，再轉成大火煮至成褐色焦糖。

將焦糖注入單人份的小烤模或大烤模裡，放涼。

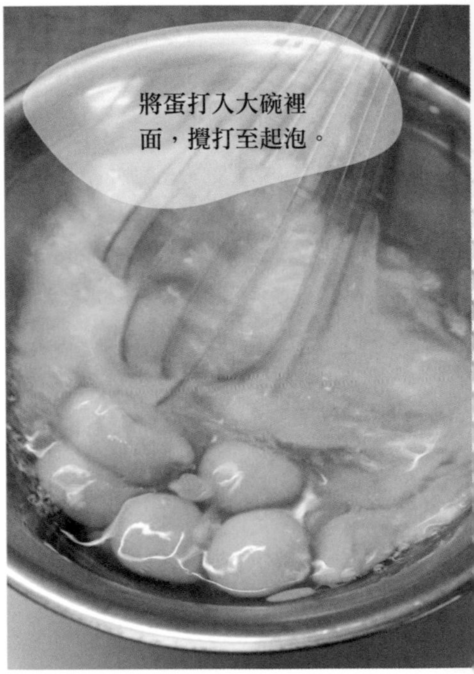
將蛋打入大碗裡面，攪打至起泡。

將椰奶、椰絲和糖倒入另一個碗裡面，攪打至糖溶解，剩下的椰奶留下來備用。

將蛋液加入椰奶液中，混合均勻。

把椰奶蛋液倒入放了焦糖的模型中。

繼續 ➔

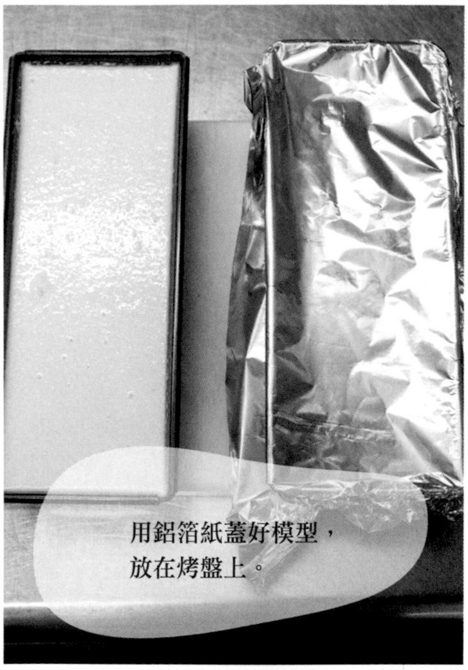
用鋁箔紙蓋好模型，
放在烤盤上。

在烤盤中倒入足夠的冷水，
大約達模型外緣的一半高度。
烘烤30分鐘，千萬不要讓水
滾開。
布丁烤熟後（用手摸起來
剛剛好凝固），在水中放
涼，再從水裡拿出來，放
入冰箱冷藏。

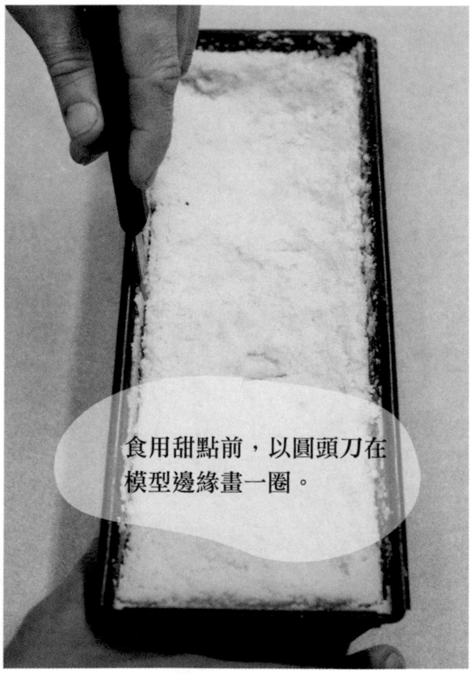
食用甜點前，以圓頭刀在
模型邊緣畫一圈。

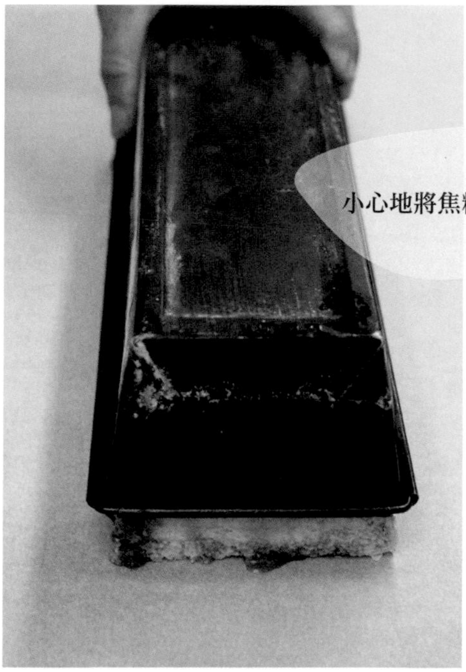
小心地將焦糖布丁倒扣出來。

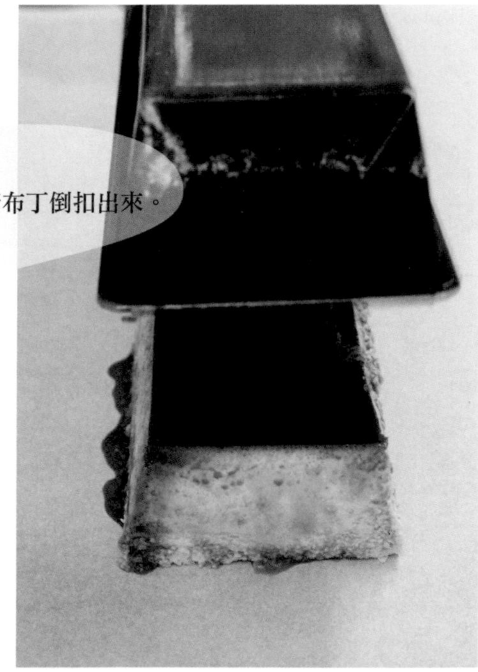

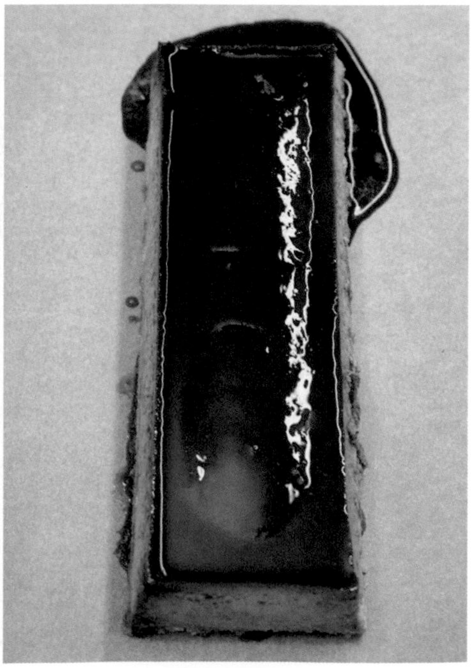

切成2公分寬的厚片。

品嘗前，在布丁周圍
淋上幾匙椰奶。

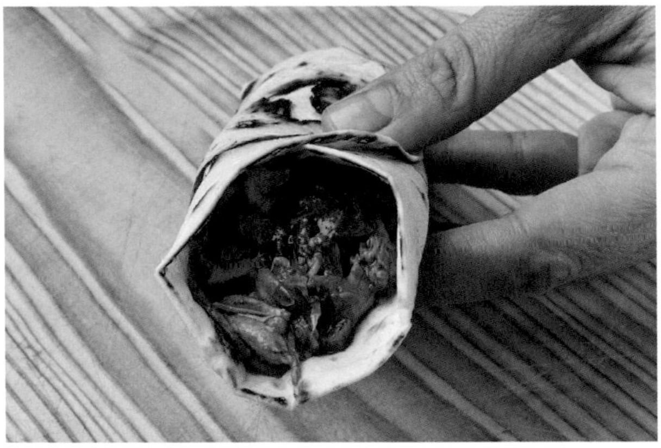

–

美味套餐 15

–

麵包大蒜湯

Bread & garlic soup

–

墨西哥風味燉豬肉

Mexican-style slow-cooked pork

–

無花果佐櫻桃酒鮮奶油

Figs with cream & kirsch

麵包大蒜湯

墨西哥風味燉豬肉

材料

新鮮採購類：
* 白鄉村麵包
* 綁好的帶骨燒烤用豬肩膀
* 紅洋蔥
* 小紅辣椒
* 無花果
* 柳橙
* 萊姆

食品貯存室類：
* 橄欖油
* 大蒜
* 鹽
* 黑胡椒粒
* 微辣匈牙利紅椒粉
* 乾燥奧勒岡
* 小茴香粉
* 白酒醋
* 墨西哥胭脂籽醬（Achiote paste）
* 洋蔥
* 墨西哥薄餅（Flour tortillas）
* 德國櫻桃白蘭地（Kirsch）
* 糖

冷藏室類：
* 蛋
* 鮮奶油，含脂35%

冷凍室類：
* 雞高湯（參照p.57）

無花果佐櫻桃酒鮮奶油

烹調流程規劃

距用餐時間（小時）：4、3½、3、2½、2、1½、1、½

12小時前
製作醃肉的醬汁，然後醃肉。

4小時前
將豬肉放入烤箱。

30分鐘前
製作麵包大蒜湯。

切烹調豬肉用的紅洋蔥和紅辣椒。

準備無花果，放入碗中，然後淋一點櫻桃白蘭地。

將鮮奶油和白蘭地攪打好，放入冰箱。

5分鐘前
依個人喜好煮蛋，和湯一起上桌。

把豬肩肉撕成細絲，放入大餐盤。

墨西哥薄餅放在煎鍋上加熱。

享受豐盛料理

上甜點前
舀1匙櫻桃酒鮮奶油在無花果上，上菜囉！

上甜點

麵包大蒜湯

這道料理很適合搭配水煮蛋或水波蛋。我們有時也把整顆蛋放入「羅諾」低溫水浴器煮，煮出來的蛋香軟光滑。水煮蛋或水波蛋的食譜可參照p.21。

•

可以用西班牙甜椒醬（Spanish choricero pepper paste）來取代匈牙利甜紅椒粉。這種醬料可以在西班牙食品店或進口食材店中購得。

	2 人份	6 人份	20 人份	75 人份
橄欖油	80毫升	240毫升	800毫升	3公升
500克重的白鄉村麵包，切成每片50克	4片	12片	800克	3公斤
蒜瓣	2瓣	6瓣	180克	600克
微辣匈牙利紅椒粉	2小匙	4小匙	8克	25克
雞高湯（參照p.57）	450毫升	1.5公升	4.5公升	16公升
蛋	2顆	6顆	20顆	75顆

開始→

平底煎鍋以中火加熱，倒入一半量的油，等油熱後加入麵包。

將麵包兩面都煎黃，取出。

大蒜拍碎。

大醬汁鍋以中火加熱，倒入剩餘的油，加入蒜瓣，爆香至呈金黃色。

蒜瓣煎金黃後，加入甜紅椒粉。

繼續 →

加入麵包、雞高湯。

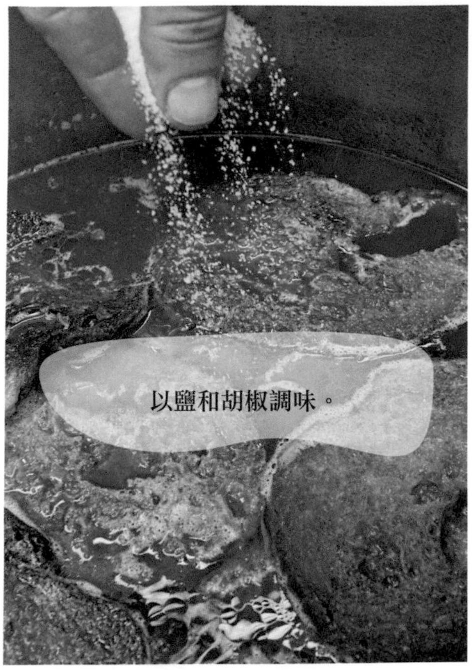
以鹽和胡椒調味。

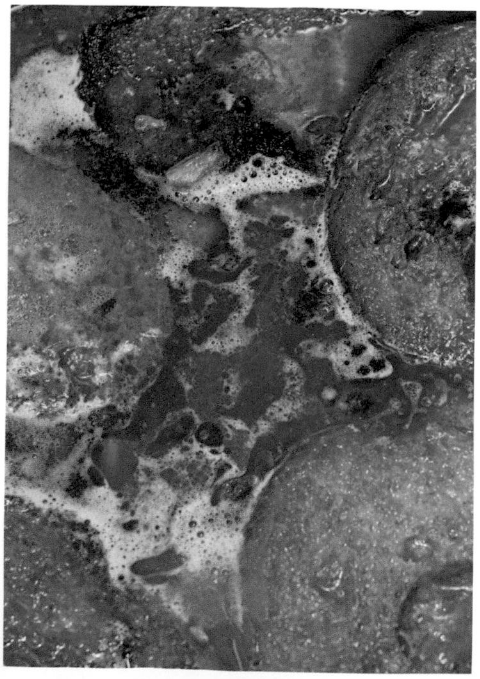

以小火煮20分鐘，然後以
手持攪拌器攪打均勻。
同時可依個人
喜好烹煮蛋。

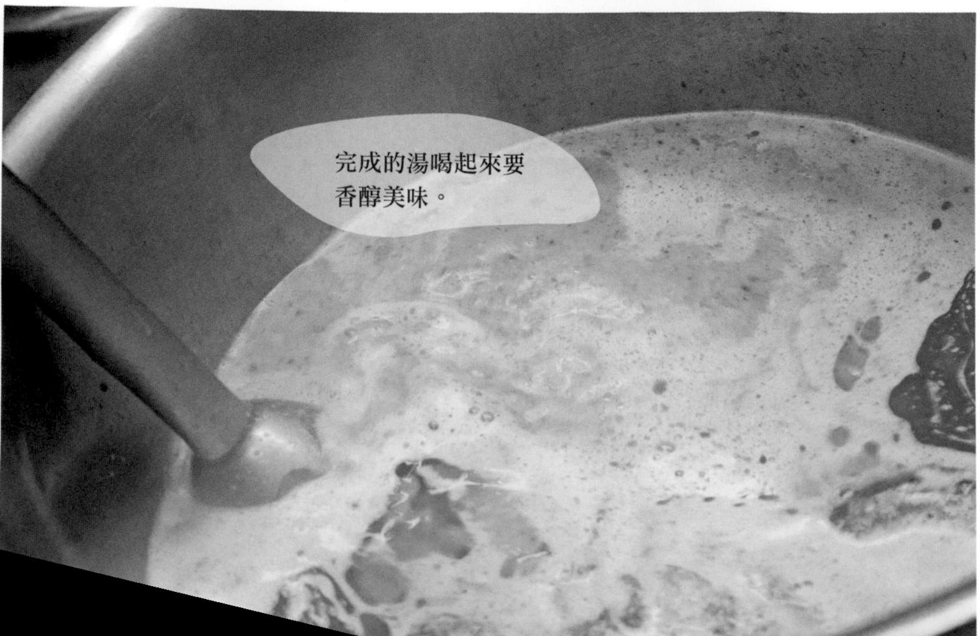
完成的湯喝起來要
香醇美味。

將煮熟的蛋放入湯
中，上菜囉！

墨西哥風味燉豬肉

這道料理的原名是Cochinita pibil（滷豬肉），源自於墨西哥猶加敦半島。墨西哥人使用蘋果醋，而非白酒醋。

如果時間充足的話，豬肩肉應放在冰箱醃12小時。但若時間不夠，約30分鐘即可。

胭脂樹（achiote或annatto）是墨西哥和秘魯產的原生灌木，很多料理都利用它的果實來增添色澤和風味。這種醬料可以在食品專賣店或專門的美墨食材店中購得。或者將柳橙汁、檸檬汁、胡椒和番紅花調勻代替，不過會呈現不同風味。

使用墨西哥薄餅或玉米薄餅來做這道料理都可以。

	2 人份	6 人份	20 人份	75 人份
柳橙汁	50毫升	150毫升	500毫升	1.5公升
乾燥奧勒岡	1小撮	2小撮	½小匙	2小匙
小茴香粉	1小撮	2小撮	0.6克	2克
白酒醋	2小匙	2大匙	80毫升	300毫升
胭脂籽醬（Achiote paste）	60克	180克	600克	2公斤
橄欖油	1½大匙	4大匙	150毫升	500毫升
綁好的帶骨燒烤用豬肩肉	350克	1公斤	3.5公斤	12公斤
鹽	1小撮	2小撮	150克	500克
洋蔥	1/4個	1個	125克	350克
紅洋蔥	1/2個	2個	750克	2.5公斤
小紅辣椒	1/4根	1/2根	1根	2根
現榨萊姆汁	1大匙（½個萊姆）	3大匙（1個萊姆）	60毫升	200毫升
墨西哥薄餅（Flour tortillas）	2張	6張	20張	75張

2人份須1顆柳橙和1/2顆萊姆。6人份須2顆柳橙和1顆萊姆。

開始 →

取一個小碗，將柳橙汁、乾燥奧勒岡、小茴香粉、白酒醋、胭脂籽醬和橄欖油拌勻。

以手持攪拌器攪打至滑順，即成醃肉汁。

以刀尖在豬肉上刺幾刀，使醃肉汁能深入肉內。以鹽和胡椒調味。

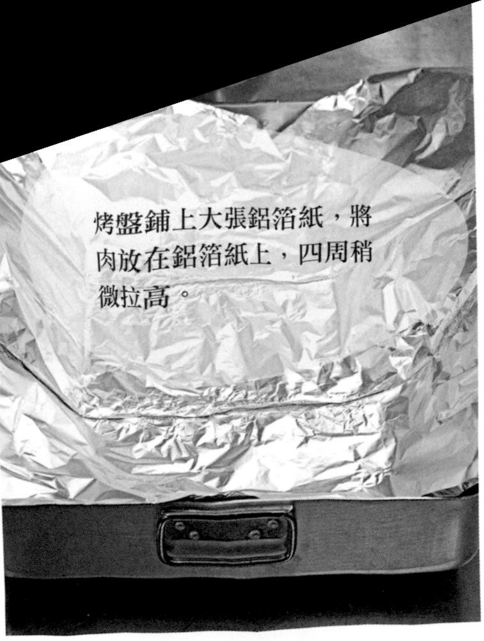

烤盤鋪上大張鋁箔紙，將肉放在鋁箔紙上，四周稍微拉高。

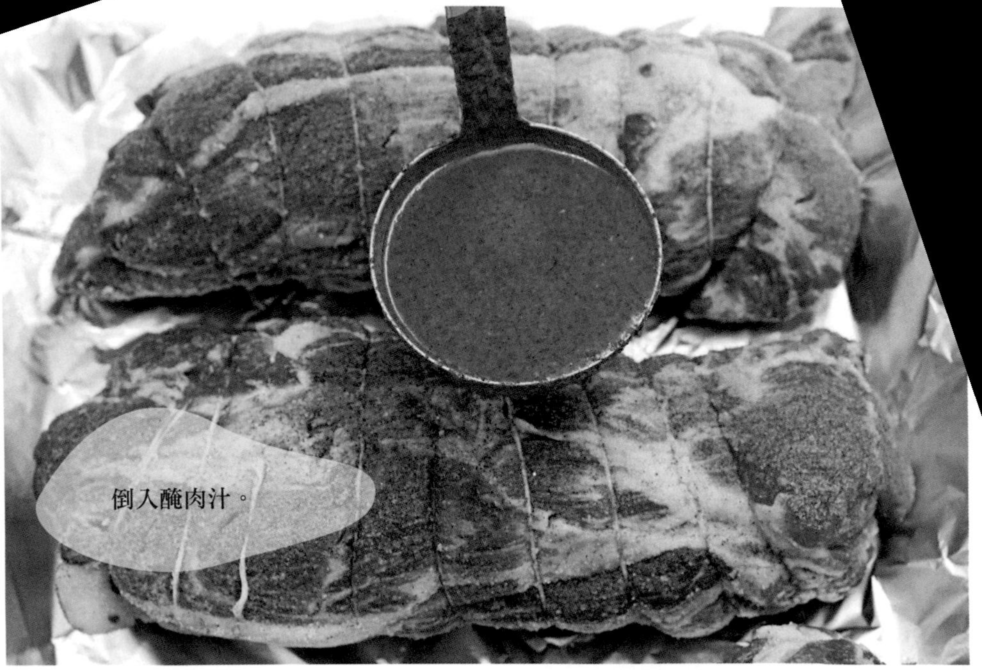

倒入醃肉汁。

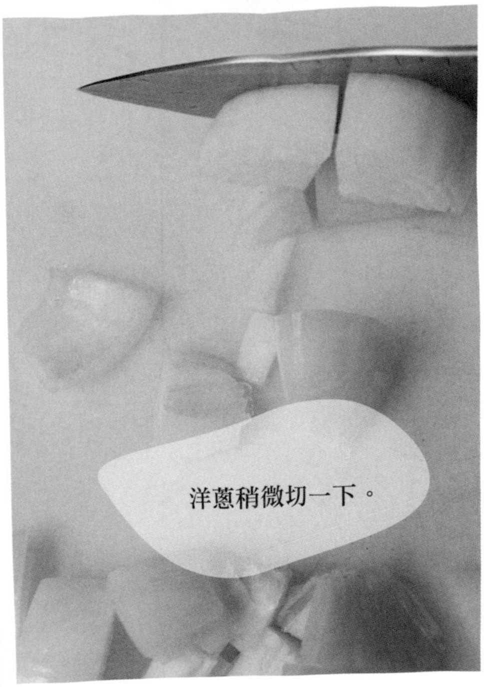

洋蔥稍微切一下。

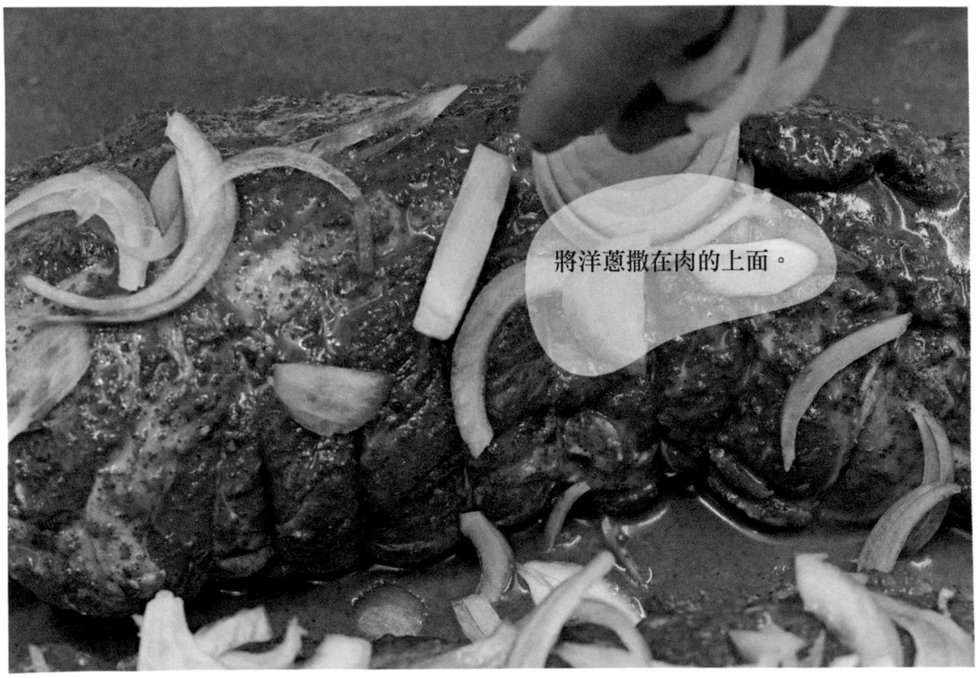

將洋蔥撒在肉的上面。

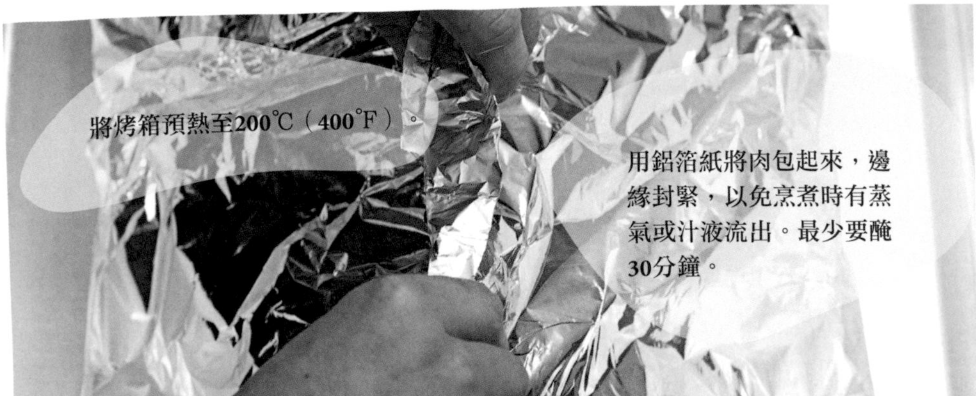

將烤箱預熱至200℃（400℉）。

用鋁箔紙將肉包起來，邊緣封緊，以免烹煮時有蒸氣或汁液流出。最少要醃30分鐘。

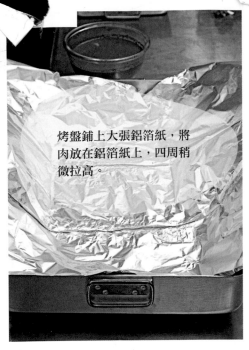

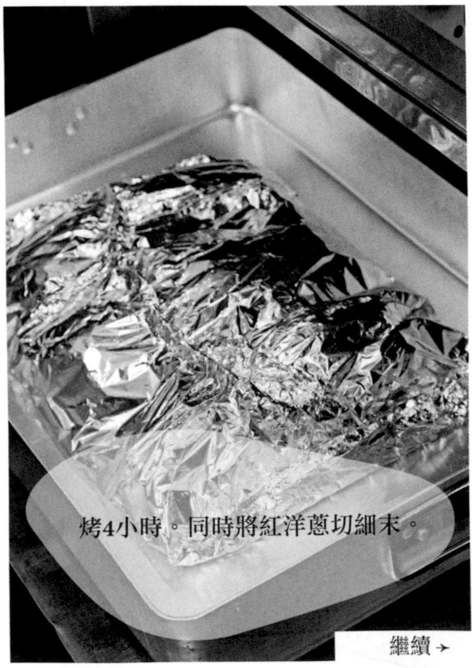

烤4小時。同時將紅洋蔥切細末。

繼續→

小紅辣椒去籽，切細末。

小紅辣椒末和紅洋蔥末拌勻，加入萊姆汁，以鹽調味，即成紅洋蔥莎莎醬。

靜置20
這時取一平底煎鍋，不放油，放入墨西哥薄餅加熱，然後以鋁箔紙包起來保溫。

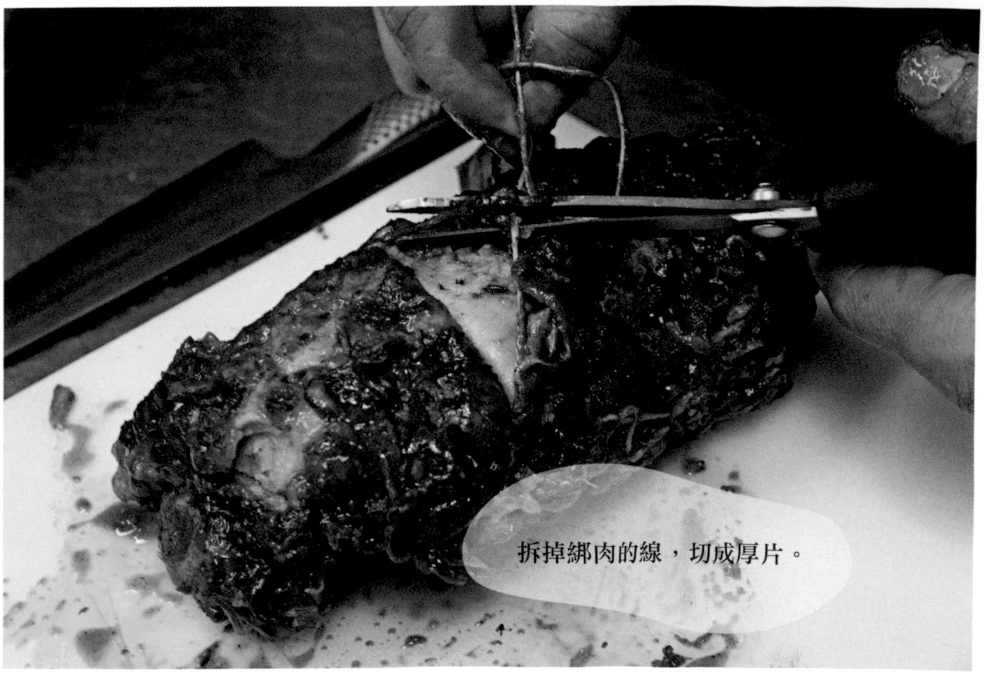
拆掉綁肉的線，切成厚片。

將肉放在大餐盤上，用手指撕成絲。

淋上烤盤中的醬汁。

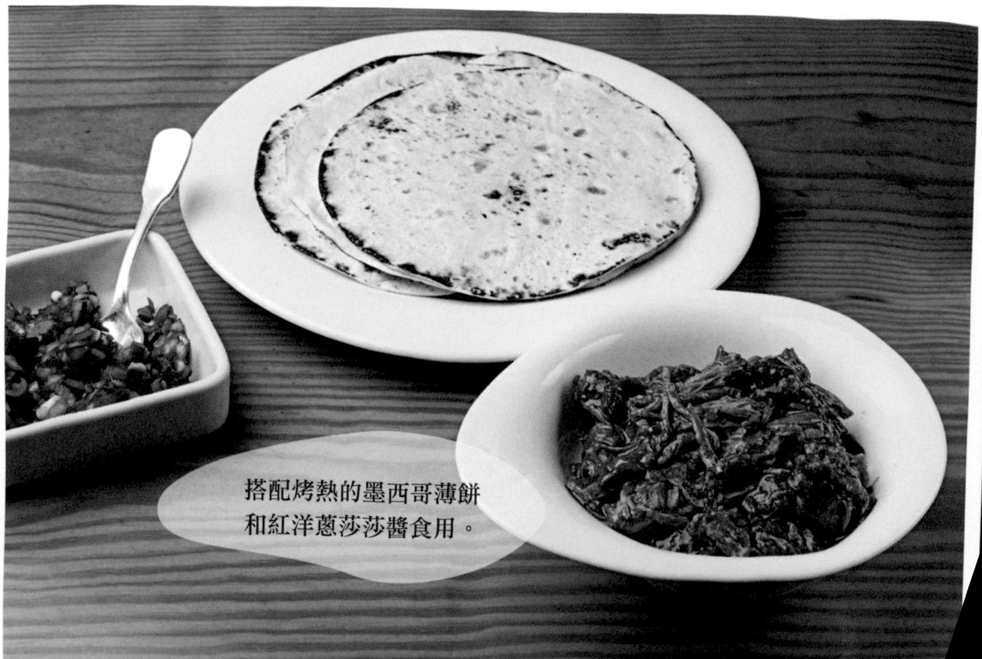
搭配烤熱的墨西哥薄餅和紅洋蔥莎莎醬食用。

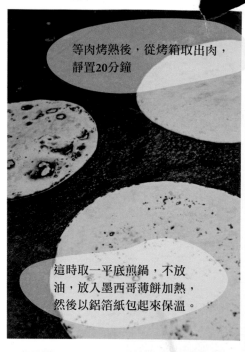

香煎鴨肉佐阿根廷香料辣椒醬

開心果凍奶

烹調流程規劃

烹調流程規劃	距用餐時間（小時）
前1天 香菇泡水12小時。	4
	3½
	3
	2½
2小時前 製作凍奶，放入冰箱冷藏。	2
	1½
	1
30分鐘前 煮麵，煮好放入冰水中冰鎮。 準備炒麵的其他食材。	½
20分鐘前 鴨肉煎黃，以鋁箔紙包起來。 煎培根，再加入生薑、香菇和大蔥。	
5分鐘前 將瀝乾的麵條加入蔬菜裡，炒5 分鐘，再淋入醬汁。	
	享受豐盛料理
上主菜前 鴨肉切片，擺盤，佐以阿根廷香料辣椒醬。	
	上主菜

薑汁香菇炒麵

在鬥牛犬餐廳，我們常以薑油替代生薑。

•

日式七味粉是由七種香料混合而成，常用於日式料理，以辛辣為特色。買不到的話，可用現磨黑胡椒粉加些許辣椒粉代替。

•

紹興酒、香菇、七味粉、蠔油和麵條都可在雜貨店或大型超市購得。

	2人份	6人份	20人份	75人份
乾香菇	6朵	80克	160克	600克
蠔油	3小匙	100克	400克	1.4公斤
醬油	3小匙	100毫升	350毫升	1.4公升
中國紹興酒	3小匙	100毫升	350毫升	1.4公升
香油	1大匙	60毫升	180毫升	650毫升
中型雞蛋麵	120克	360克	1.2公斤	4公斤
培根	80克	240克	800克	3公斤
青蔥，粗切（或1把青蔥蔥白）	1支	2支	1.2公斤	4公斤
生薑，切末	1小匙	20克	30克	100克
豆芽菜	35克	100克	350克	1.2公斤
橄欖油	2小匙	2大匙	300毫升	1公升
日式七味粉	1小撮	2小撮	6克	20克

開始 ➝

將香菇放入大碗裡面，加滿水，浸泡12小時。

繼續➝

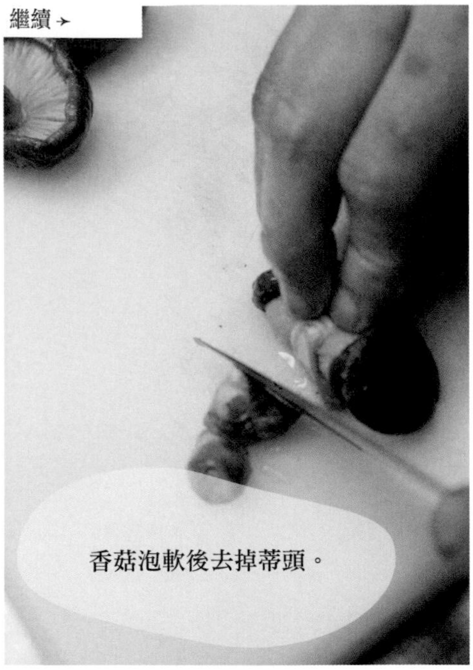

香菇泡軟後去掉蒂頭。

香菇傘部分切絲。

將蠔油倒入碗裡面。

加入醬油、紹興酒和香油。

用打蛋器攪打拌勻，
即成醬油調味汁。

取一個碗，加入冰水和鹽。

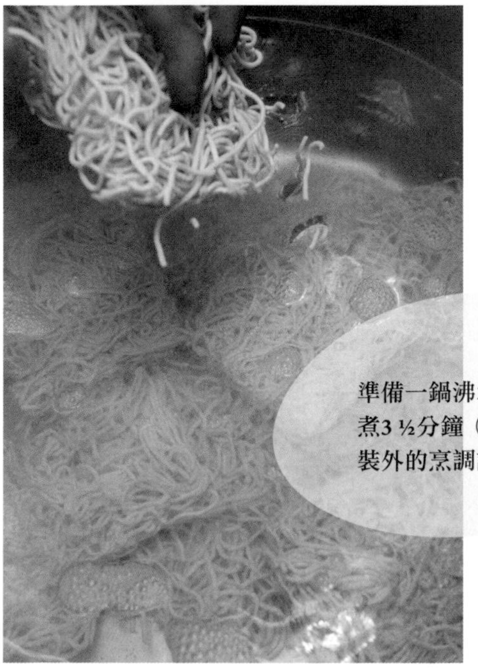

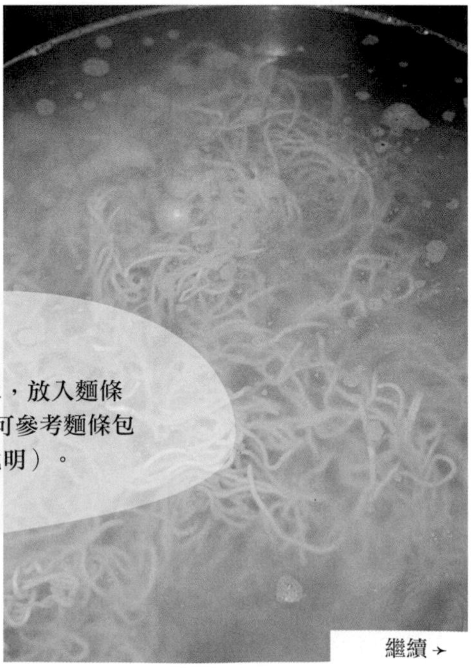

準備一鍋沸水，放入麵條
煮3 ½分鐘（可參考麵條包
裝外的烹調說明）。

繼續➝

繼續➝

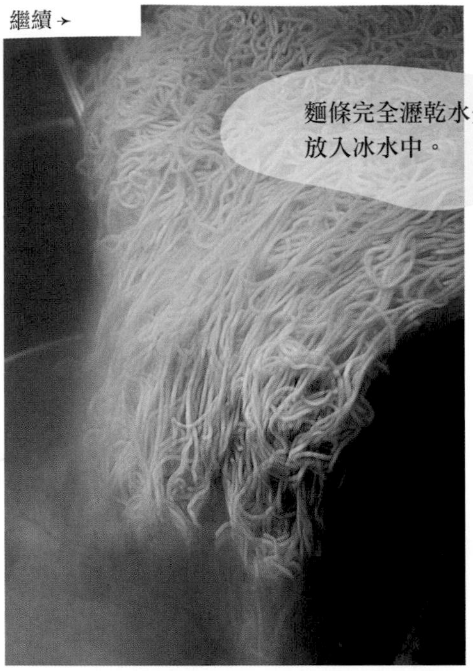
麵條完全瀝乾水分，
放入冰水中。

使麵條完全冷卻。

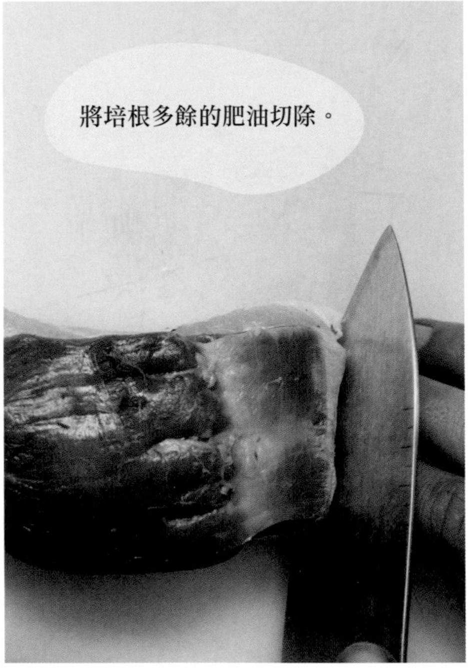
將培根多餘的肥油切除。

將培根切條。

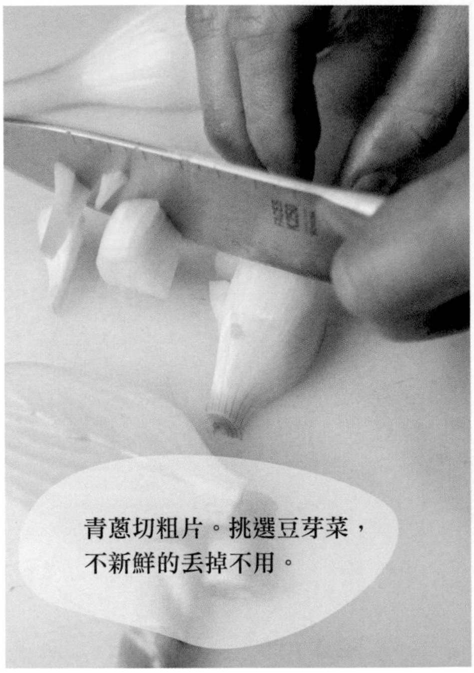
青蔥切粗片。挑選豆芽菜，
不新鮮的丟掉不用。

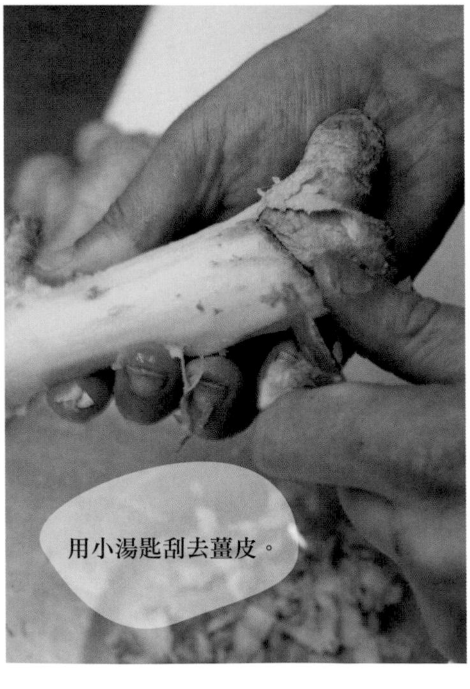
用小湯匙刮去薑皮。

生薑切細末。

取一只平底煎鍋或炒鍋，
倒入油後加熱，放入培根
炒至呈金黃色。

加入薑末和香菇絲，
炒1～2分鐘。

加入青蔥片，炒至呈黃
褐色，然後持續翻炒。

瀝乾麵條的水分，和
豆芽一起放入鍋中。

翻炒5分鐘，加入醬油
調味汁，拌至麵條均
勻上色。

盛入盤中，撒上七味
粉，上菜囉！

香煎鴨肉佐
阿根廷香料辣椒醬

阿根廷香料辣椒醬是由巴西里、大蒜、香料、橄欖油和醋製成（參照p.51），原產自南美，通常佐以牛排，但也適合搭配鴨肉食用。

	2人份	6人份	20人份	75人份
鴨胸肉	1付	3付	8付	25付
阿根廷香料辣椒醬（參照p.51）	110克	340克	1.1公斤	4公斤

開始→

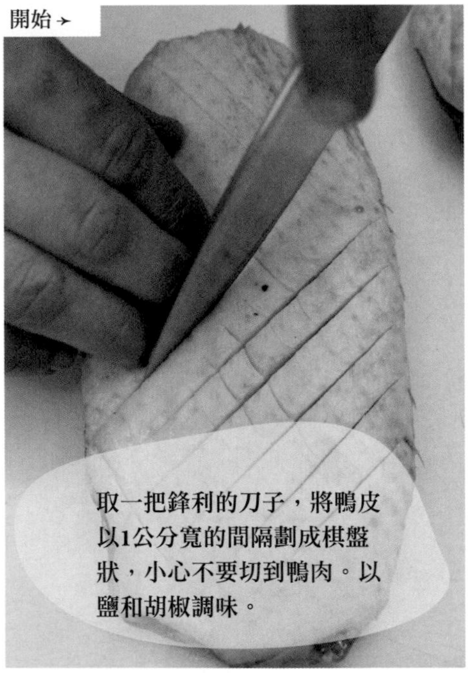

取一把鋒利的刀子，將鴨皮以1公分寬的間隔劃成棋盤狀，小心不要切到鴨肉。以鹽和胡椒調味。

大平底煎鍋以大火加熱，鴨皮朝下放入，煎3分鐘至呈金黃色。
翻面，鴨肉面朝下煎30秒，取出。

鴨肉以鋁箔紙包起，放在一旁15分鐘。

鴨胸肉切0.3公分厚的薄片，相疊排在盤子上。

香料辣椒醬以鹽和胡椒調味，淋在鴨肉上食用。

開心果凍奶

如果備有廚房用溫度計，可以拿來測試凍奶是否煮好了。凍奶在80℃（170℉）會變稠。如果身邊沒有溫度計，可以利用湯匙的背面來測試。煮好的凍奶會在湯匙背面覆蓋一層薄膜。

	2人份	6人份	20人份	75人份
全脂牛奶	200毫升	600毫升	2公升	8公升
鮮奶油，含脂量35%	50毫升	150毫升	500毫升	2公升
蛋黃	2顆	6顆	400克	1.6公斤
糖	45克	135克	450克	1.8公斤
去殼開心果	35克	105克	350克	1.4公斤

開始 →

將牛奶和鮮奶油倒入鍋中煮沸。
同時，把蛋黃和糖放入另一大碗中攪打均勻。

加入熱牛奶和鮮奶油，不停地攪拌。

將蛋奶液倒回鍋中，以小火煮5～10分鐘，用橡皮鏟不停地攪拌至變得濃稠。

將開心果放入大碗裡面，加入濃稠的蛋奶液。

以食物處理機或手持攪拌器攪打至十分滑順香醇。

盛入小杯子或碗裡面，放入冰箱徹底冷卻。

–

美味套餐 17

–

烤馬鈴薯佐羅美司哥堅果紅椒醬汁

Baked potatoes with romesco sauce

–

牙鱈佐綠莎莎醬

Whiting in salsa verde

–

米布丁

Rice pudding

烤馬鈴薯佐羅美司哥堅果紅椒醬汁

牙鱈佐綠莎莎醬

材料

新鮮採購類：

* 小顆新鮮馬鈴薯
* 新鮮的整尾牙鱈
* 新鮮巴西里
* 檸檬

食品貯存室類：

* 小顆洋蔥
* 大蒜
* 鹽
* 特級初榨橄欖油
* 麵粉
* 蓬萊米
* 糖
* 肉桂粉

冷藏室類：

* 全脂牛奶
* 奶油
* 鮮奶油，含脂量35%

冷凍室類：

* 羅美司哥堅果紅椒醬汁（參照p.45）
* 魚高湯（參照p.56）

米布丁

烹調流程規劃

距用餐時間（小時）

4

3½

3

2½

2

1½

<u>至少1小時前</u>

製作米布丁，放入冰箱冷卻。

<u>1小時前</u> — 1

開始烤馬鈴薯和洋蔥。

魚切塊。大蒜和巴西里都切末。

<u>25分鐘前</u> — ½

用綠莎莎醬烹煮牙鱈。

<u>用餐前</u>

將烤馬鈴醬和洋蔥都切對半。

享受豐盛料理

<u>上主菜前</u>

魚盛入盤中，淋上綠莎莎醬。

上主菜

<u>上甜點前</u>

在米布丁上撒些肉桂粉。

上甜點

-

烤馬鈴薯佐羅美司哥堅果紅椒醬汁

-

羅美司哥堅果紅椒醬（Romesco sauce）是來自加泰隆尼亞塔拉戈納（Tarragona）的傳統醬汁，以榛果、甜紅椒、雪利酒醋和橄欖油製成，通常搭配海鮮、蔬菜或雞肉一起食用。

	2人份	6人份	20人份	75人份
小顆新鮮馬鈴薯	4個	12個	3公斤	10公斤
小顆洋蔥，留下外皮	2個	6個	2公斤	7.5公斤
羅美司哥堅果紅椒醬汁（參照p.45）	130克	400克	1.3公斤	5公斤

開始→

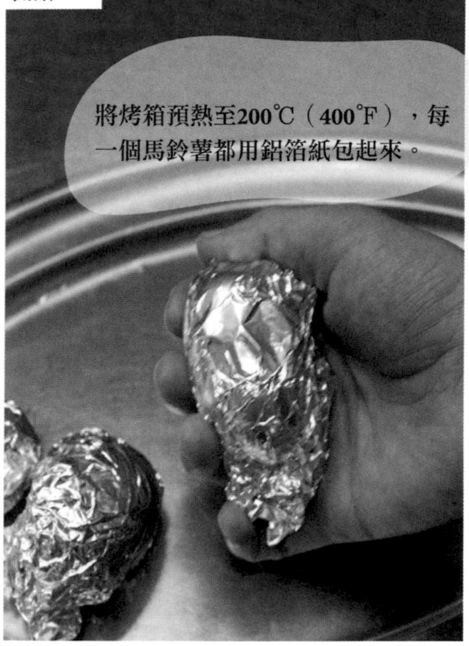
將烤箱預熱至200℃（400℉），每一個馬鈴薯都用鋁箔紙包起來。

將馬鈴薯和洋蔥放在烤盤上，烤35～45分鐘。

如果有烤熟，馬鈴薯和洋蔥會烤得很軟，洋蔥皮的部分會燒焦。

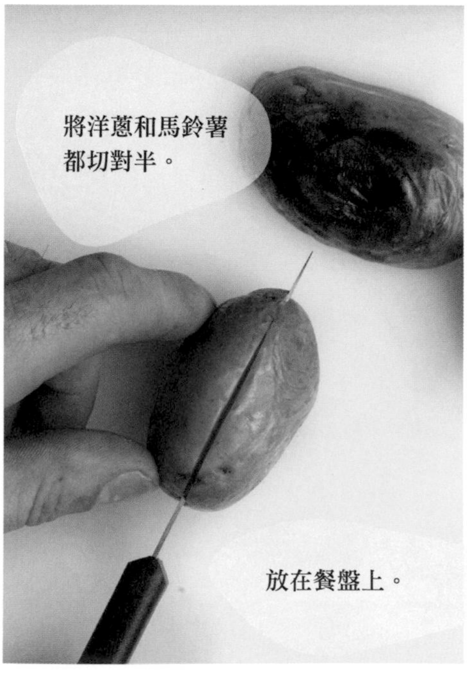
將洋蔥和馬鈴薯都切對半。
放在餐盤上。

醬汁以鹽調味，再將醬汁淋在熱騰騰的蔬菜上，上菜囉！

牙鱈佐綠莎莎醬

可請魚販先清理好魚的腸肚。

•

可改用其他白肉魚，像鯛魚，甚至可以用貝殼類，然後放入醬汁煮3～5分鐘。

	2人份	6人份	20人份	75人份
新鮮整尾牙鱈，清腸去肚，每尾250克	2尾	6尾	20尾	75尾
鹽	1小撮	2小撮	25克	100克
蒜瓣，切末	1瓣	3瓣	40克	130克
新鮮巴西里，切末	1½大匙	4大匙	1把	3把
特級初榨橄欖油	1½大匙	5大匙	350毫升	1公升
麵粉	1小匙	1½大匙	80克	200克
水	175毫升	500毫升	1.5公升	4公升

開始 →

切掉魚頭後再切對半。抹一點點鹽調味。

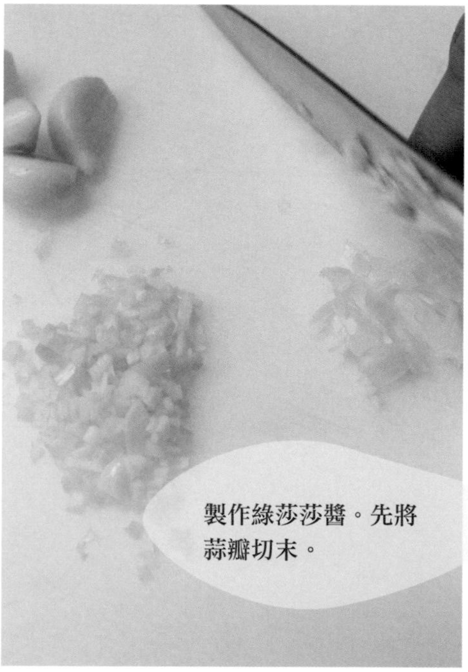

製作綠莎莎醬。先將蒜瓣切末。

取一只大平底煎鍋，以小火加熱，倒入油，放入蒜末炒1～2分鐘至軟化，但還沒有變色。

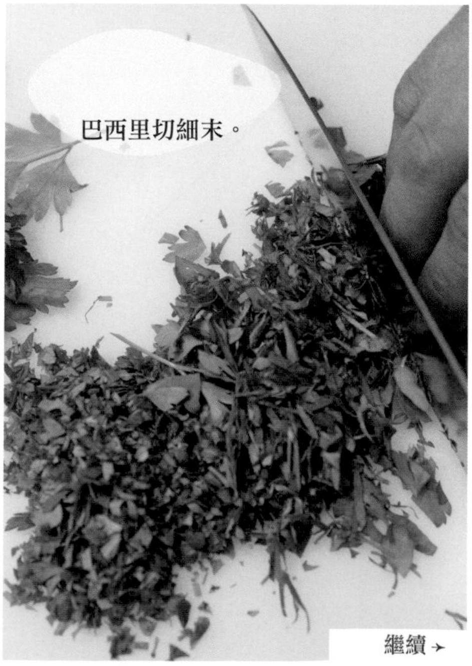

巴西里切細末。

繼續 →

將麵粉放入蒜油，炒30秒，
再加入一半量的巴西里末。

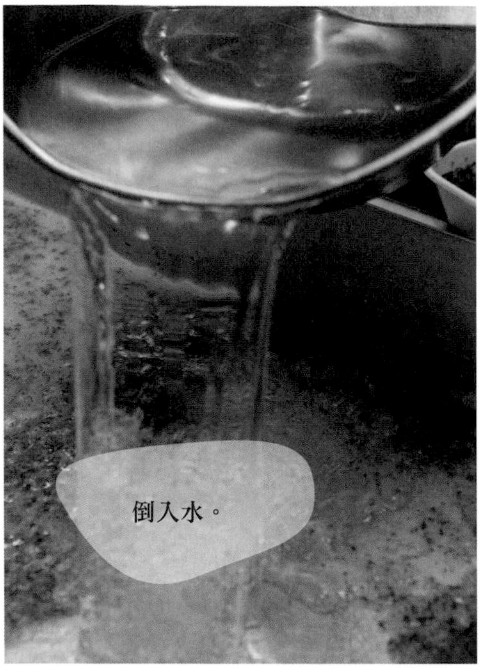
倒入水。

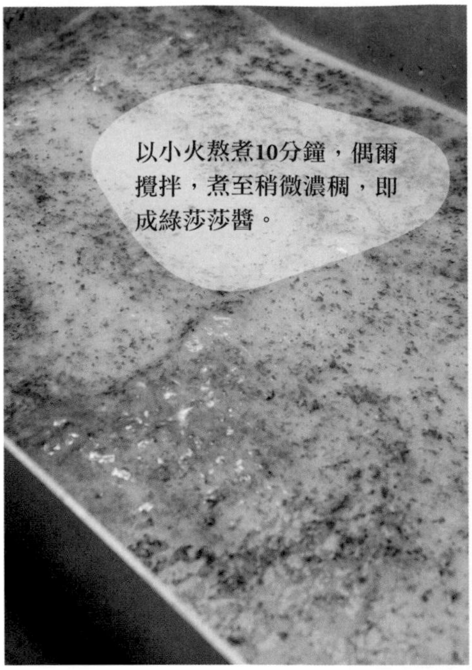
以小火熬煮10分鐘，偶爾攪拌，煮至稍微濃稠，即成綠莎莎醬。

將魚放入醬汁中，再熬煮10分鐘，或者至魚肉和脊骨可輕易分開。

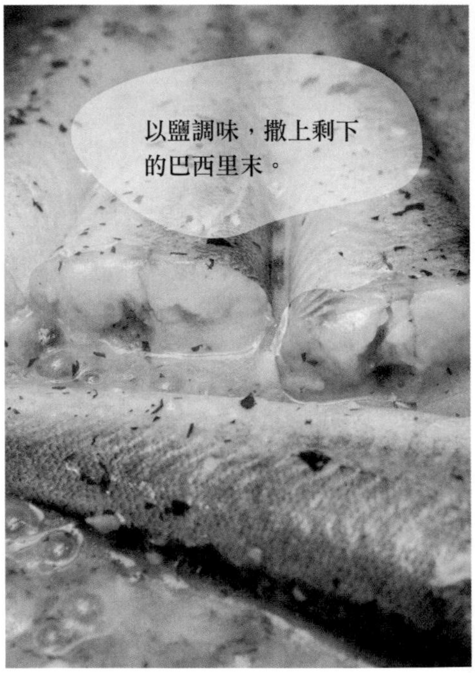
以鹽調味，撒上剩下的巴西里末。

將魚盛入盤中，淋上醬汁，上菜囉！

米布丁

米布丁是在歐洲、拉丁美洲和亞洲國家常見到的甜點。大家的煮法都一樣，差別在於調味料，像是香草、肉桂、檸檬碎皮、焦糖化牛奶、番紅花、豆蔻或波特酒。

•

任何短米都可以用來製作這道甜點。

	2人份	6人份	20人份	75人份
全脂牛奶	320毫升	1公升	3.5公升	13公升
鮮奶油、含脂量35%	4大匙	175毫升	800毫升	2.8公升
檸檬皮，5公分長	1條	2條	1/2個檸檬	1個檸檬
肉桂棒	1/4支	1/2支	1支	2支
短米	80克	240克	800克	3公斤
奶油	20克	60克	200克	700克
糖	50克	135克	600克	1.8公斤
肉桂粉	1小撮	2小撮	20克	70克

開始→

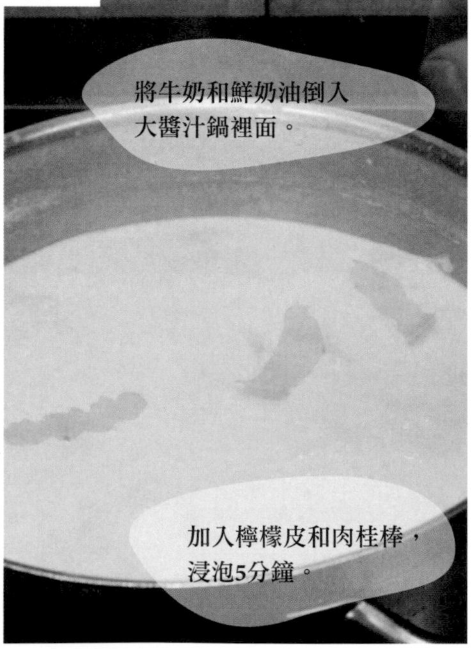

將牛奶和鮮奶油倒入大醬汁鍋裡面。
加入檸檬皮和肉桂棒，浸泡5分鐘。

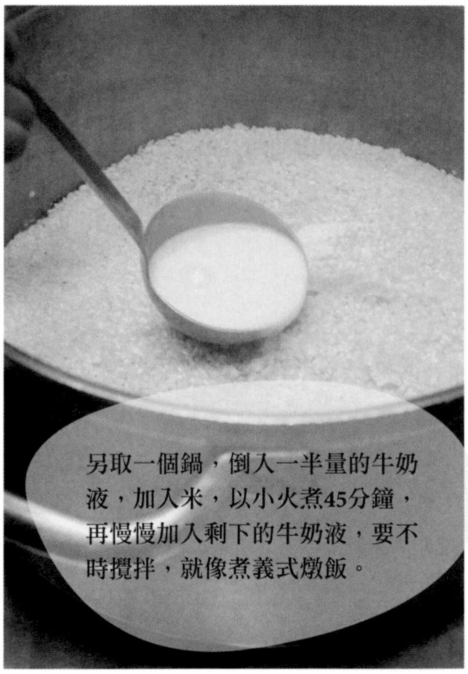

另取一個鍋，倒入一半量的牛奶液，加入米，以小火煮45分鐘，再慢慢加入剩下的牛奶液，要不時攪拌，就像煮義式燉飯。

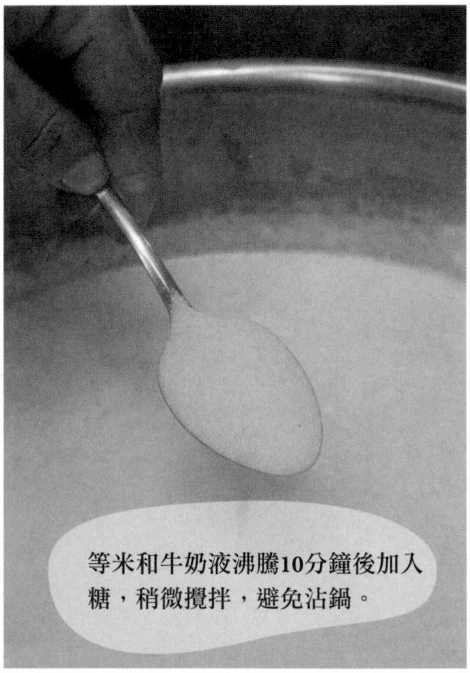

等米和牛奶液沸騰10分鐘後加入糖，稍微攪拌，避免沾鍋。

等米煮到軟稠時，拌入奶油。

將米舀入碗中，等冷卻後放入冰箱冷藏。

食用前撒上肉桂粉。

–

美味套餐 18

–

墨西哥玉米片佐酪梨莎莎醬

Guacamole with tortilla chips

–

墨西哥風味燉雞佐飯

Mexican-style chicken with rice

–

西瓜佐薄荷糖

Watermelon with menthol sweets

材料

新鮮採購類：

* 熟蕃茄
* 酪梨
* 新鮮芫荽葉
* 檸檬
* 大隻雞腿
* 西瓜

食品貯存室類：

* 鹽
* 墨西哥玉米片
* 芝麻
* 洋蔥
* 橄欖油
* 西班牙米（Paella rice）
* 墨西哥紅椒芝麻醬（Red mole paste）
* 罐裝玉米粒
* 糖
* 薄荷糖
* 虹吸瓶用氧化氮氣彈

冷藏室類：

* 奶油

墨西哥玉米片佐酪梨莎莎醬

墨西哥風味燉雞佐飯

西瓜佐薄荷糖

烹調流程規劃

烹調流程規劃	距用餐時間（小時）
	4
	3½
	3
	2½
	2
1½小時前 烹煮雞腿。 製作紅椒芝麻醬。 準備蕃茄和洋蔥做酪梨醬。 將洋蔥和芫荽葉打成泥，準備用來做飯。	1½
	1
30分鐘前 西瓜切片，浸糖汁，放入冰箱冷卻。 壓碎薄荷糖。 雞腿放入醬汁中，放入烤箱烘烤。	½
20分鐘前 煮墨西哥飯。 烹煮雞腿和飯時，製作酪梨醬。	
用餐前 將飯加入玉米、奶油和芫荽葉中。	
	享受豐盛料理
上甜點前 瀝乾西瓜，放入餐盤中。	
	上甜點

2.5公斤

製作2人份需準備1個蕃茄和1個洋蔥；6人份則需準備2個蕃茄和1個洋蔥。

開始→

取一醬汁鍋，加滿水，煮沸。
用刀在蕃茄的底部切1個十字；大碗裡面加入冰水。

將蕃茄放入沸水中汆燙10秒。

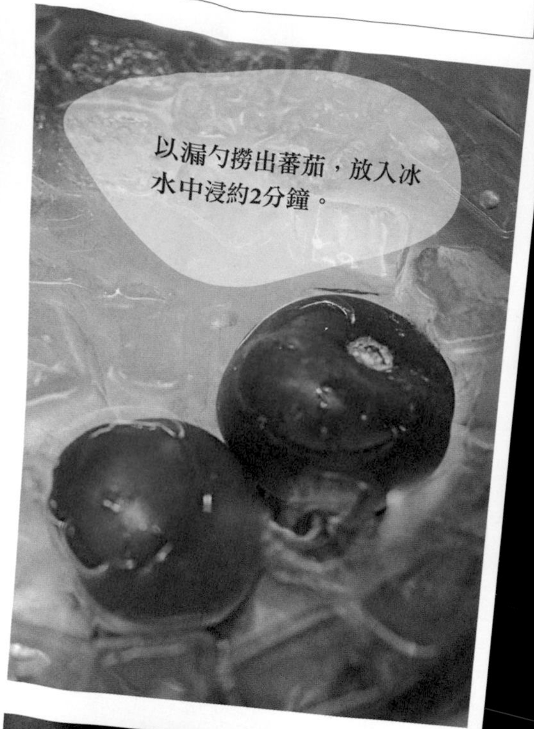
以漏勺撈出蕃茄，放入冰水中浸約2分鐘。

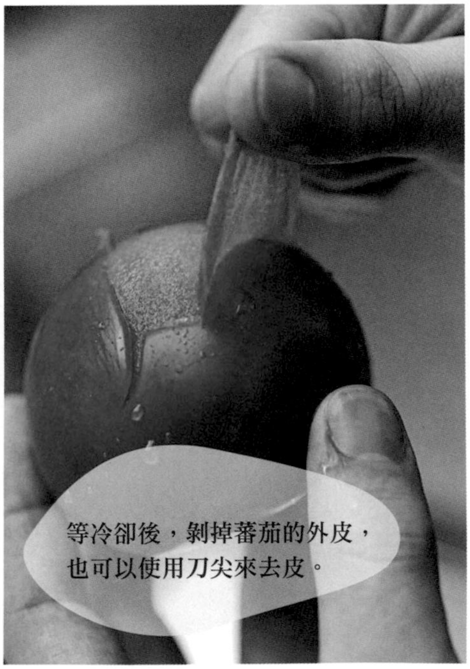
等冷卻後，剝掉蕃茄的外皮，也可以使用刀尖來去皮。

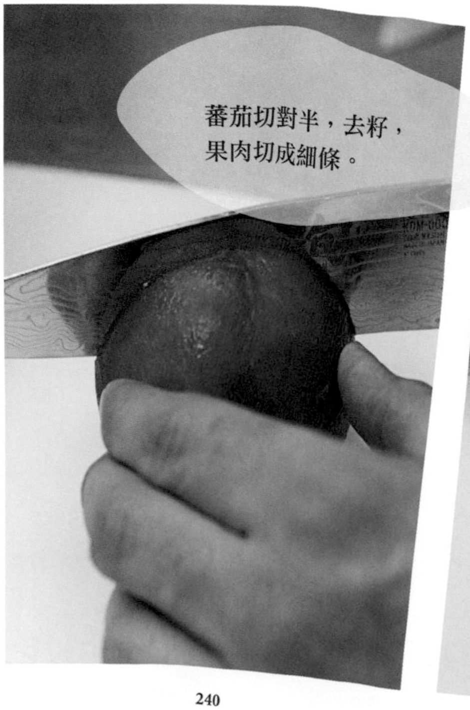
蕃茄切對半，去籽，果肉切成細條。

然後切丁。

摘取芫荽葉，
切細末。

酪梨切對半後去果核，
以湯匙挖出果肉。

用打蛋器、叉子
或手持攪拌器攪
打成泥。

洋蔥切細末。

將蕃茄丁、洋蔥
末和芫荽葉末加
入酪梨泥中。

拌入檸檬汁，以鹽
調味，即成酪梨莎
莎醬。

以玉米片佐酪梨
莎莎醬食用。

-

墨西哥風味燉雞佐飯

-

紅椒芝麻醬（Red mole paste）是一種墨西哥醬，成分中含有辣椒和香料，通常是搭配肉類食用。

•

紅椒芝麻醬的種類眾多，以辣椒和其他材料的差異來區分。通常能在異國料理食品店或美墨食材店購得。

•

製作20或75人的份量時，每1公升的醬汁可添加0.6克的玉米糖膠（參照p.11）以增添它的濃稠度。

	2人份	6人份	20人份	75 人份
大隻雞腿（包括大腿肉和雞腿）	2隻	6隻	20隻	75隻
水	600毫升	1.2公升	6公升	18公升
新鮮芫荽葉	5株	8株	30克	100克
鹽	1小撮	2小撮	1小匙	40克
紅椒芝麻醬（Red mole paste）	100克	300克	1公斤	3.5公斤
芝麻	2小匙	2大匙	60克	200克

開始 ➝

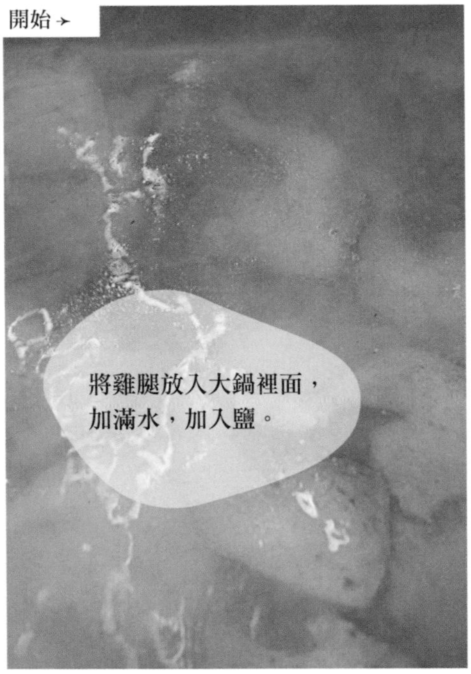

將雞腿放入大鍋裡面，加滿水，加入鹽。

加入整把芫荽葉。

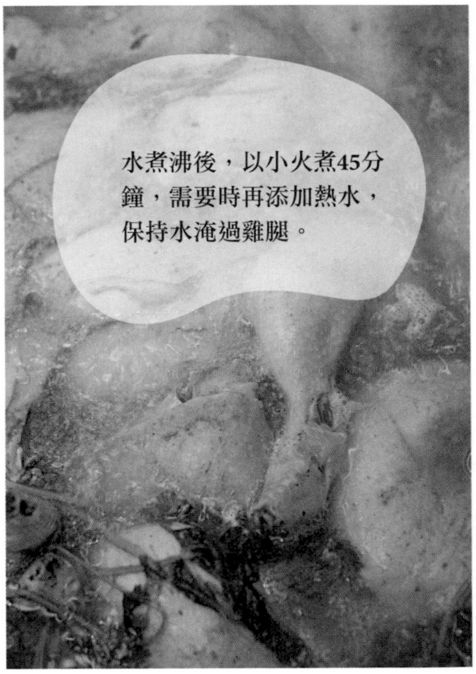

水煮沸後，以小火煮45分鐘，需要時再添加熱水，保持水淹過雞腿。

取出大隻雞腿（湯保留，可當高湯使用），將大腿肉和雞腿分開，建議使用剪刀或菜刀和砧板。

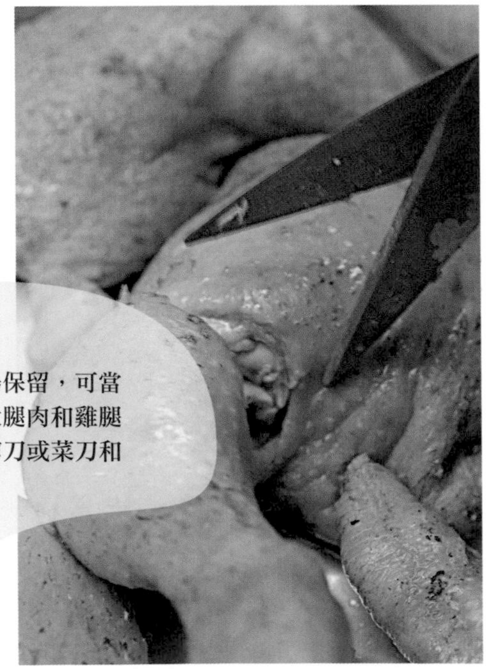

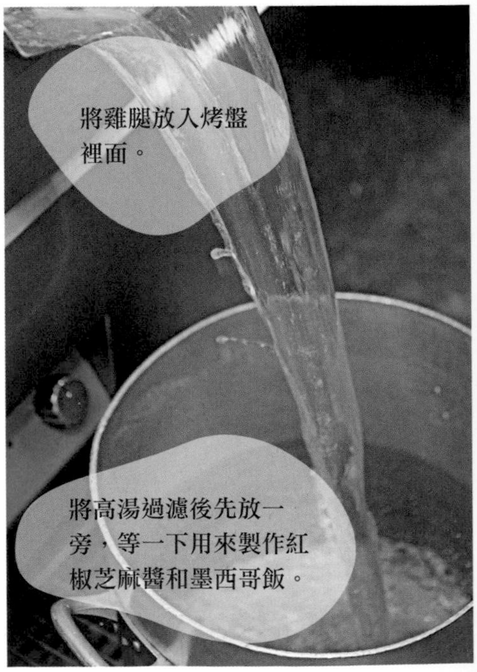

將雞腿放入烤盤裡面。
將高湯過濾後先放一旁，等一下用來製作紅椒芝麻醬和墨西哥飯。

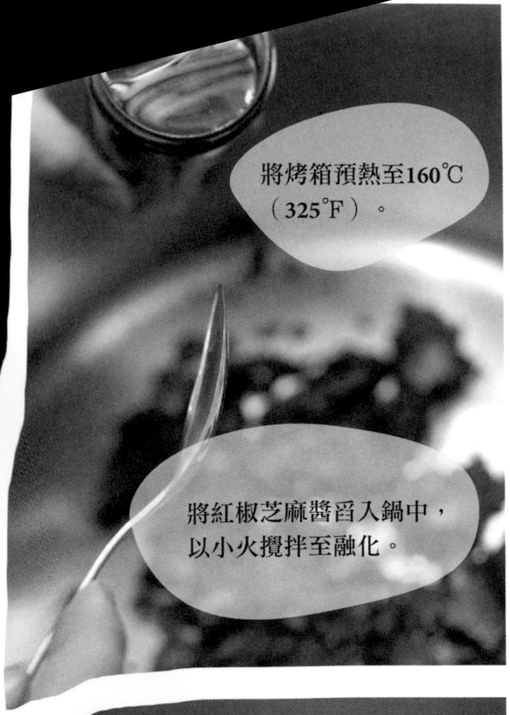
將烤箱預熱至160℃（325℉）。
將紅椒芝麻醬舀入鍋中，以小火攪拌至融化。

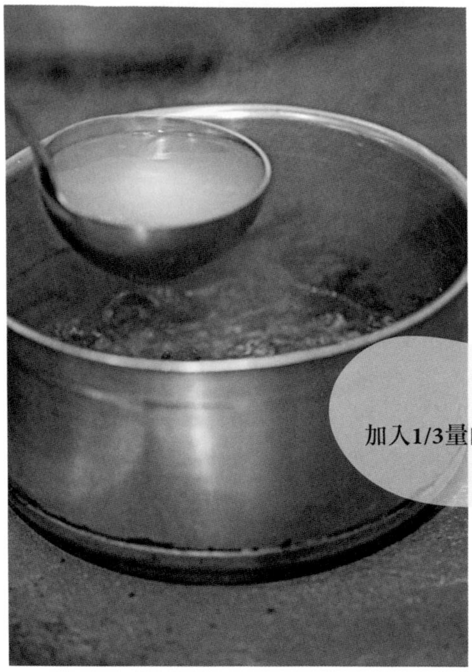

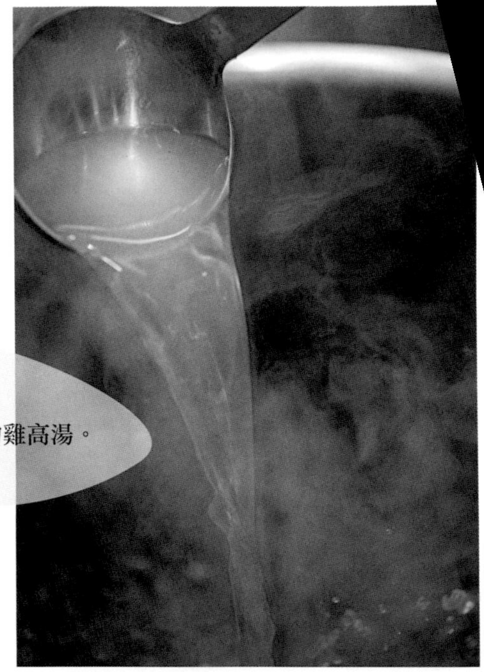
加入1/3量的雞高湯。

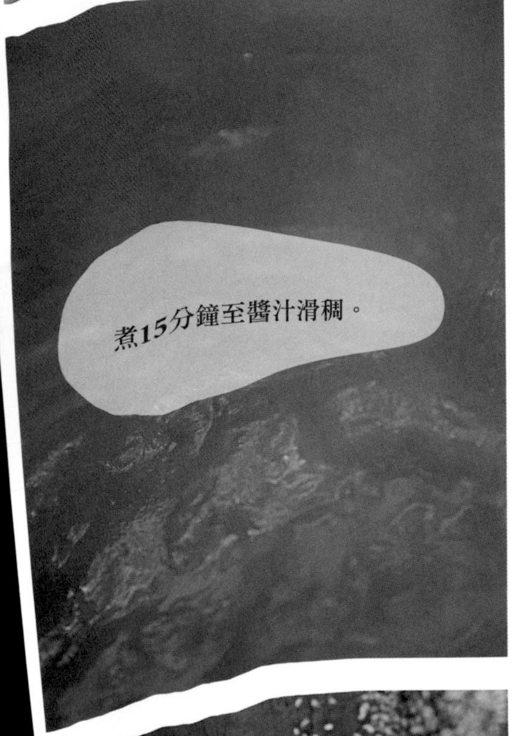
煮15分鐘至醬汁滑稠。

將醬汁淋在雞腿上，烤30分鐘，至雞腿熟軟為止。可用刀尖插入雞肉檢查熟度。

同時將芝麻放入沒有加入油的平底煎鍋，以小火烘焙，不時翻動，烤好立刻起鍋。

將雞腿盛入盤中，淋醬汁，撒上烤香的芝麻。

搭配墨西哥飯食用（參照p.244）。

	800克
150克	500克

開始→

將雞高湯倒入鍋中，以小火煮至微滾。同時用手持攪拌器將洋蔥和一半量的芫荽葉攪打成泥。

這時把剩下的芫荽葉切細末。

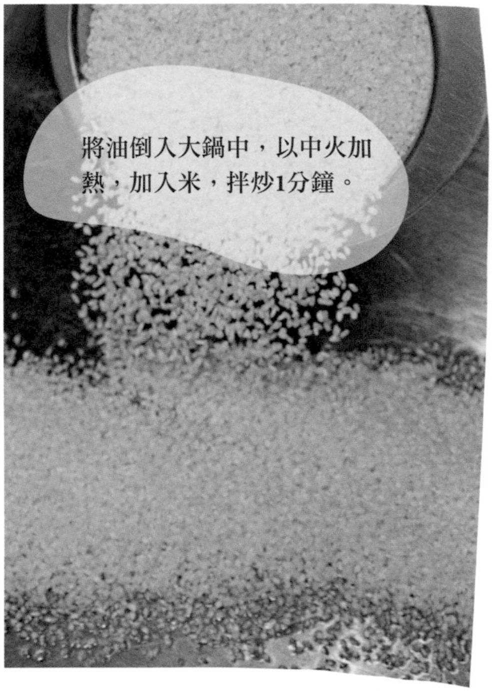

將油倒入大鍋中，以中火加熱，加入米，拌炒1分鐘。

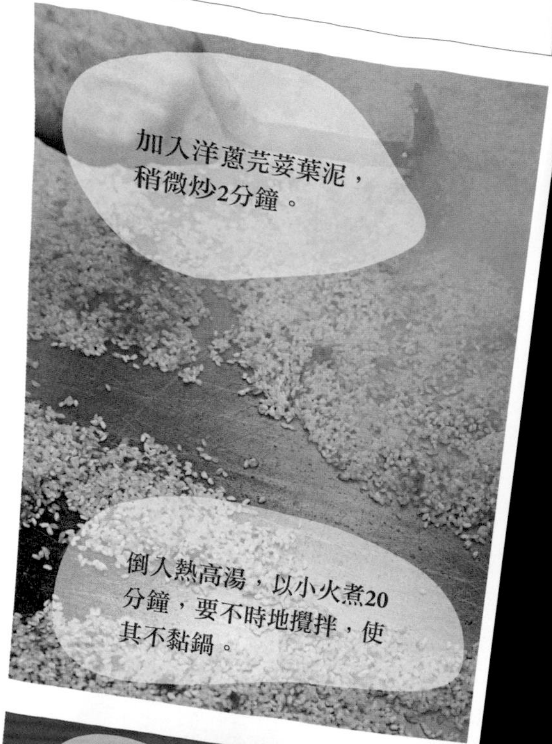

加入洋蔥芫荽葉泥，稍微炒2分鐘。
倒入熱高湯，以小火煮20分鐘，要不時地攪拌，使其不黏鍋。

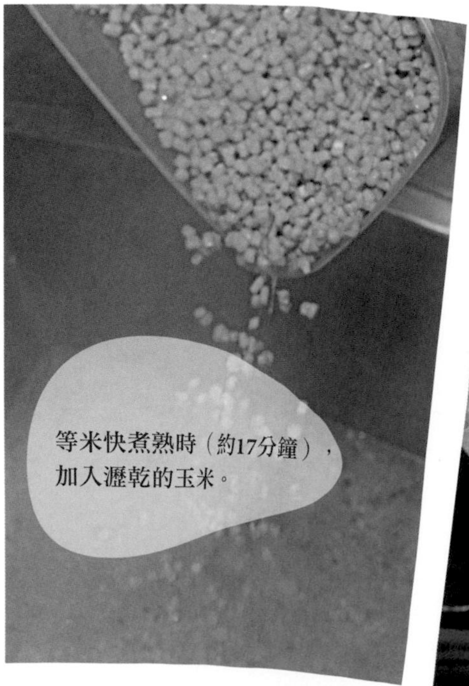

等米快煮熟時（約17分鐘），加入瀝乾的玉米。

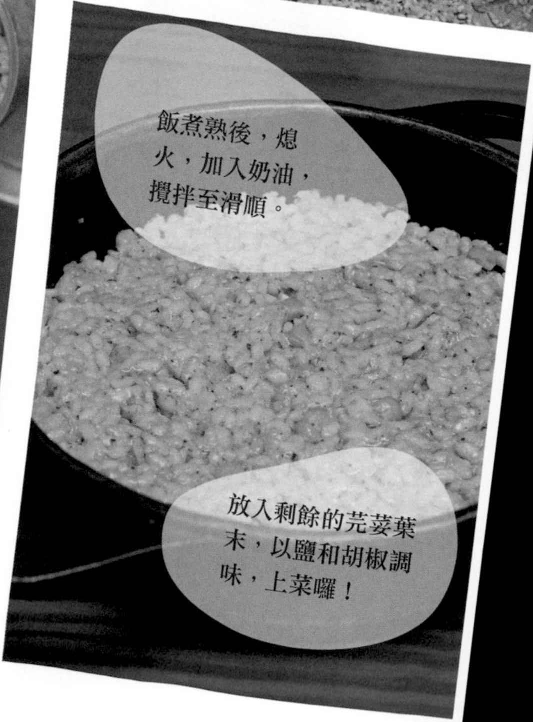

飯煮熟後，熄火，加入奶油，攪拌至滑順。
放入剩餘的芫荽葉末，以鹽和胡椒調味，上菜囉！

西瓜佐薄荷糖

我們的味覺可以感受酸、甜、苦、鹹這4種基本味道，以及「口感」上的許多細微差別。在這道甜點裡面，你會感覺到薄荷糖的清涼感和這道料理間的微妙口感。其他細微口感還包括了：澀味、辛香、辛辣、在舌尖的跳躍感。

•

如果你有真空包裝器，就能把西瓜和檸檬糖汁密封在真空袋中，使糖汁更容易滲入水果中。

	2人份	6人份	20人份	75 人份
檸檬汁	1½大匙	3大匙	300毫升	1公升
糖	2大匙	6大匙	300克	1公斤
西瓜	1片	1/2個	1½個	5個
硬薄荷糖	4個	12個	200克	750克

開始
檸檬汁過濾，加入糖，攪拌至糖溶解。

西瓜去皮、西瓜肉切4公分厚的大小。

將西瓜和檸檬糖汁裝入密封袋，或者不會因酸性而起化學反應的碗裡面，放入冰箱浸泡30分鐘。

將薄荷糖放在兩張烘焙紙之間，以擀麵棍或其他厚重的廚具碾成碎糖粉。

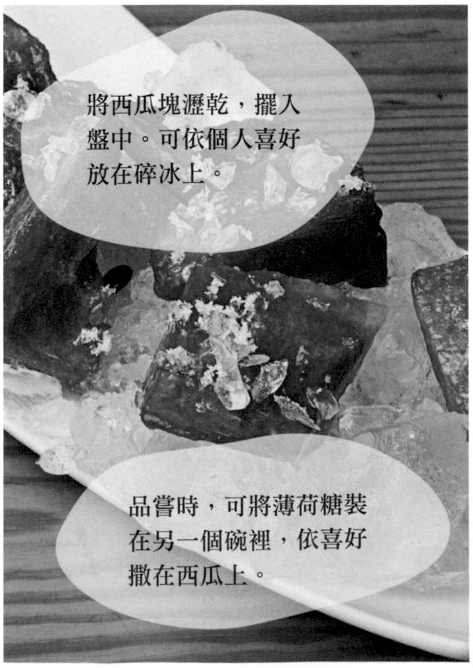

將西瓜塊瀝乾，擺入盤中。可依個人喜好放在碎冰上。
品嘗時，可將薄荷糖裝在另一個碗裡，依喜好撒在西瓜上。

–

美味套餐 19

–

羅勒蕃茄醬義大利麵

Spaghetti with tomato & basil

–

蒜香炸魚

Fried fish with garlic

–

焦糖奶泡

Caramel foam

羅勒蕃茄醬義大利麵

蒜香炸魚

材料

新鮮採購類：

* 新鮮羅勒
* 新鮮的整尾魚，先清理魚身，再清腸去肚。

食品貯存室類：

* 鹽
* 義大利麵
* 特級初榨橄欖油
* 橄欖油
* 大蒜
* 雪利酒醋
* 糖
* 虹吸瓶用氧化氮氣彈

冷藏室類：

* 鮮奶油，含脂量35%
* 帕瑪森起司
* 全脂牛奶
* 蛋

冷凍室類：

* 蕃茄醬汁（參照p.42）

焦糖奶泡

烹調流程規劃	距用餐時間（小時）
	4
	3½
	3
	2½
2小時前 製作用在奶泡的焦糖。 裝入虹吸瓶，放入冰箱或冰桶冷卻。	2
	1½
	1
30分鐘前 魚去掉頭和魚鰭。 蕃茄醬汁加熱。 炸大蒜，準備魚料理的大蒜醬汁。	½
10分鐘前 開始煮義大利麵。	
5分鐘前 煎魚。	
用餐前 瀝乾麵條，拌入油。 魚盛入盤中，鋪滿蒜片，淋上醬汁。	
	享受豐盛料理
上甜點 將焦糖奶泡注入小碗。	
	上甜點

羅勒蕃茄醬義大利麵

可以預先製作蕃茄醬汁（參照p.42）冷凍起來（也可以買優質的市售醬汁），但別忘了使用前要先解凍。

•

橄欖油除了提味，還可以讓麵條免於沾黏。尤其煮大量麵條時特別有用。

•

煮麵時，每1公升的煮麵水，要加入10克的鹽。

	2人份	6人份	20人份	75人份
蕃茄醬汁（參照p.42）	200克	600克	2公斤	7公斤
新鮮羅勒	20片	60片	60克	200克
水	600毫升	2公升	15公升	60公升
鹽	1小匙	1¼小匙	150克	600克
義大利麵	200克	600克	2公斤	7公斤
特級初榨橄欖油	3大匙	120毫升	400毫升	1.5公升
帕瑪森起司	30克	90克	600克	2公斤

開始 ➛

將蕃茄醬汁倒入鍋中，以中火加熱至小滾。

摘取羅勒葉，留最漂亮的小葉子擺盤。

蕃茄醬汁離火，拌入剩下的羅勒葉。

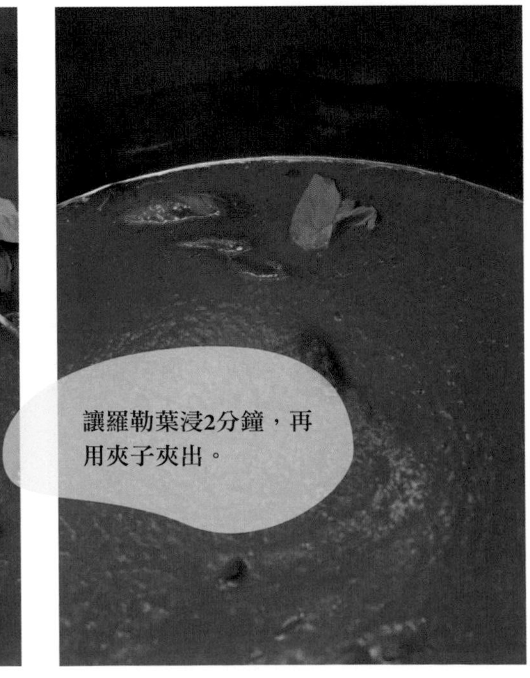
讓羅勒葉浸2分鐘，再用夾子夾出。

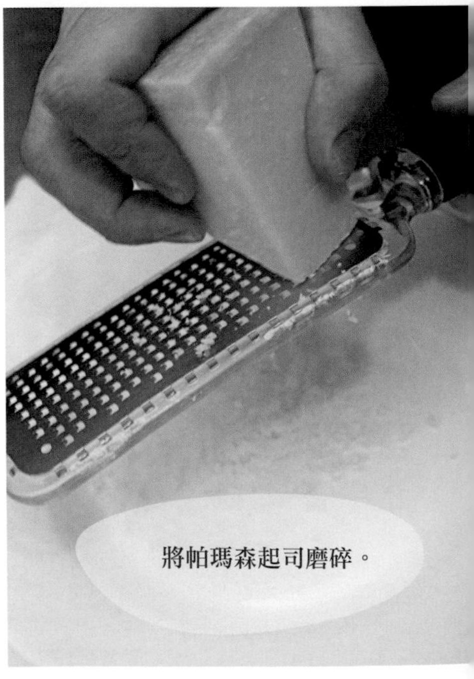
將帕瑪森起司磨碎。

取一個大鍋，加入水煮沸，再加入鹽和麵條，攪拌數次以免麵條沾黏。

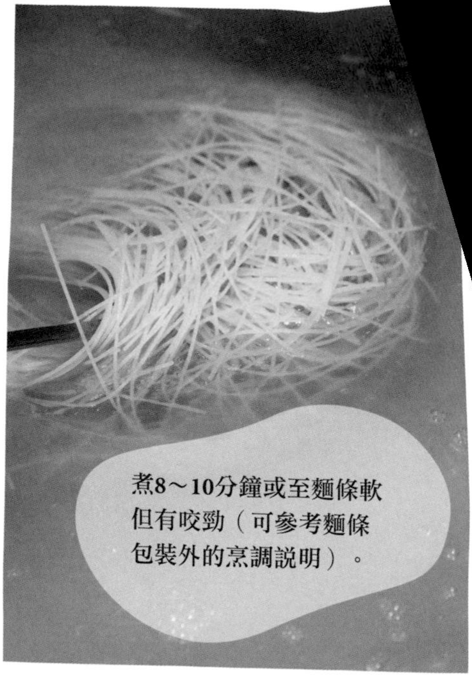
煮8～10分鐘或至麵條軟但有咬勁（可參考麵條包裝外的烹調說明）。

將麵條倒入濾鍋，瀝乾水分。

麵條放入大餐盤裡面，拌入橄欖油。

用夾子或木叉將麵條盛入盤子裡。

淋上蕃茄醬汁。

放入剩下的羅勒葉。

撒上帕瑪森起司粉，上菜囉！

蒜香炸魚

可請魚販先幫忙清理魚和清掉腸肚。

•

在鬥牛犬餐廳裡，我們是用大鐵盤來炸魚，在家可以使用大的平底鍋。

•

這道料理可用任何小型魚來烹調。如果魚身較厚的話，烹調的時間要加長，要炸到兩面都呈金黃色，中間鮮嫩多汁，才最美味。

	2人份	6人份	2[illegible]	
整尾魚，清腸去肚，每尾175～250克	2尾	6尾	20尾	75尾
蒜瓣	3瓣	9瓣	100克	375克
橄欖油	4大匙＋煎魚的油	150毫升＋煎魚的油	650毫升＋煎魚的油	2.5公升＋煎魚的油
雪利酒醋	2小匙	2大匙	150毫升	540毫升

開始 →

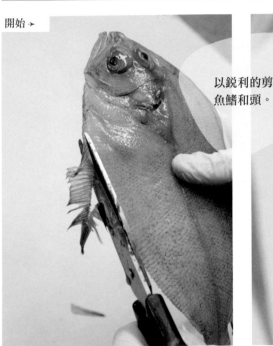

以銳利的剪刀去魚鰭和頭。

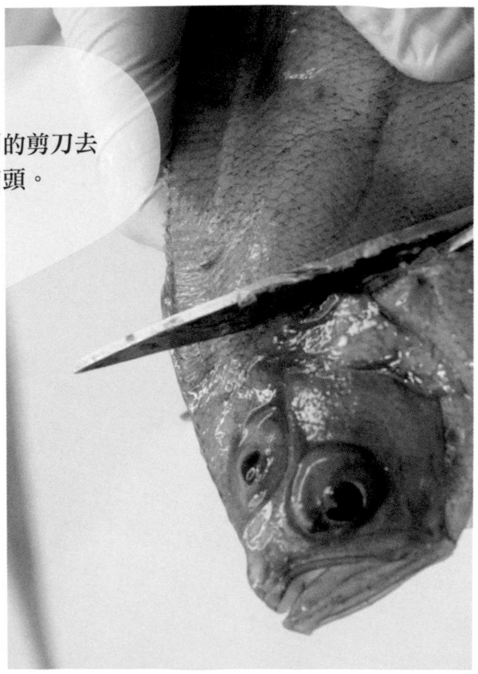

大蒜去皮，以鋒利的刀子或刨菜板切成薄片。

將油倒入小鍋子，加入蒜片。

油鍋以中火加熱，小心地將蒜片炸至呈金黃色，但不可炸焦。

以細目篩網瀝過蒜片，保留炸油。

繼續→

將蒜片放在廚房用紙巾上，
吸去多餘的油分。

等油稍微冷卻後，加
入雪利酒醋拌勻，即
成油醋醬汁。

魚以鹽調味。將大煎鍋
（或煎盤）加熱，倒入
少許油，放入魚。

魚煎1分鐘至底部呈金黃
色，用鏟子翻面。

另一面再煎1分鐘，
盛入盤中。

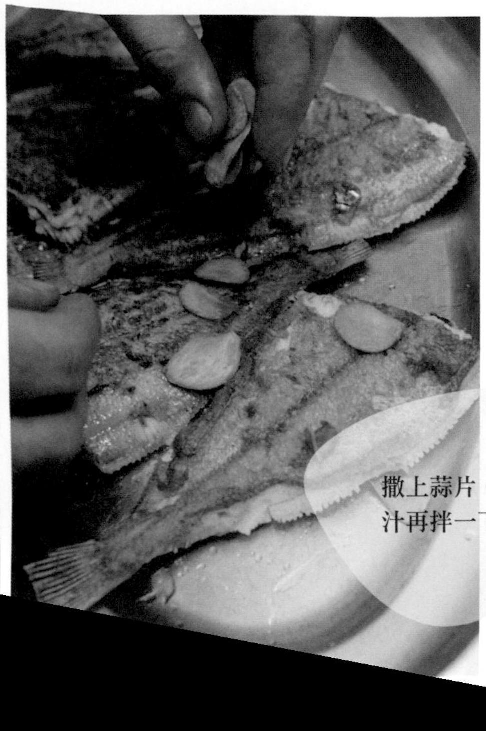
撒上蒜片。油醋醬
汁再拌一下。

淋2匙醬汁在魚上，
上菜囉！

-

焦糖奶泡

-

雖然虹吸瓶屬於餐館用器具，不過絕對值得買來在家裡使用。如果沒有虹吸瓶的話，可以改做焦糖冰淇淋。照著食譜做，然後將焦糖蛋黃液裝入製冰淇淋機冷卻。

•

可以在奶泡上加任何配料，像是焦糖醬或焦糖碎片等。

•

製作超過6～8人份的份量時，先將牛奶和鮮奶油一起加熱後再倒入焦糖裡，減少濺灑出來的情況。

	2人份	6～8人份	20人份	75 人份
糖	-	60克	160克	600克
鮮奶油，含脂量35%	-	320毫升	640毫升	2.4公升
全脂牛奶	-	6大匙	180豪升	600毫升
蛋黃	-	4顆	225克	720克
虹吸瓶氧化氮氣彈	-	2支	4支	14支

建議一次最少製作6～8人份。使用0.5公升的虹吸瓶可製作6～8人份；使用2支×1公升的虹吸瓶可製作20人份；使用7支×1公升的虹吸瓶可製作75人份。

開始 ➛

取一只寬口鍋子，加入糖，以小火加熱。等糖溶解後會出現顏色較深的焦糖。稍微攪拌，讓糖色均勻。

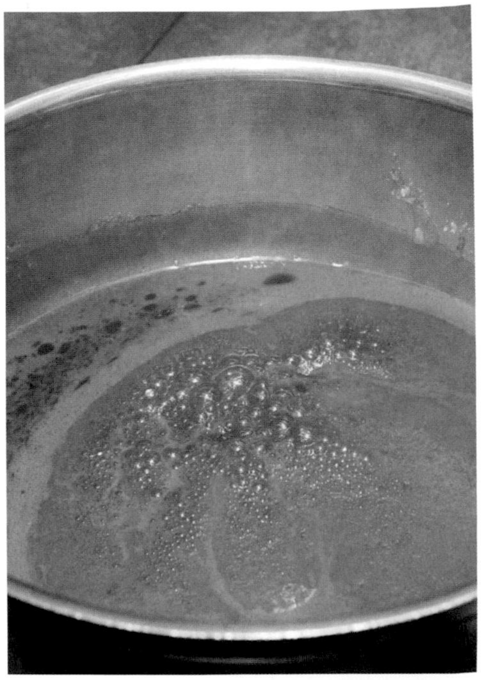

小心地倒入牛奶和鮮奶油，拌勻。

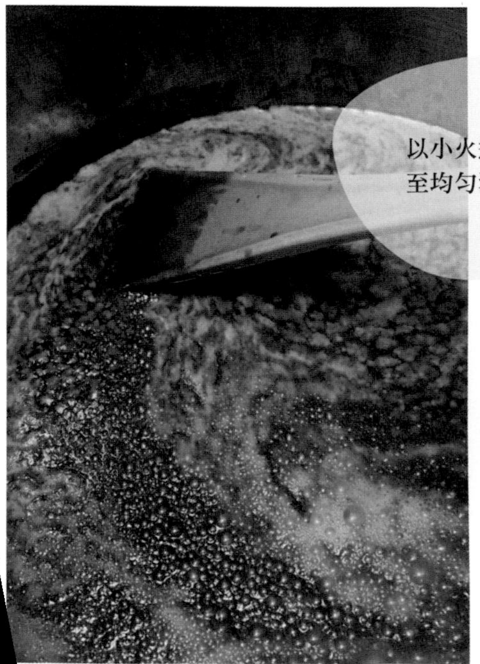

以小火煮5分鐘，攪拌至均勻滑稠，離火。

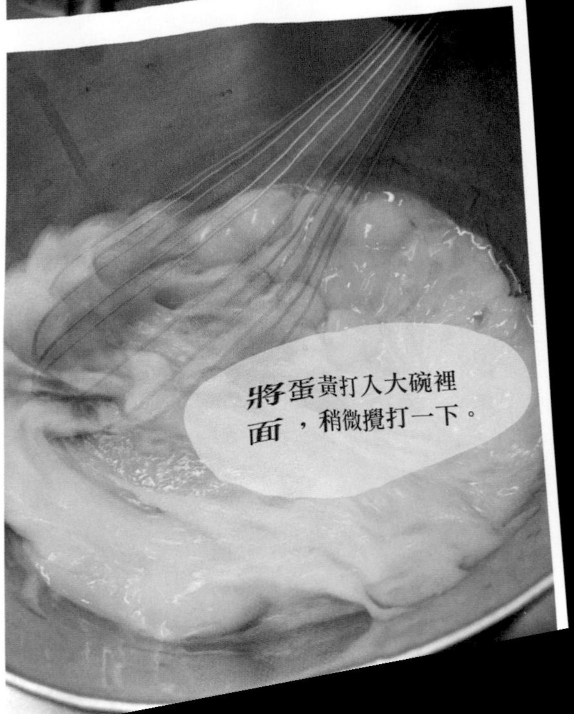
將蛋黃打入大碗裡面，稍微攪打一下。

繼續→

將焦糖液小心倒入蛋
黃中，不停地攪拌，
再倒入乾淨鍋子。

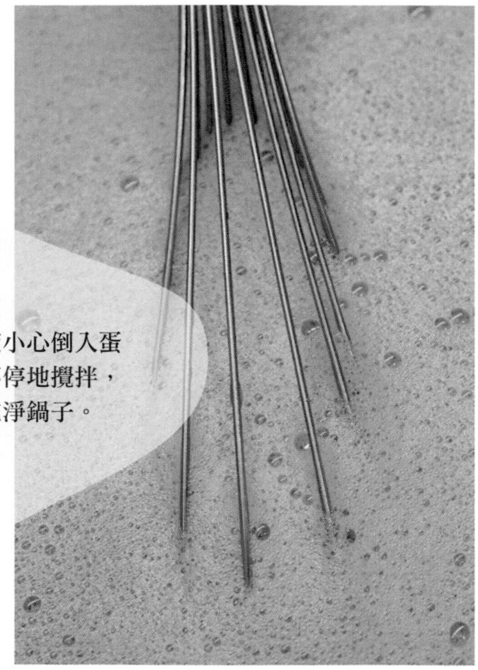

以小火慢慢加熱，繼續以
打蛋器攪拌至稍微濃稠，
不要煮沸。

以篩網過濾奶蛋液。

將氣彈插入虹吸瓶，
再倒入焦糖蛋黃液。

放入冰箱，或者以
冰桶冷卻2小時。

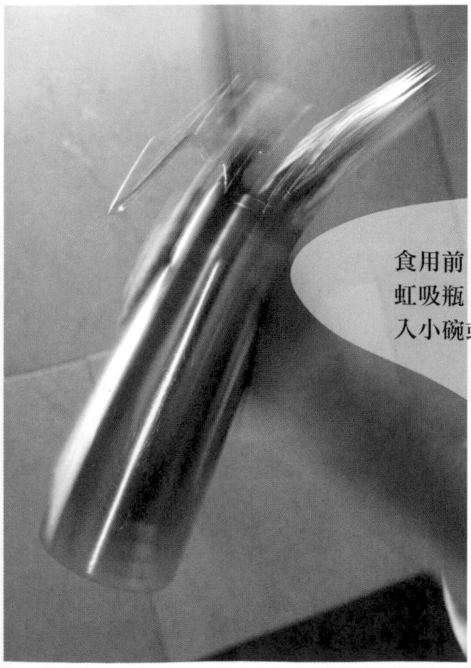
食用前，先用力搖動
虹吸瓶，再將奶泡倒
入小碗或杯子中。

可加上焦糖醬或焦
糖碎片等配料，上
菜囉！

–

美味套餐 20

–

白醬花椰菜

Cauliflower with béchamel

–

香烤豬肋排

Pork ribs with barbecue sauce

–

萊姆香蕉

Banana with lime

白醬花椰菜

材料

新鮮採購類：

* 白色花椰菜
* 豬肋排
* 柳橙
* 香蕉
* 萊姆

食品貯存室類：

* 麵粉
* 洋蔥
* 丁香
* 乾燥月桂葉
* 白胡椒粒
* 肉荳蔻粉
* 特級初榨橄欖油
* 鹽
* 烤肉醬
* 糖

冷藏室類：

* 帕瑪森起司
* 全脂牛奶
* 奶油

香烤豬肋排

萊姆香蕉

烹調流程規劃

距用餐時間（小時）

4

3½

3

2½

2小時前 — 2
製作搭配香蕉的糖水，置涼。

1½小時前 — 1½
豬肋排放入烤箱烤。

1小時前 — 1
將香蕉切片浸在糖水裡，再放入冰箱入味。

製作白醬。

30分鐘前 — ½
切花椰菜，燙熟瀝乾水分。

5分鐘前
花椰菜淋上白醬，放入烤箱烤。

切肋排，撒上柳橙碎皮。

享受豐盛料理

上甜點前
將香蕉和些許糖漿舀入碗裡。

上甜點

白醬花椰菜

煮2人份的白醬時，可以省略洋蔥和丁香，並把烹調時間縮短為5～10分鐘。

	2人份	6人份		
全脂牛奶	300毫升	900毫升	3公升	[illegible]
奶油	2小匙	2大匙	100克	375克
麵粉	2小匙	2大匙	100克	375克
小洋蔥	-	1個	1個	1個
丁香	-	1顆	2顆	6顆
乾燥月桂葉	1/4片	½片	3片	6片
現磨白胡椒粉	1小撮	2小撮	0.3克	1克
肉豆蔻粉	1小撮	2小撮	0.3克	1克
白色花椰菜	1/2個	1½個	4個	15個
特級初榨橄欖油	10毫升	25毫升	80毫升	300毫升
現磨帕瑪森起司粉	40克	120克	400克	1.5公斤

開始→

將牛奶倒入醬汁鍋中煮沸，同時在另一鍋中放入奶油，以中火融化奶油。

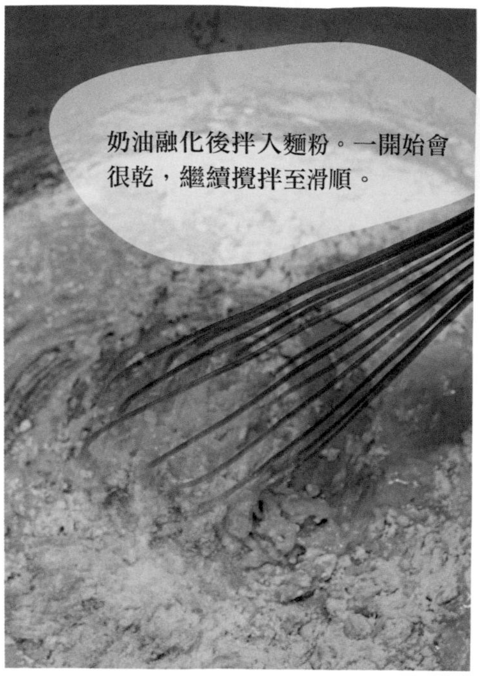

奶油融化後拌入麵粉。一開始會很乾，繼續攪拌至滑順。

牛奶煮沸後，慢慢倒入奶油麵粉中，不停攪拌，避免凝塊。

將丁香插入洋蔥，和乾燥月桂葉、肉豆蔻粉加入醬汁中。

以小火煮20分鐘，不停攪拌，以免凝結。

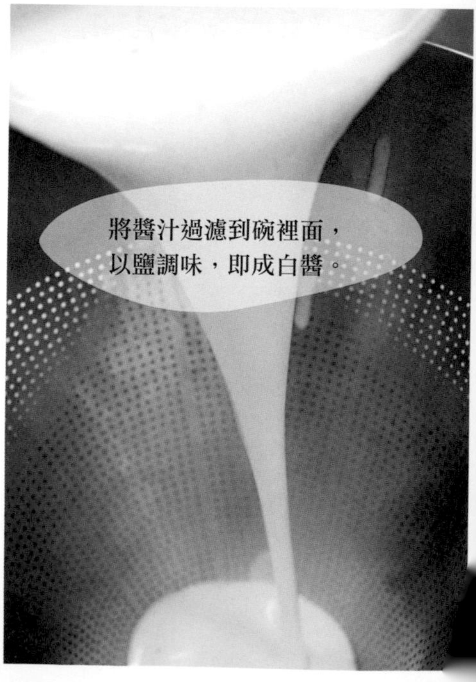

將醬汁過濾到碗裡面，以鹽調味，即成白醬。

準備白色花椰菜，
切下菜葉和菜心。

將花椰菜（花朵部分）
切成3公分大小。

備一個大鍋，倒入水煮
沸，放入花椰菜，煮8分
鐘或剛好熟透。

撈起瀝乾，小心不要弄傷
易碎的花椰菜。

以鹽、白胡椒粉和特級初
榨橄欖油調味。

將1大勺白醬舀入大耐熱烤盤
裡面，擺上花椰菜，再倒入
剩下的醬汁。

將烤箱設定在高溫，在花椰
菜上撒帕瑪森起司粉。

放入烤箱烤數分鐘至起
司呈金黃色，烤盤邊緣
的醬汁冒泡即可。

香烤豬肋排

喜歡自製烤肉醬的話，可參照p.48。

	2人份	6人份	20人份	75 人份
整付豬肋排，每付1.5公斤	1/3付（6支肋排）	1付	4付	15付
鹽	1小撮	2小撮	4克	14克
烤肉醬，市售或自製（參照p.48）	100克	300克	1公斤	3.5公斤
水	100毫升	300毫升	1公升	3.5公升
柳橙	1/2個	1個	2個	4個

開始→

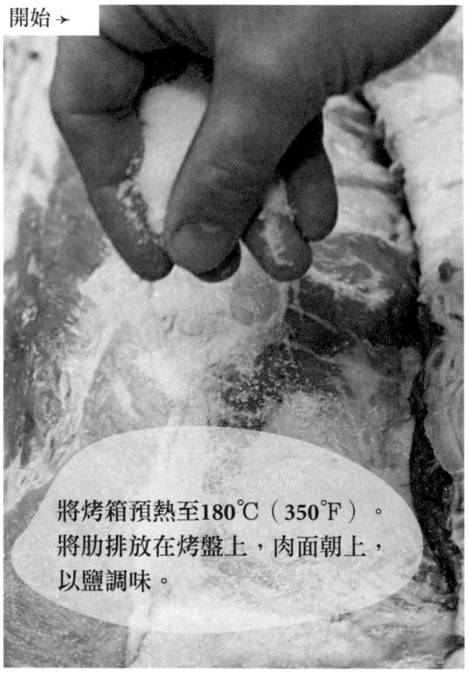

將烤箱預熱至180℃（350℉）。
將肋排放在烤盤上，肉面朝上，
以鹽調味。

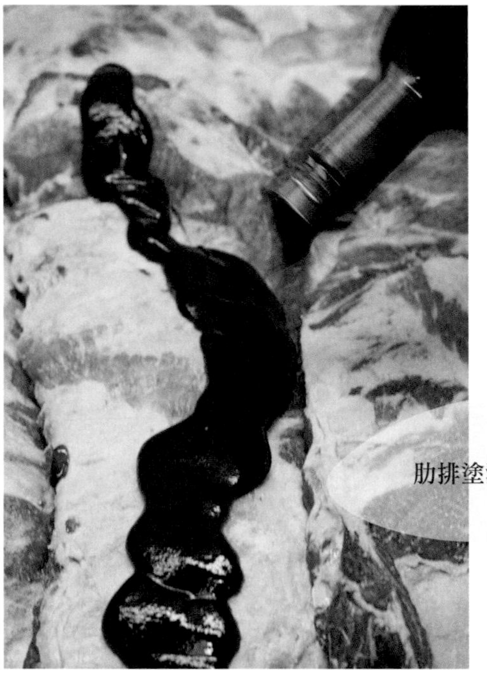

肋排塗滿烤肉醬。

倒入水稍微稀釋烤肉醬。

以鋁箔紙包住烤盤。

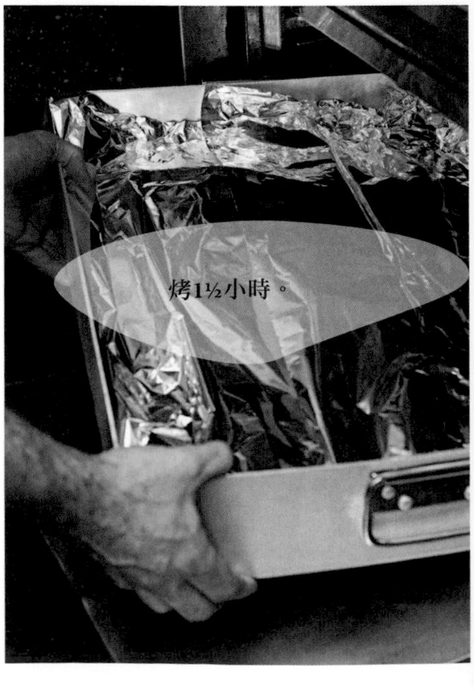

烤1½小時。

繼續➝

每20分鐘在肋排上塗醬汁，
保持肉的嫩度。

等肋排烤至焦黃，
肉和骨頭分離時就
是熟了。

等烤熟後，取出肋排切
塊，盛入盤中。

以刨刀刨柳橙皮細
絲，放在肋排上面，
上菜囉！

-

萊姆香蕉

-

在某些不易取得新鮮當令水果的時候，可以改用這道簡單的食譜來製作美味的甜點。

•

在家中宴客時，可以在糖水中加一些蘭姆酒，用來代替部分的水。依照2人份、6人份、20人份及75人份的情況，分別以1小匙、30毫升、100毫升及375毫升的酒取代等量的水，總液體的量不變。

•

糖水冷卻後，可放肉桂棒或香草莢。

	2人份	6人份	20人份	75 人份
糖	2大匙	80克	500克	1.5公斤
水	3大匙	150毫升	750毫升	2公升
香蕉	2根	6根	20根	75根
萊姆	1/2個	2個	8個	16個

開始→

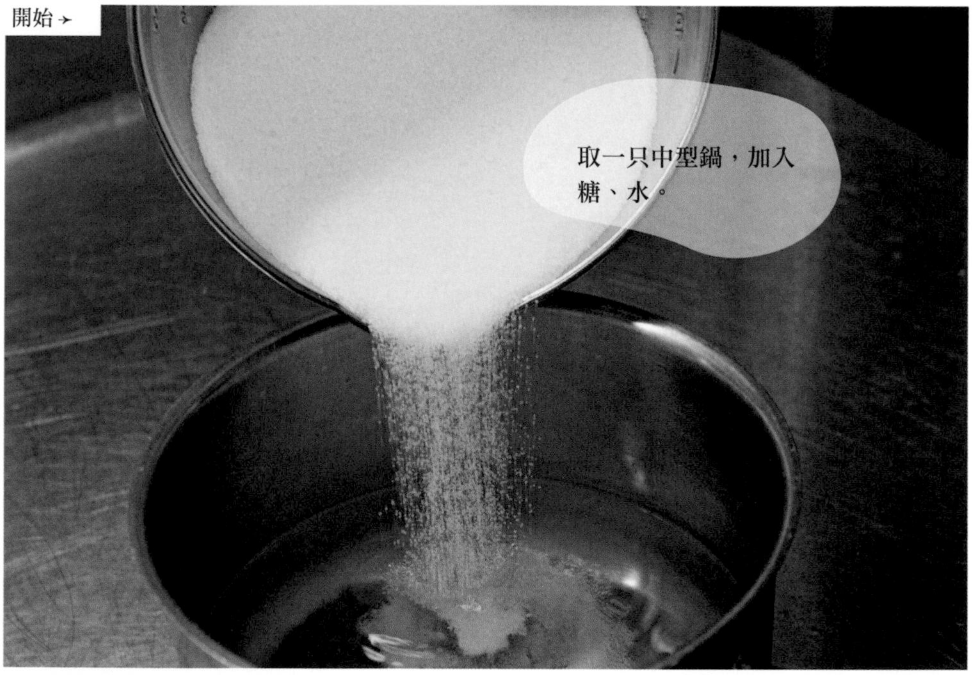

取一只中型鍋，加入糖、水。

以小火加熱至糖溶解，倒入淺盤，放涼。

將刨好的萊姆皮細絲加入糖水。

繼續 →

擠萊姆汁至糖汁中，拌勻。

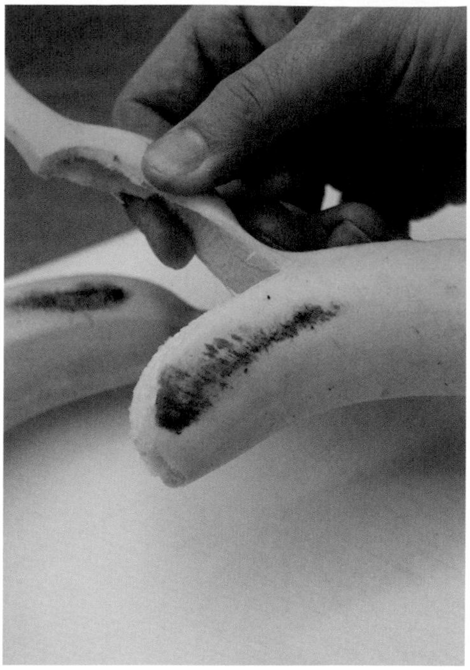
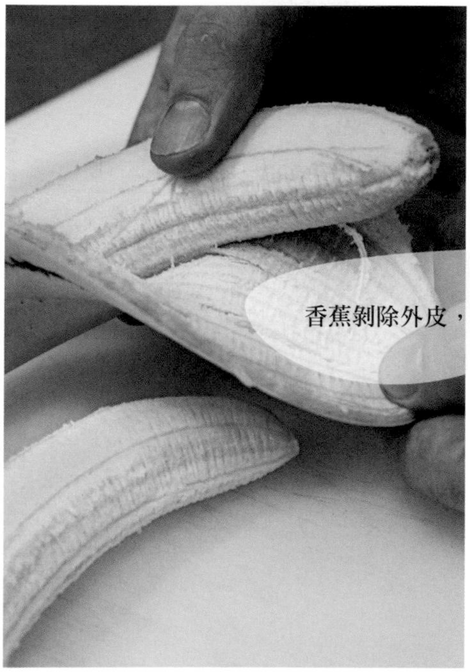

香蕉剝除外皮，切薄片。

將香蕉片浸在糖水中，
放入冰箱冷卻1小時。

取出，將香蕉片盛在
小碗裡面，淋1～2匙
糖水，上菜囉！

–

美味套餐 21

–

西班牙蔬菜冷湯

Gazpacho

–

烏賊黑米飯

Black rice with cuttlefish

–

巧克力橄欖油烤麵包

Bread with chocolate & olive oil

材料

新鮮採購類：
* 小黃瓜
* 紅椒
* 熟透蕃茄
* 白鄉村麵包
* 新鮮烏賊，清理，盡量保留墨汁。

食品貯存室類：
* 大蒜
* 洋蔥
* 特級初榨橄欖油
* 橄欖油
* 雪利酒醋
* 鹽
* 黑胡椒
* 烤麵包丁
* 西班牙飯用米（Paella rice）
* 黑巧克力，含60%可可
* 片狀海鹽

冷藏室類：
* 美乃滋

冷凍室類：
* 魚高湯（參照p.56）
* 西班牙風味蕃茄洋蔥醬汁（參照p.43）
* 烏賊墨汁（有無皆可，參照p.272）
* 加泰隆尼亞風味醬汁（參照p.41）

西班牙蔬菜冷湯

烏賊黑米飯

巧克力橄欖油烤麵包

烹調流程規劃

45分鐘前
製作冷湯，放入冰箱冷卻。

25分鐘前
烏賊切塊，高湯加熱。

20分鐘前
開始煮黑米飯。

煮飯時刨碎巧克力。

用餐前
在冷湯裡面滴幾滴橄欖油，烘烤麵包丁。

上甜點前
先烤麵包，然後加巧克力、橄欖油和鹽。

距用餐時間（小時）

4

3½

3

2½

2

1½

1

½

享受豐盛料理

上甜點

西班牙蔬菜冷湯

蔬菜冷湯可以先做好冷凍起來，等前一晚放在冰箱解凍。

•

一般食譜沒有加美乃滋，但我們喜歡加在湯裡的香醇口感。

•

2人份需準備蕃茄4個、小黃瓜和小紅椒各1個。6人份則需準備蕃茄12個，小黃瓜和紅椒各1個。

	2人份	6人份	20人份	75人份
蒜瓣	1瓣	3瓣	50克	150克
洋蔥	1個	2個	120克	400克
小黃瓜	20克	60克	200克	800克
紅椒	25克	75克	300克	1公斤
熟蕃茄	320克	1公斤	3.2公斤	12公斤
500克重白鄉村麵包（去皮）	10克	30克	80克	300克
水	4大匙	120毫升	400毫升	1.5公升
橄欖油（加上食用時的部分）	3大匙	6大匙	600毫升	2公升
雪利酒醋	2小匙	2大匙	5大匙	300毫升
美乃滋	2小匙	1大匙	150克	500克
烤麵包丁（參照p.52）	40克	120克	400克	1.5公斤

開始 →

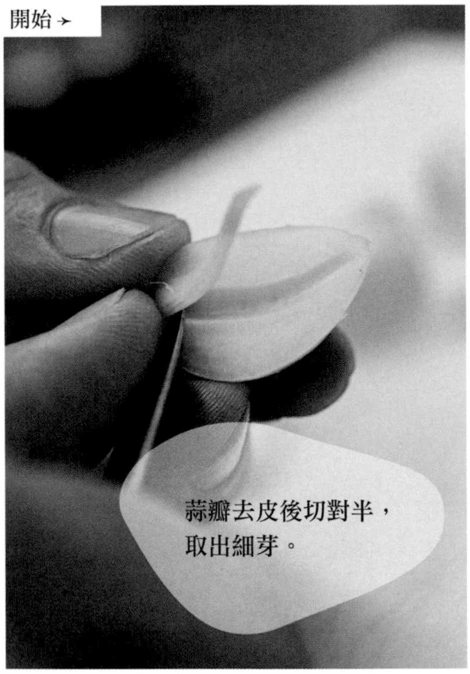

蒜瓣去皮後切對半，取出細芽。

取一個小醬汁鍋，倒入冷水，放入蒜瓣。

將水煮沸。

等水快沸騰時，撈出蒜瓣，放入冰水中冰鎮。重複這個動作2次，每次都從冷水開始煮。

洋蔥去皮後切對半，然後切大塊。

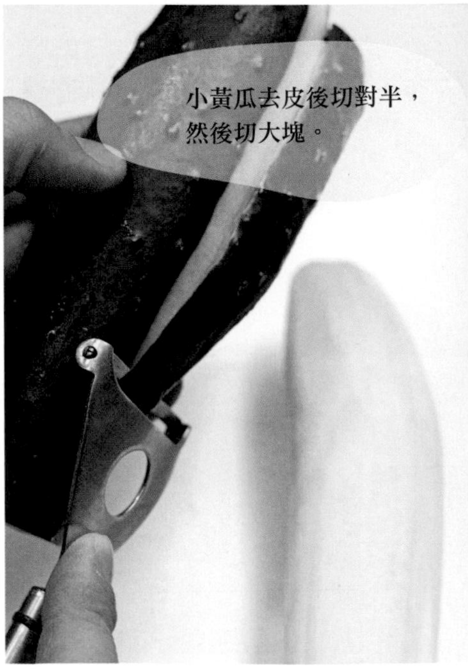

小黃瓜去皮後切對半，然後切大塊。

繼續→

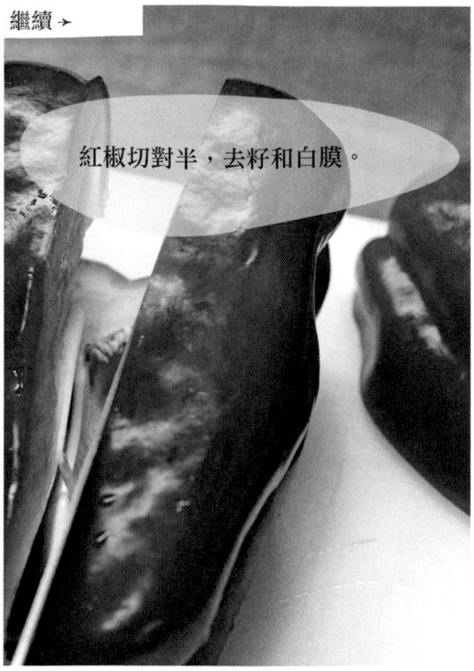
紅椒切對半，去籽和白膜。

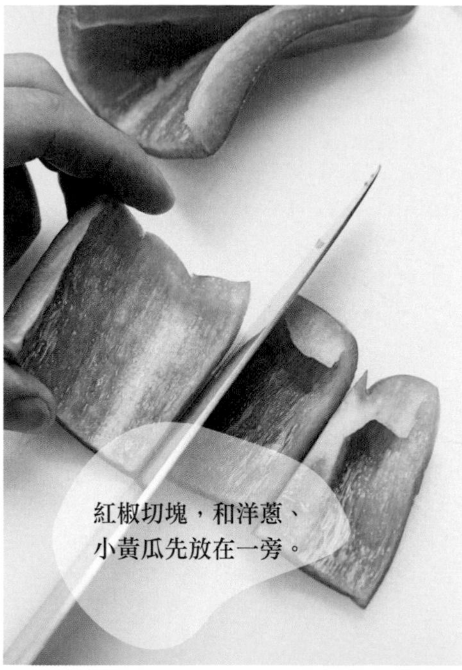
紅椒切塊，和洋蔥、
小黃瓜先放在一旁。

蕃茄切塊，和紅椒、洋
蔥和小黃瓜、大蒜一起
放入大碗裡面。

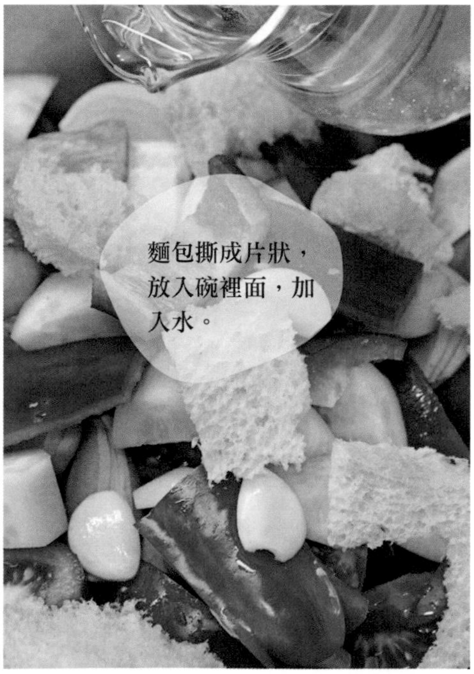
麵包撕成片狀，
放入碗裡面，加
入水。

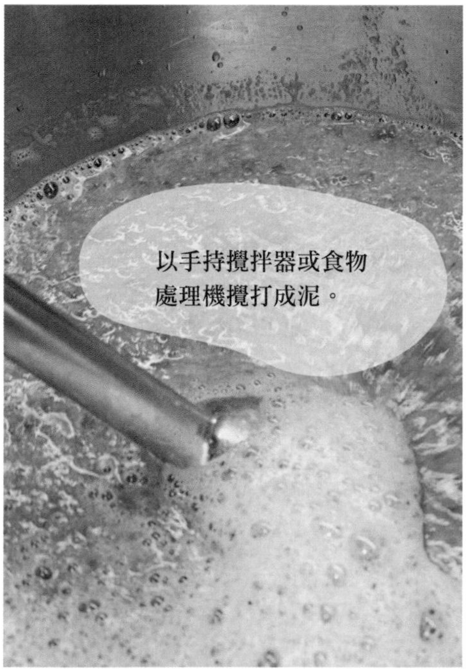
以手持攪拌器或食物
處理機攪打成泥。

用濾網過濾。

加入橄欖油、雪利酒
醋和美乃滋，攪拌或
攪打至滑順。

以鹽和胡椒調味，放入冰
箱冷藏（至少2小時）。

盛入湯碗中，加入烤
麵包丁，再滴幾滴橄
欖油，上菜囉！

烏賊黑米飯

可請魚販先處理烏賊，保留墨汁袋和墨腺，留到烹調最後使用。市面上也有販賣瓶裝的烏賊墨汁。

•

這道菜最適合搭配1匙大蒜蛋黃醬（參照p.53）食用，更添風味。

	2人份	6人份	20人份	75 人份
新鮮烏賊，清理過	200克	600克	2公斤	7公斤
魚高湯（參照p.56）	600毫升	1.8公升	6公升	22公升
橄欖油	1½大匙	5大匙	200毫升	750毫升
蕃茄洋蔥醬汁（參照p.43）	1½大匙	80克	300克	1公斤
西班牙米（Paella rice）	200克	600克	2公斤	7公斤
烏賊墨汁（有無皆可）	10克	20克	60克	200克
加泰隆尼亞風味醬汁（參照p.41）	2小匙	2大匙	120克	400克

開始 →

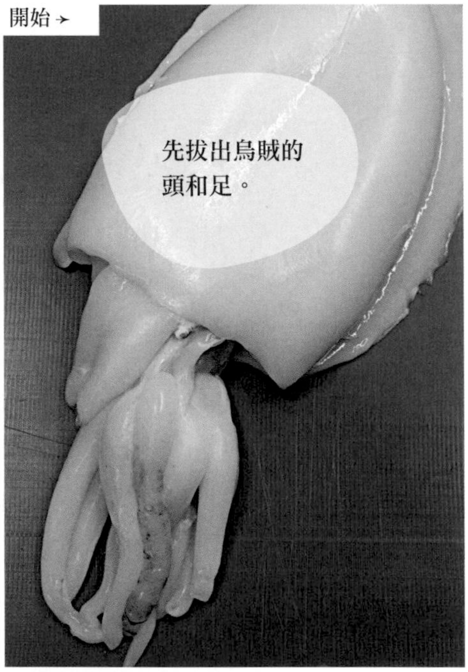

先拔出烏賊的頭和足。

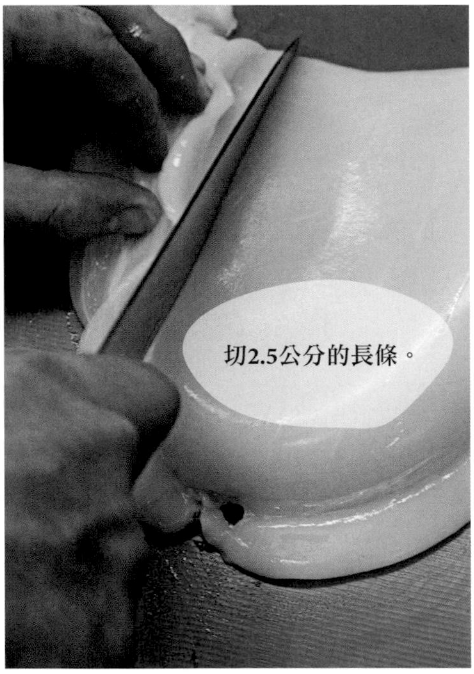

切2.5公分的長條。

再切2.5公分的塊狀。

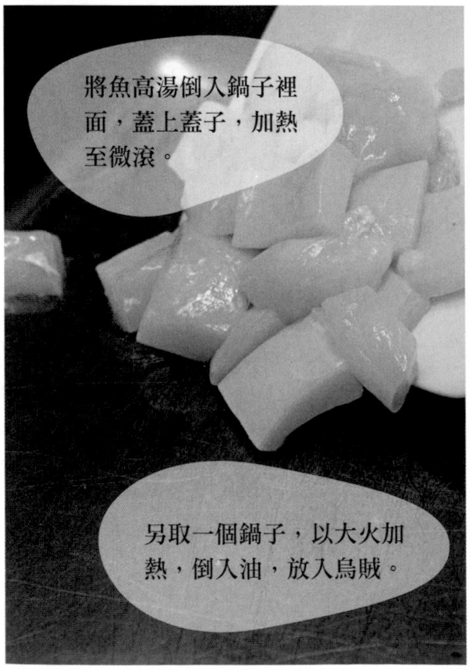

將魚高湯倒入鍋子裡面，蓋上蓋子，加熱至微滾。
另取一個鍋子，以大火加熱，倒入油，放入烏賊。

炒2分鐘至部分呈金黃色。

倒入蕃茄洋蔥醬汁，以中火煮10分鐘。如果醬汁開始沾鍋，可加入1小匙水。

繼續→

加入米，拌入烏賊，
翻炒10分鐘。

轉大火，加入1勺魚高湯，
不停地攪拌至高湯被完全吸
收，再加入1勺魚高湯，重
複加高湯並攪拌5分鐘。

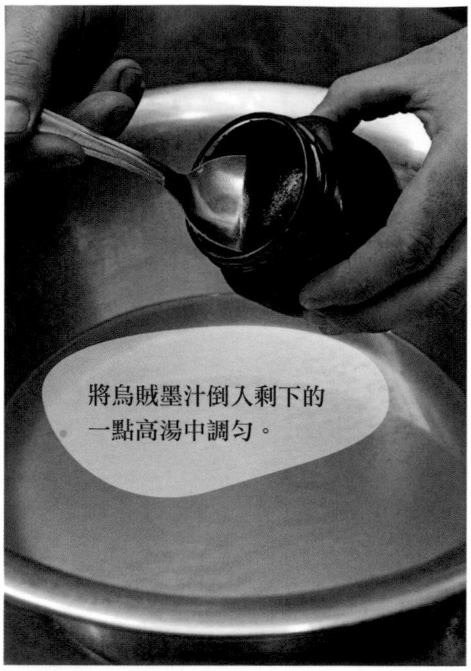
將烏賊墨汁倒入剩下的
一點高湯中調勻。

調好的墨汁加入飯中，
再倒入剩下的高湯。

再煮12分鐘，不時地攪拌。

倒入加泰隆尼亞風味
醬汁，再煮2分鐘或至
米吸收了所有汁液，
且剛剛好煮熟。

以鹽調味，上菜囉！

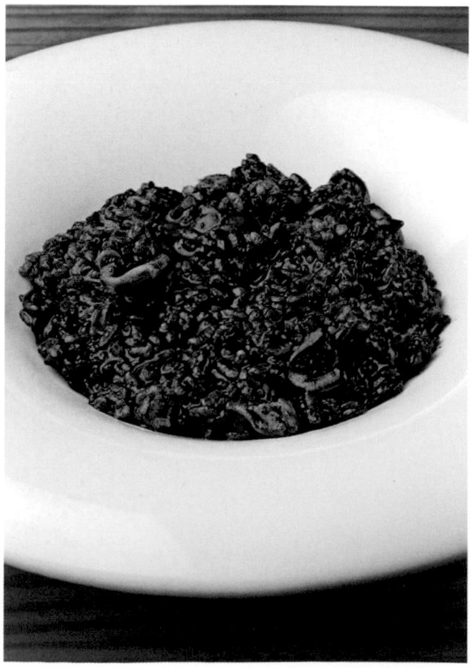

巧克力橄欖油烤麵包

在西班牙的加泰隆尼亞，巧克力烤麵包是很受歡迎的甜點。在鬥牛犬餐廳裡，我們會再加入橄欖油和鹽食用。

	2人份	6人份	20人份	75 人份
500克重的白鄉村麵包，切成每片50克	2片	6片	2條	8條
黑巧克力，含60%可可	60克	175克	600克	2公斤
特級初榨橄欖油	1½大匙	4大匙	200毫升	750毫升
片狀海鹽	1小撮	½小匙	2小匙	40克

開始 ➝

將烤箱預熱至160℃（325℉）。

在盤子上以刨刀粗刨巧克力。

將麵包片排在烤盤或耐熱餐盤上。

繼續 →

放入燒烤箱烤至兩面
都呈金黃色。

將巧克力鋪在熱麵包
片上，要鋪滿。

在巧克力上淋些橄欖油，再
撒上片狀海鹽，上菜囉！

–

美味套餐 22

–

豌豆火腿

Peas & ham

–

香烤全雞佐馬鈴薯條

Roast chicken with potato straws

–

鳳梨佐萊姆糖蜜

Pineapple with molasses & lime

豌豆火腿

烤雞佐馬鈴薯條

材料

新鮮採購類：

* 鹽漬火腿
* 火腿肥肉
* 新鮮薄荷
* 整隻雞
* 檸檬
* 鳳梨
* 萊姆

食品貯存室類：

* 橄欖油
* 肉桂皮
* 洋蔥
* 乾燥月桂葉、迷迭香和百里香
* 黑胡椒粒
* 大蒜
* 白酒
* 鹽
* 馬鈴薯條
* 糖蜜

冷凍室類：

* 冷凍豌豆
* 火腿高湯（參照p.59）

鳳梨佐萊姆糖蜜

烹調流程規劃	距用餐時間（小時）
	4
	3
	3
	2
	2
1½小時前 塗抹、塞餡料和烤雞。	1½
1小時前 將雞翻面。	1
30分鐘前 開始煮豌豆。 鳳梨切片，擺入盤中。	½
10分鐘前 開始烹調醬汁。 切雞。	
用餐前 將豌豆煮好，上菜。 將雞擺入盤中，淋上醬汁。	
	享受豐盛料理
上甜點前 在鳳梨上加點萊姆碎皮、萊姆汁和糖蜜。	上甜點

豌豆火腿

白毛豬火腿（Serrano）、黑毛豬火腿（Iberica）、巴約納（Bayonne）、帕瑪（Parma）或任何鹽漬火腿都可以用在這道料理中。如果買不到火腿脂肪的話，可用義大利培根（pancetta）取代。

•

火腿高湯可用蔬菜、雞或肉高湯（參照p.59）代替。

•

在豌豆盛產的季節，可用新鮮豌豆來烹調，不過價格可能比冷凍的貴。仍可照著這道食譜烹調，但烹調時間要減少4分鐘。

	2人份	6人份	20人份	75 人份
橄欖油	2小匙	2大匙	3大匙	150毫升
小顆洋蔥，切細絲	1顆	3顆	300克	1公斤
鹽漬火腿，切細絲	2片	6片	300克	1公斤
火腿肥肉	10克	25克	120克	425克
冷凍豌豆	300克	900克	3公斤	10公斤
肉桂棒	1根	2根	0.7克	2.5克
新鮮薄荷	1株	3株	25克	85克
火腿高湯（參照p.59）	5大匙	120毫升	400毫升	1.5公升

開始 →

將油倒入大平底煎鍋，加熱，放入洋蔥，以小火炒10分鐘至洋蔥絲變軟。

火腿切3公分的長條。

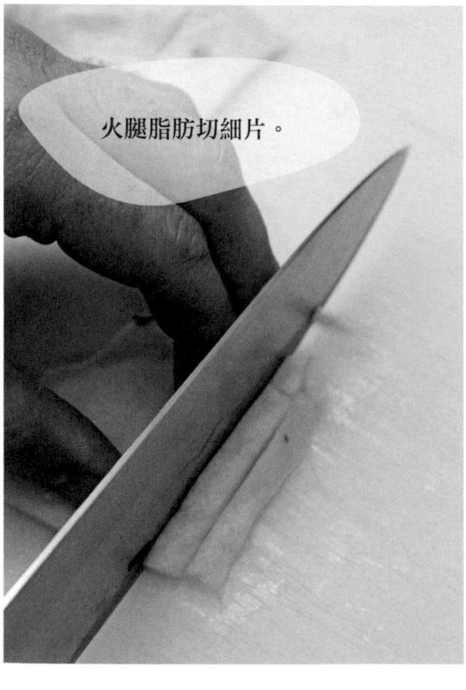

火腿脂肪切細片。

將火腿和脂肪放入炒洋蔥中。

繼續 →

稍微炒2分鐘，或者炒至
脂肪融化、火腿和洋蔥
呈金黃色。

加入冷凍豌豆，
再煮4分鐘。

放入肉桂棒和薄荷，
蓋上蓋子，以中火煮
5分鐘。

倒入火腿高湯，蓋
上蓋子，熬煮5分
鐘至豌豆熟軟。

熄火，蓋上蓋子，
放置5分鐘。
取出1/10量的豌豆，以手
持攪拌器攪打至滑順。

將碗豆泥倒回豌
豆中，讓醬汁更
香稠。

仔細地拌勻。

以鹽調味，盛在湯盤上，
上菜囉！

香烤全雞佐馬鈴薯條

這道菜的加泰隆尼亞名是pollo a l'ast，是一道利用檸檬和香草來串燒烤雞的傳統料理。

•

一隻雞可供4人食用。如果是要烹調2人份，吃不完的可以放到隔天製作沙拉。

•

綜合乾香草必須製作6～8人份以上的份量，少於這個份量就很難製作，建議做好可以久存於密封容器中。

	4人份	6～8人份	20人份	75 人份
乾燥月桂葉	-	3克	10克	25克
乾燥迷迭香	-	40克	100克	325克
乾燥百里香	-	15克	40克	150克
黑胡椒粒	-	1/2小匙	6克	20克
整隻雞，每隻2公斤重	1隻	2隻	5隻	19隻
橄欖油	1大匙	2大匙	180毫升	650毫升
檸檬	1顆	2顆	5顆	19顆
蒜瓣	2瓣	4瓣	40克	150克
白酒	2大匙	4大匙	60毫升	200毫升
水	3大匙	6大匙	120毫升	450毫升
鹽	5克	10克	25克	100克
馬鈴薯條	1包（約100克）	200克	500克	1.5公斤

開始 →

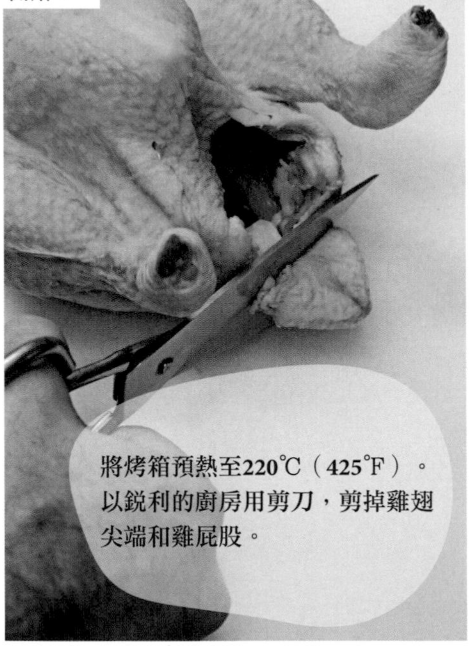

將烤箱預熱至220℃（425℉）。以銳利的廚房用剪刀，剪掉雞翅尖端和雞屁股。

將雞放在烤盤上，裡外都撒上鹽，再抹油，最後以刨刀刨檸檬皮細絲，放在雞胸和雞腿上。

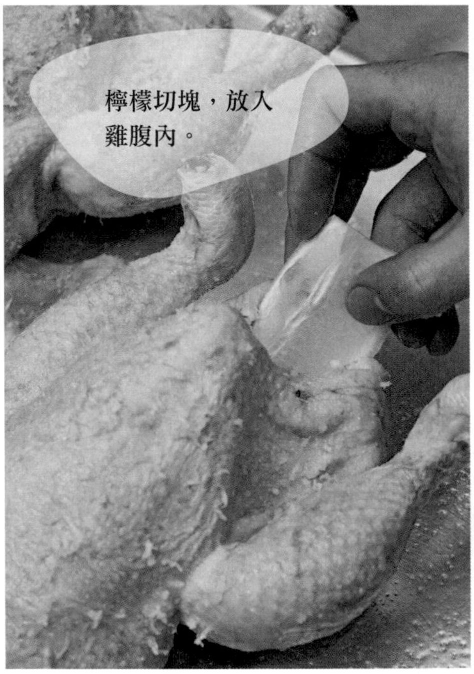

檸檬切塊，放入雞腹內。

將月桂葉、迷迭香、百里香和黑胡椒粒放入食物處理機或果汁機，攪打成細粉。

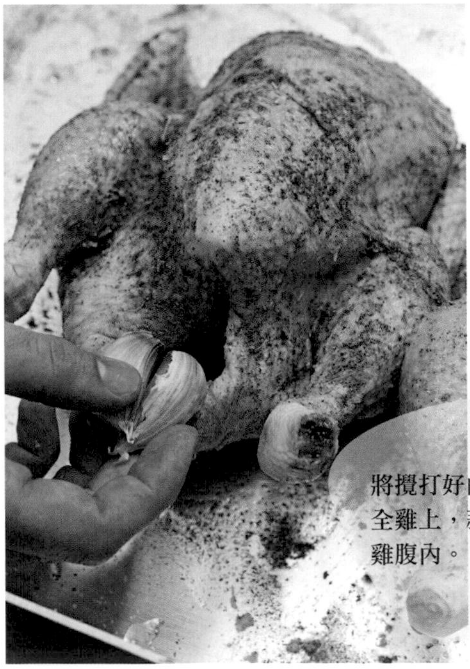

將攪打好的香草末抹在全雞上，蒜瓣連皮塞入雞腹內。

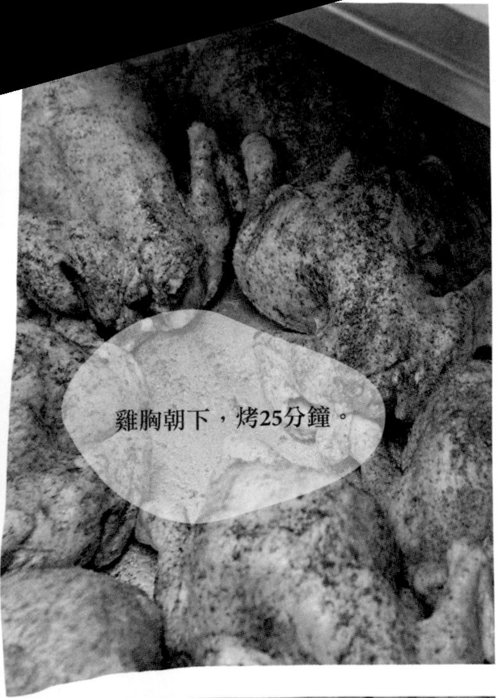
雞胸朝下，烤25分鐘。

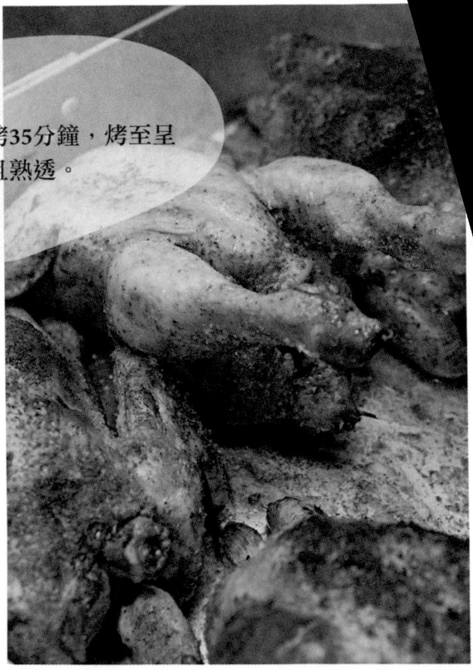
翻面再烤35分鐘，烤至呈金黃色且熟透。

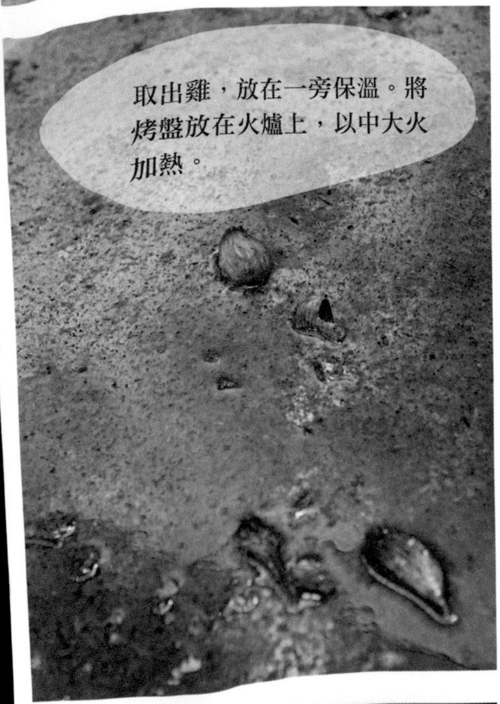
取出雞，放在一旁保溫。將烤盤放在火爐上，以中大火加熱。

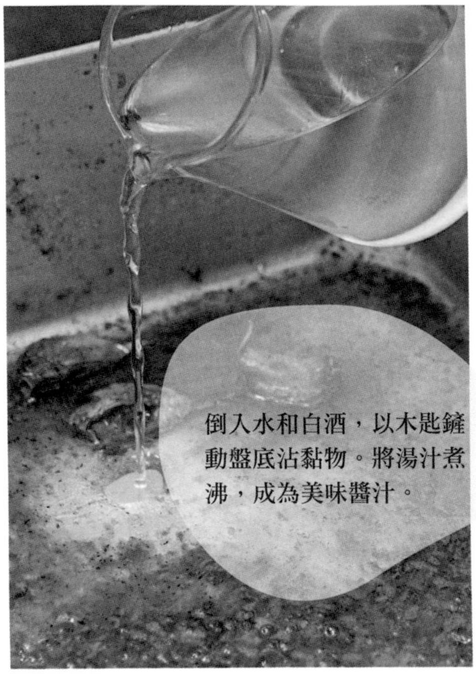
倒入水和白酒，以木匙鏟動盤底沾黏物。將湯汁煮沸，成為美味醬汁。

雞切塊後盛入盤中。

也可以擺上整隻雞食用。
淋上醬汁，搭配馬鈴薯條食用。

鳳梨佐萊姆糖蜜

可依個人喜好，以蜂蜜或黑甘蔗糖汁替代糖蜜。

•

簡易的做法：先切去鳳梨頂部、底部，再切成4片，去掉鳳梨心，連皮一起上菜。

•

中心的葉片可輕易拔起的鳳梨，才是熟的鳳梨。

	2人份	6人份	20人份	75[illegible]
鳳梨	1/2個	1個	3個	6個
萊姆	1/2個	1½個	3個	8個
糖蜜	1½大匙	4大匙	225克	800克

開始 →

切去鳳梨的頂部、底部。

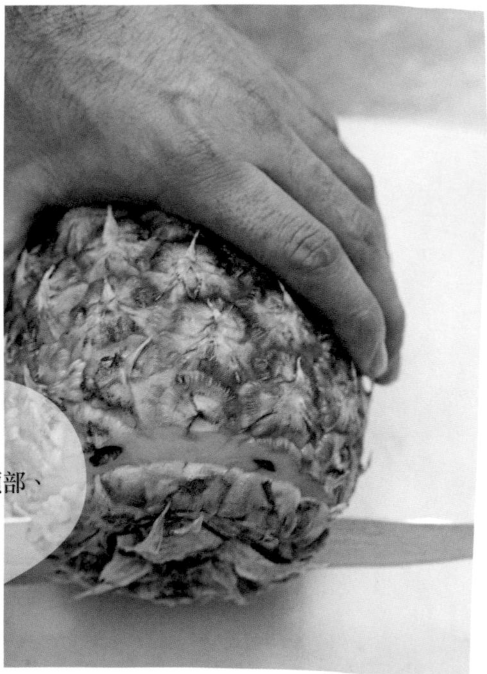

切掉皮和近皮0.5公分的果肉

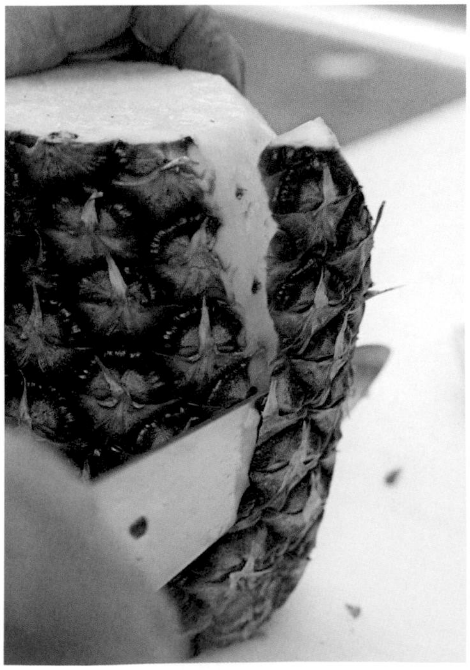

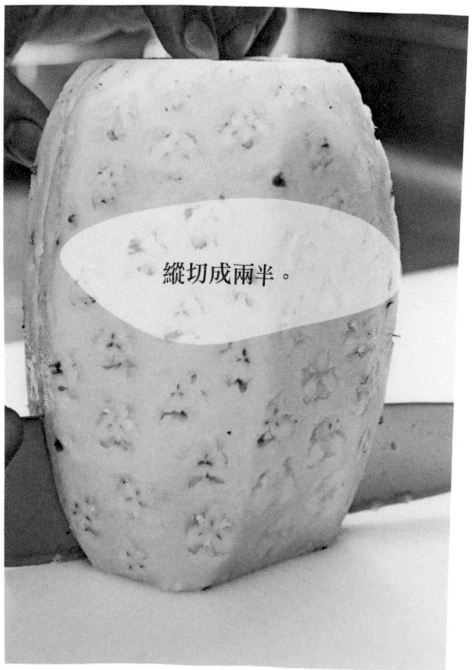
縱切成兩半。

再各切對半。

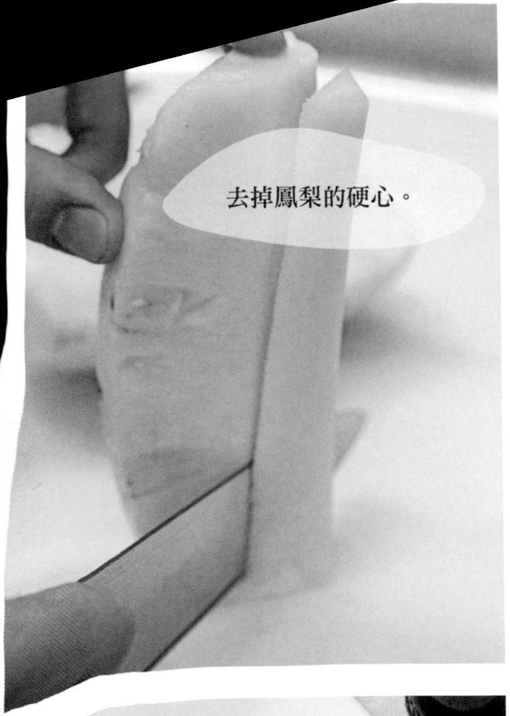
去掉鳳梨的硬心。

每片鳳梨切成1公分
的厚片。

每片鳳梨平均擺在
餐盤上。

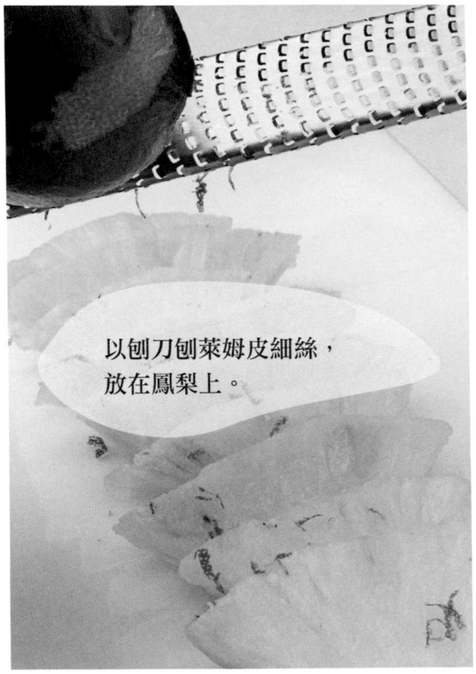
以刨刀刨萊姆皮細絲，
放在鳳梨上。

滴入萊姆汁。

食用前淋上糖蜜，上菜囉！

—

美味套餐 23

—

義式培根蛋黃醬麵

Tagliatelle carbonara

—

鱈魚青椒三明治

Cod & green pepper sandwich

—

杏仁湯佐冰淇淋

Almond soup with ice cream

義式培根蛋黃醬麵

材料

新鮮採購類：

* 長型甜青椒
* 新鮮鱈魚片
* 白鄉村麵包
* 煙燻培根

食品貯存室類：

* 葵花籽油
* 麵粉
* 鹽
* 橄欖油
* 義式寬麵（Egg tagliatelle）
* 整顆去皮杏仁粒
* 糖
* 整顆焦糖杏仁粒

冷藏室類：

* 蛋
* 美乃滋
* 帕瑪森起司
* 鮮奶油，含脂量35%

冷凍室類：

* 冰淇淋

- 鱈魚青椒三明治 -

- 杏仁湯佐冰淇淋 -

烹調流程規劃

距用餐時間（小時）

烹調流程規劃	距用餐時間（小時）
前1天 杏仁切粗末，泡水放入冰箱12小時。	4
	3½
	3
	2½
	2
	1½
40分鐘前 製作杏仁湯，放入冰箱冷藏。	1
35分鐘前 製作培根奶油，用在蛋黃醬汁。 鱈魚切塊；備好麵粉、蛋和油。	½
20分鐘前 煎青椒。	
用餐前 炸鱈魚，然後烤麵包，做成三明治。 吃三明治時煮麵條。 加入帕瑪森起司完成麵料理。	享受豐盛料理
上甜點前 挖出冰淇淋或以2支湯匙做成球狀。	上甜點

義式培根蛋黃醬麵

製作的份量較少時，可以增加蛋黃的份量，讓香味更濃郁。

	2人份	6人份	20人份	75 人份
煙燻培根	120克	360克	1.2公斤	4公斤
橄欖油	1½大匙	6大匙	300毫升	1公升
鮮奶油，含脂量35%	200毫升	600毫升	2.2公升	9公升
水	600毫升	1.8公升	6公升	22公升
鹽	1小匙	1大匙	30克	110克
義式寬麵（Egg tagliatelle）	200克	600克	2公斤	7.5公斤
蛋黃	2顆	6顆	150克	500克
帕瑪森起司，磨細末	40克	150克	500克	2公斤

開始 →

培根去皮，切0.5公分寬的長條。

取一大醬汁鍋，以小火加熱，加入油和培根。

稍微炒10分鐘至培根焦黃。

留下1/8量的鮮奶油，其餘都加入培根。

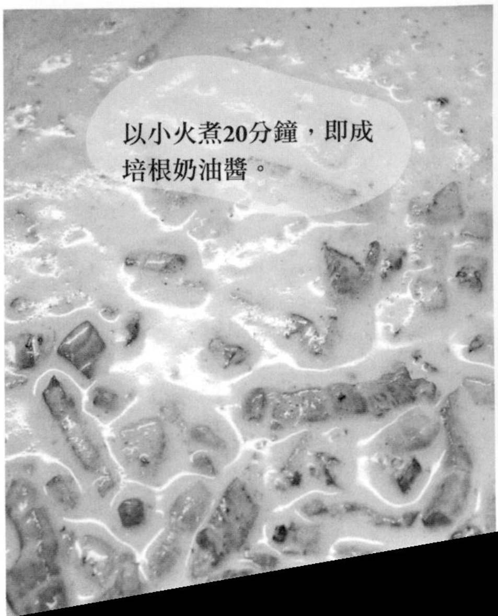
以小火煮20分鐘，即成培根奶油醬。

鱈魚青椒三明治

杏仁湯佐冰淇淋

烹調流程規劃

距用餐時間（小時）

前1天 — 4
杏仁切粗末，泡水放入冰箱12小時。

3½

3

2½

2

1½

1

40分鐘前
製作杏仁湯，放入冰箱冷藏。

35分鐘前 — ½
製作培根奶油，用在蛋黃醬汁。

鱈魚切塊；備好麵粉、蛋和油。

20分鐘前
煎青椒。

用餐前
炸鱈魚，然後烤麵包，做成三明治。

吃三明治時煮麵條。

加入帕瑪森起司完成麵料理。

享受豐盛料理

上甜點前
挖出冰淇淋或以2支湯匙做成球狀。

上甜點

義式培根蛋黃醬麵

製作的份量較少時，可以增加蛋黃的份量，讓香味更濃郁。

	2 人份	6人份	20人份	75 人份
煙燻培根	120克	360克	1.2公斤	4公斤
橄欖油	1½大匙	6大匙	300毫升	1公升
鮮奶油，含脂量35%	200毫升	600毫升	2.2公升	9公升
水	600毫升	1.8公升	6公升	22公升
鹽	1小匙	1大匙	30克	110克
義式寬麵（Egg tagliatelle）	200克	600克	2公斤	7.5公斤
蛋黃	2顆	6顆	150克	500克
帕瑪森起司，磨細末	40克	150克	500克	2公斤

開始 ➛

培根去皮，切0.5公分寬的長條。

取一大醬汁鍋，以小火加熱，加入油和培根。

稍微炒10分鐘至培根焦黃。

留下1/8量的鮮奶油，其餘都加入培根。

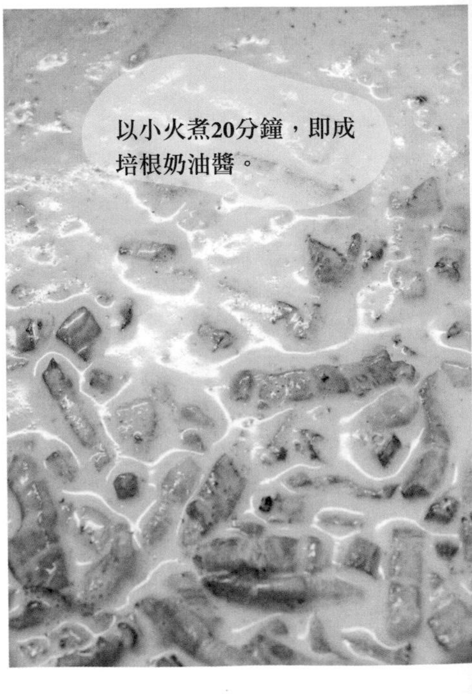
以小火煮20分鐘，即成培根奶油醬。

以鹽和胡椒調味，然後離火。

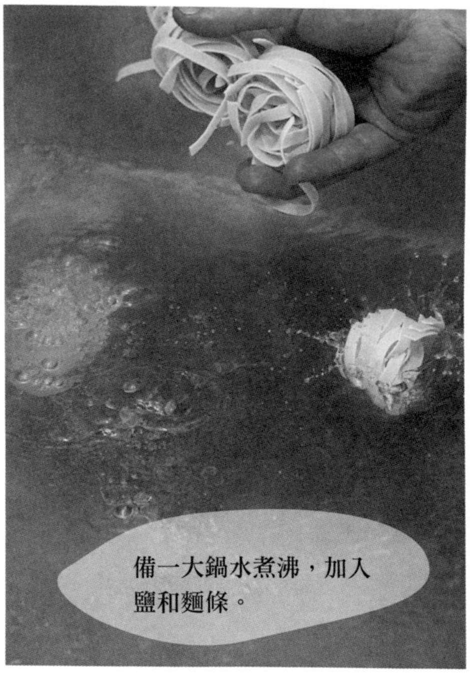
備一大鍋水煮沸，加入
鹽和麵條。

煮7分鐘或至麵條熟了但保
有咬勁（可參考麵條包裝
外的烹調説明）。

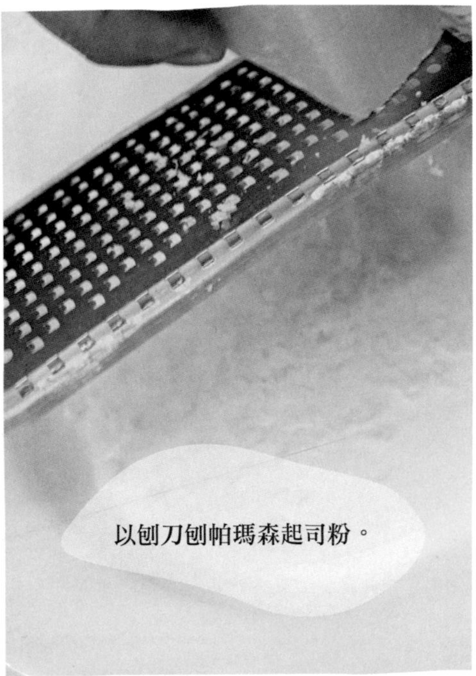
以刨刀刨帕瑪森起司粉。

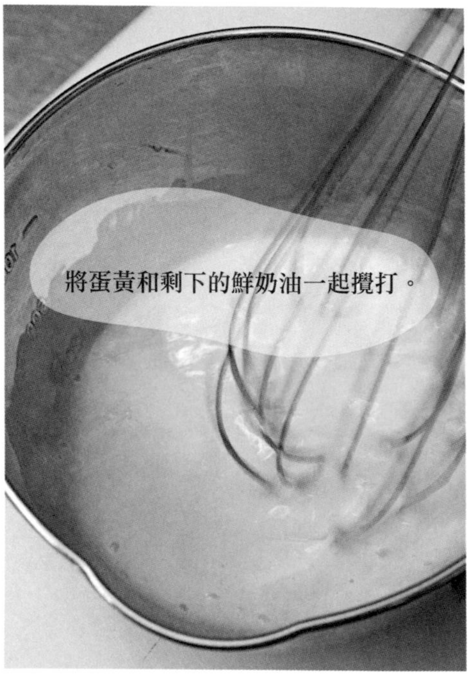
將蛋黃和剩下的鮮奶油一起攪打。

寬麵瀝乾，放回鍋中。

倒入培根奶油醬。

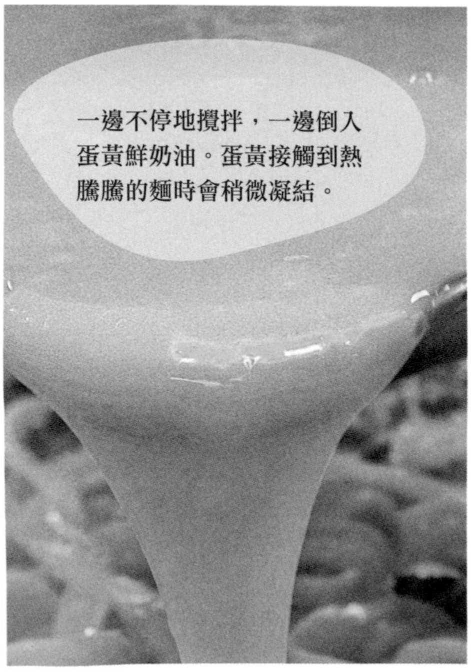
一邊不停地攪拌，一邊倒入
蛋黃鮮奶油。蛋黃接觸到熱
騰騰的麵時會稍微凝結。

撒上帕瑪森起司
粉，上菜囉！

鱈魚青椒三明治

這道料理在西班牙叫montadito。傳統的做法是在一片烤過的鄉村麵包上，放上各種煮熟的食材。

•

可請魚販先清理魚、去腸肚和切片。可用各種白肉魚，如海鰻、鮟鱇魚來替代鱈魚。

•

炸大量的魚時要用大鍋子，記得油不要超過鍋子的一半。

	2人份	6人份	20人[illegible]	[illegible]
葵花籽油	150毫升	500毫升	1.5公升	5公[illegible]
長型甜青椒	2個	6個	20個	75個
新鮮鱈魚片，留皮去鱗	300克	1.5公斤	5公斤	16公斤
鹽	1小撮	1/2小匙	8克	30克
麵粉	1½大匙	90克	300克	1公斤
蛋	1顆	2顆	4顆	10顆
500克重的白鄉村麵包，切成每片50克	2片	6片	2條	6條
美乃滋	2大匙	90克	300克	1公斤

開始 →

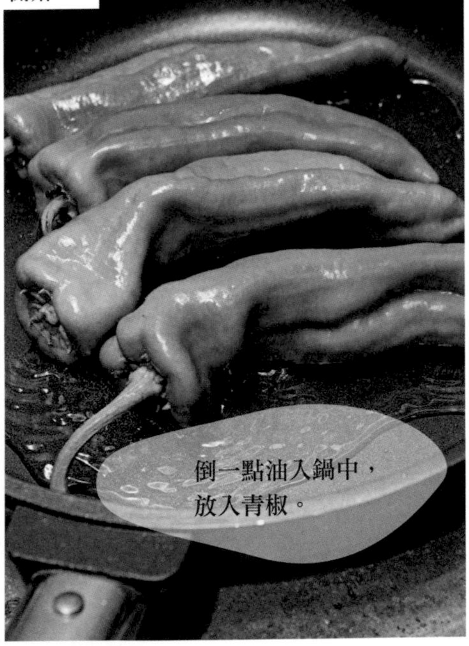
倒一點油入鍋中，
放入青椒。

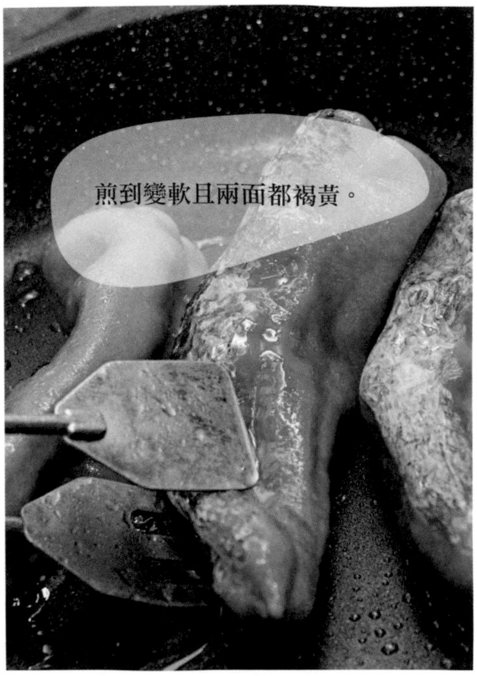
煎到變軟且兩面都褐黃。

加一點鹽調味，取出放在廚房
用紙巾上，吸去多餘的油分。

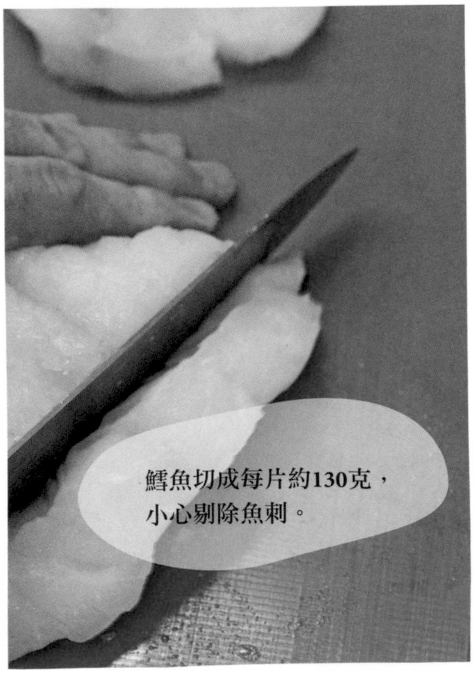
鱈魚切成每片約130克，
小心剔除魚刺。

以鹽調味。

將麵粉放入盤中，鱈魚兩
面都沾麵粉。另取一個鍋
子，加熱剩下的餘油。

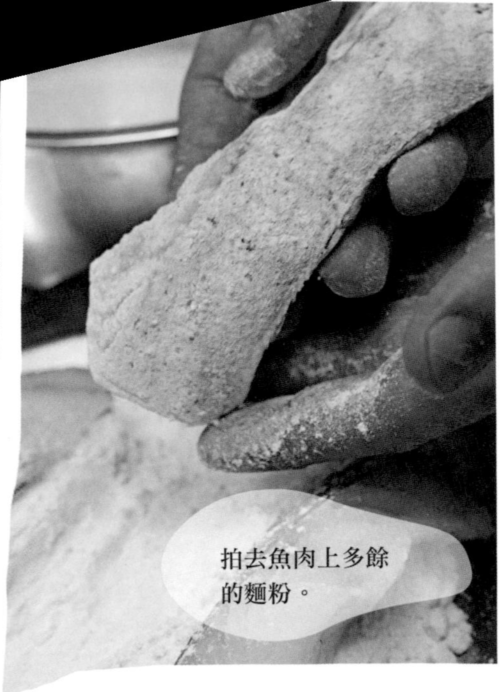
拍去魚肉上多餘
的麵粉。

打好蛋液，將魚肉浸入蛋
液，讓多餘蛋液滴下。

每片魚肉都要沾裹蛋汁。

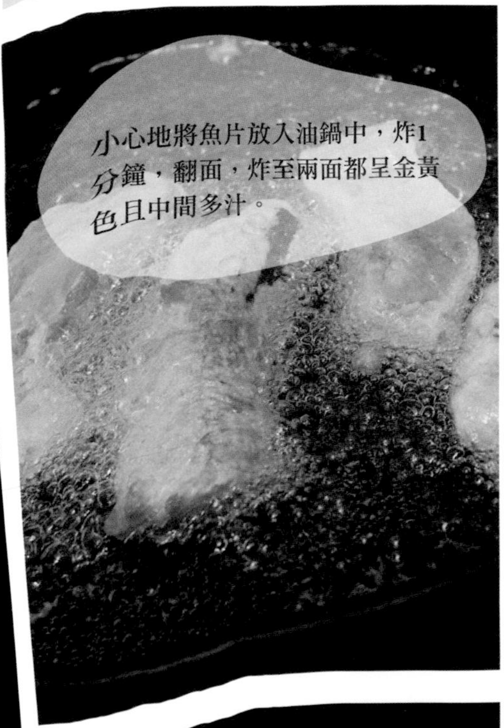
小心地將魚片放入油鍋中，炸1
分鐘，翻面，炸至兩面都呈金黃
色且中間多汁。

用漏勺取出魚片，放在廚房
用紙巾上瀝乾油分。烤箱設
定為高溫。

將麵包排在烤盤上。

放入烤箱烤至兩面都呈金黃色。

製作三明治：在麵包片上依序
放青椒，再加1片炸魚片。

搭配美乃滋食用。

杏仁湯佐冰淇淋

建議最少要製作6人份以上的杏仁湯，吃不完的可放冰箱保存。

•

焦糖或堅果口味的冰淇淋都可取代牛軋糖冰淇淋。任何一種焦糖堅果也都能取代杏仁。

•

馬可納（Marcona）是西班牙甜杏仁，也可以用任何優質杏仁取代。

	2人份	6人份	20人份	75人份
整顆去皮杏仁粒	-	240克	600克	3公斤
水	-	600毫升	1.5公升	8公升
糖	-	80克	175克	700克
整顆焦糖杏仁粒	-	18克	150克	500克
牛軋糖冰淇淋	-	180克	600克	2公斤

開始 →

以食物處理機將杏仁攪打成粗粒。

將杏仁粒放入大碗裡面，倒入水。

浸泡12小時或放在冰箱一夜。

以手持攪拌器或食物處理機將杏仁和水攪打至滑潤。

繼續 →

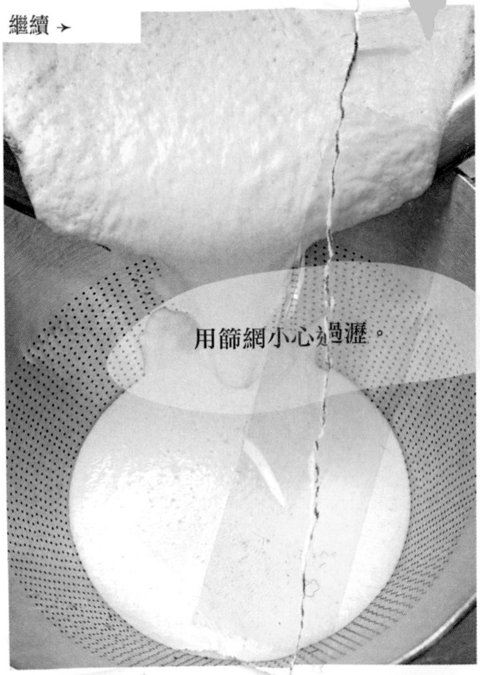

用篩網小心過濾。

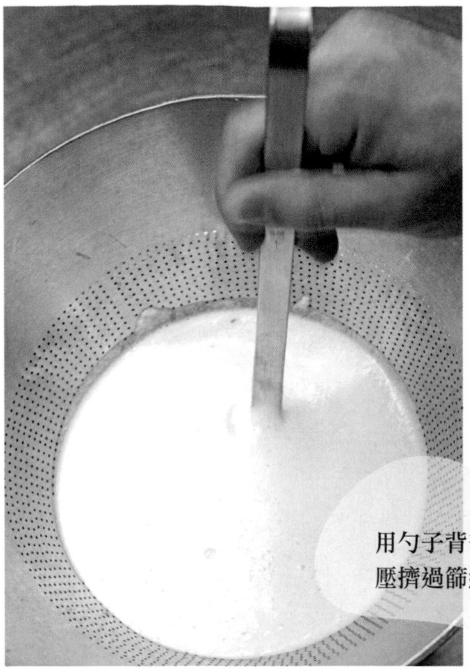

用勺子背部將湯壓擠過篩網。

加入糖，攪拌至糖溶解，即成杏仁湯。

食用前，取3粒焦糖杏仁在盤中擺成三角形，舀1匙牛軋糖冰淇淋放在中間。

將杏仁湯淋在冰淇淋周圍，上菜囉！

–

美味套餐 24

–

鷹嘴豆菠菜加蛋

Chickpeas with spinach & egg

–

醬燒五花肉

Glazed teriyaki pork belly

–

蜂蜜鮮奶油地瓜

Sweet potato with honey & cream

鷹嘴豆菠菜加蛋

材料

新鮮採購類：

* 熟蕃茄
* 五花肉
* 地瓜

食品貯存室類：

* 橄欖油
* 大蒜
* 小茴香粉
* 煮熟的鷹嘴豆
* 鹽
* 黑胡椒粒
* 玉米粉
* 中型洋蔥
* 照燒醬（Teriyaki sauce）
* 糖
* 蜂蜜

冷藏室類：

* 蛋
* 鮮奶油（含脂量35%）

冷凍室類：

* 冷凍菠菜
* 雞高湯（參照p.57）

醬燒五花肉

蜂蜜鮮奶油地瓜

烹調流程規劃

距用餐時間（小時）

4

3½

3

2½

2

2小時前
豬肉以小火熬煮1½小時。

將蕃茄打成泥後瀝乾，蒜頭切碎，準備製作鷹嘴豆料理。

1½

1

45分鐘前
烤地瓜

½

30分鐘前
切豬肉，塗滿照燒醬。烤30分鐘，中間再塗一次醬。

將菠菜切碎，燙熟後瀝乾，然後完成鷹嘴豆料理。

用餐前
烹調水煮蛋或水波蛋。

將鮮奶油打至鬆軟，放入冰箱。

享受豐盛料理

上甜點前
將地瓜剖開，淋上蜂蜜。

上甜點

鷹嘴豆菠菜加蛋

這道料理適合搭配水煮蛋或水波蛋，我們有時會用「羅諾」低溫水浴器煮蛋，煮出來的蛋滑滑嫩嫩。水煮蛋或水波蛋的做法可參照p.19。

如果是用新鮮菠菜取代冷凍菠菜，2人份需準備100克，6人份準備270克，20人份需要800克，而75人份時需要3.25公斤，而且要煮得稍微久一點。

	2人份	6人份	20人份	75人份
冷凍菠菜，解凍	65克	200克	600克	2.5公斤
熟蕃茄	2個	5個	1.2公斤	4公斤
橄欖油	2大匙	6大匙	300毫升	1公斤
蒜瓣	2瓣	6瓣	40克	120克
小茴香粉	1小撮	2小撮	1克	5克
煮熟的鷹嘴豆，瀝乾	320克	1公斤	3.2公斤	12公斤
雞高湯（參照p.57）	200毫升	600毫升	2公升	7公升
玉米粉	1小匙	3小匙	1大匙	50克
蛋	2顆	6顆	20顆	75顆

製作2人份時，需準備2個蕃茄；6人份時，則需要5個蕃茄。

開始→

取一個中型鍋子，倒入水煮沸。菠菜切3公分長，放入鍋中煮1分鐘。

菠菜瀝乾水分，放在一旁。

用手持電動攪拌機或食物處理機將蕃茄攪打成泥。

篩網放在鍋子上，將蕃茄糊倒進篩網，不必施壓，讓它過濾15分鐘

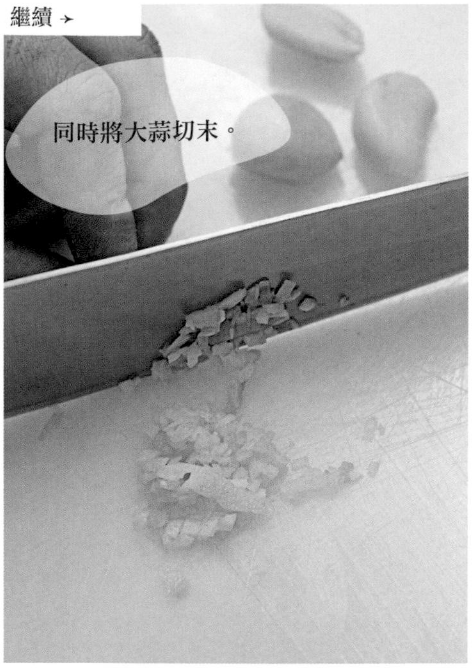
同時將大蒜切末。

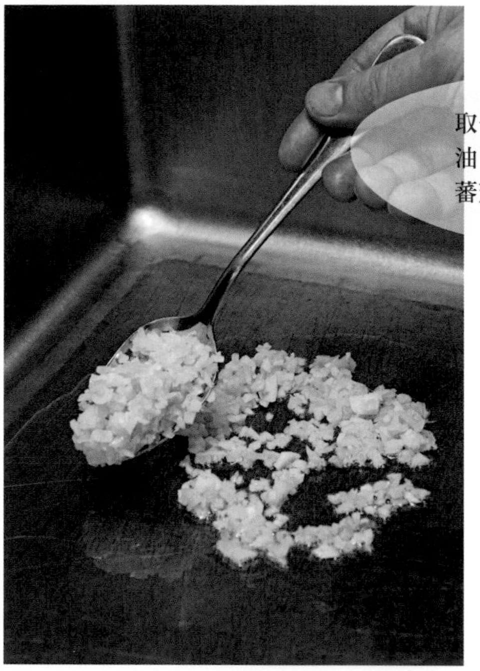

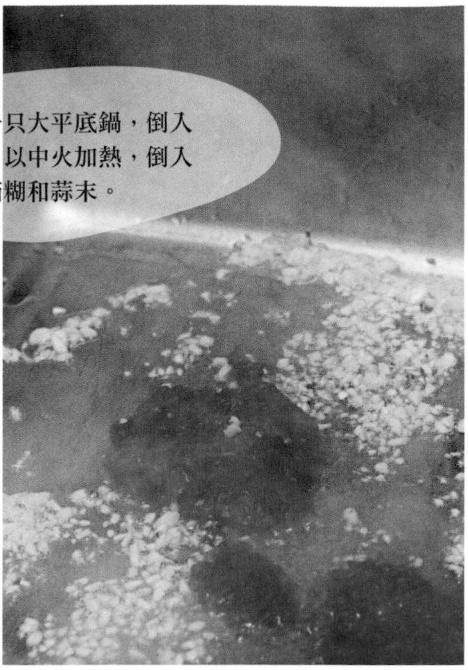
取一只大平底鍋，倒入
油，以中火加熱，倒入
蕃茄糊和蒜末。

加入鷹嘴豆和小茴
香粉，煮30秒。

倒入高湯，
煮沸。
同時依個人的喜好
烹煮蛋。

拌入菠菜，以鹽和胡椒調味。

玉米粉加冷水調開，倒
入鷹嘴豆和菠菜中，攪
拌至稍微濃稠。

盛入盤中，上面放1顆
蛋，上菜囉！

醬燒五花肉

照燒醬（Teriyaki sauce）是一種日本甜醬，可以當作燒烤之前的醃醬使用。

•

可以自己製作照燒醬（參照p.50），或購買優質的市售醬汁。

	2人份	6人份	20人份	75人份
豬五花肉	400克	1.2公斤	4公斤	15公斤
水	1公升	2.5公升	10公升	40公升
鹽	2小撮	2小匙	30克	100克
黑胡椒粒	4顆	12顆	4克	15克
蒜瓣	1瓣	3瓣	25克	85克
洋蔥，切塊	1/4個	1個	130克	450克
照燒醬（參照p.50）	200克	600克	2公斤	7.5公斤

開始 ➝

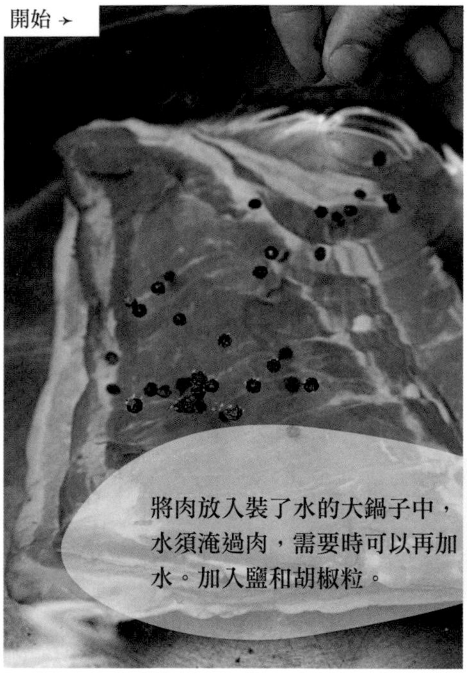
將肉放入裝了水的大鍋子中，水須淹過肉，需要時可以再加水。加入鹽和胡椒粒。

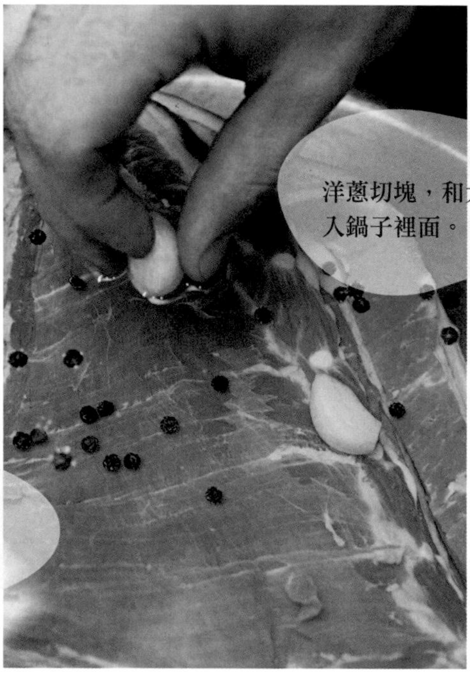
洋蔥切塊，和大蒜一起放入鍋子裡面。

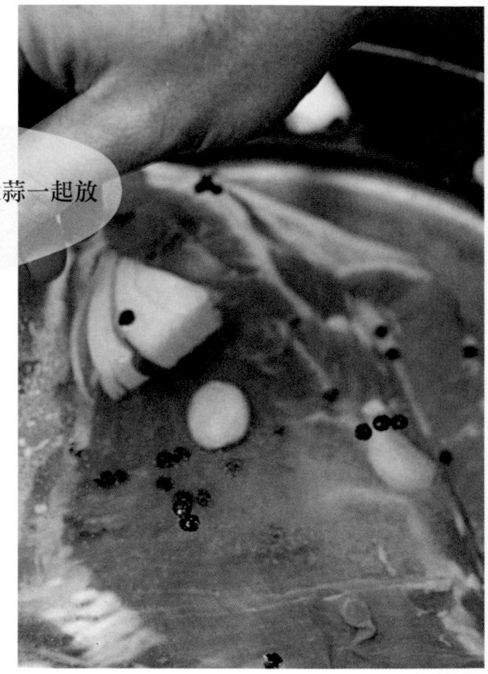

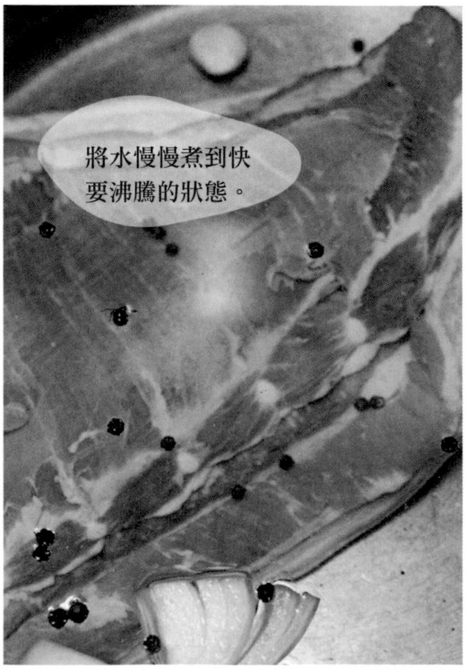
將水慢慢煮到快要沸騰的狀態。

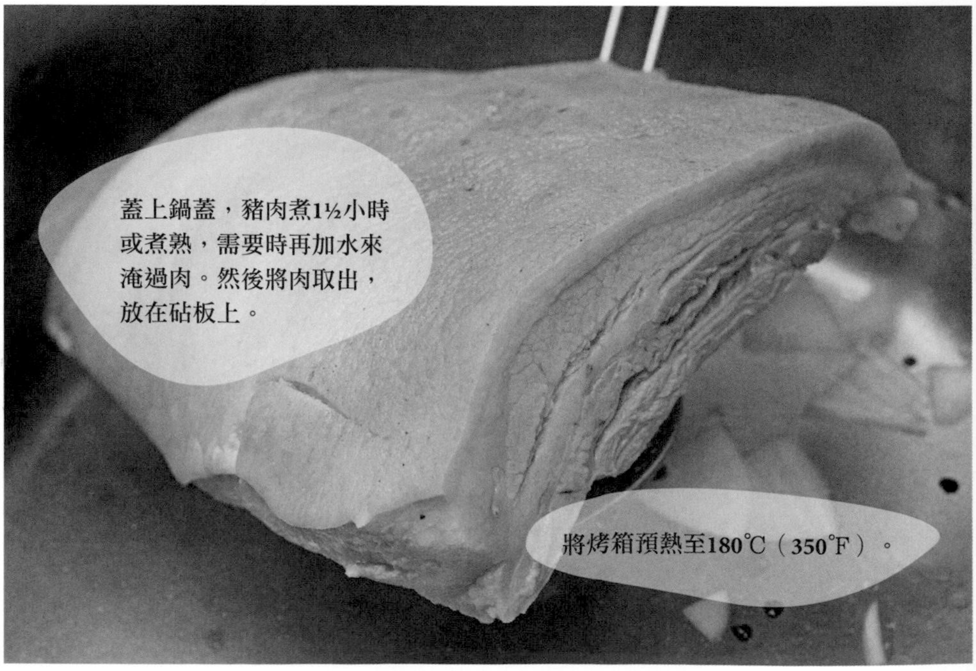
蓋上鍋蓋，豬肉煮1½小時或煮熟，需要時再加水來淹過肉。然後將肉取出，放在砧板上。
將烤箱預熱至180℃（350℉）。

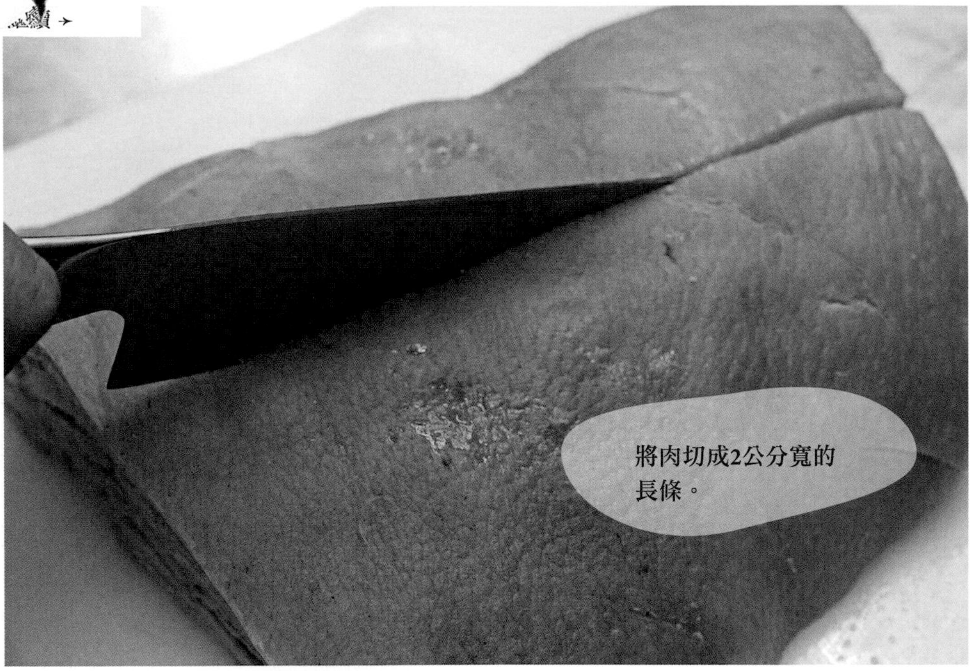
將肉切成2公分寬的長條。

將豬肉擺在烤盤上，不要重疊，然後淋上照燒醬。

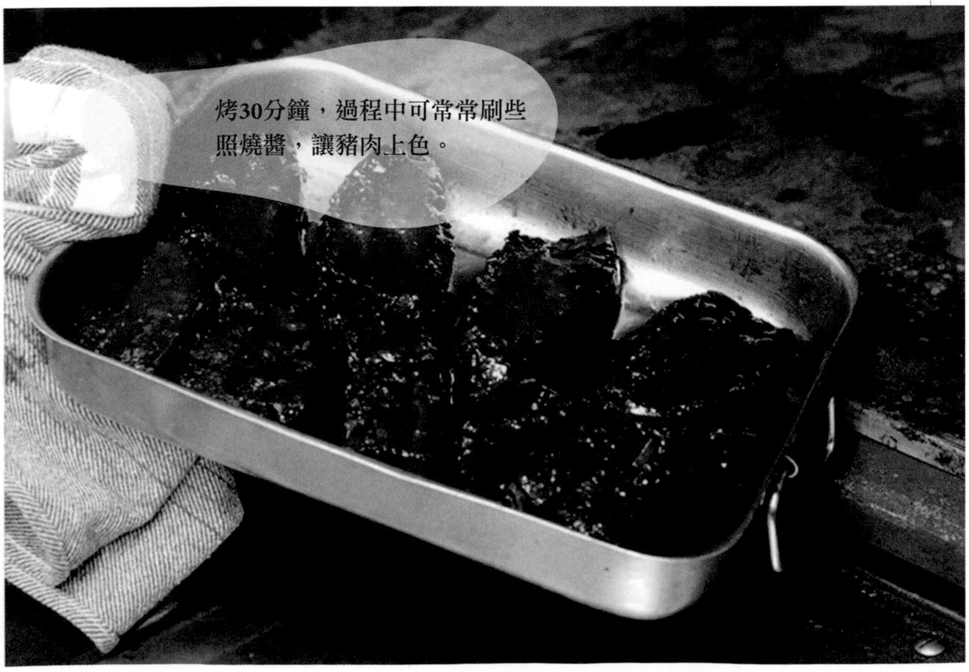
烤30分鐘，過程中可常常刷些照燒醬，讓豬肉上色。

食用前，在豬肉上淋一些照燒醬。

蜂蜜鮮奶油地瓜

地瓜不只台灣有，也是中南美洲的土產，常做成香甜美味的料理。這道食譜做法很簡單，但卻能充分展現出地瓜甜點的美好滋味。

	2人份	6人份	20人份	75人份
地瓜（每條100克）	2條	6條	20條	75條
鮮奶油，含脂量35%	4大匙	180克	600克	2公斤
糖	1½小匙	5小匙	80克	300克
蜂蜜	2大匙	6大匙	300克	1公斤

開始 ➛

將烤箱預熱至180℃（350℉）。

將地瓜放入烤盤中，
烤40分鐘。

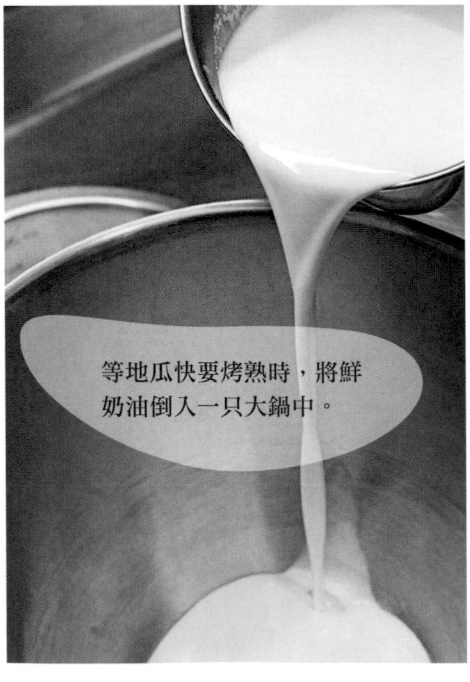

等地瓜快要烤熟時，將鮮
奶油倒入一只大鍋中。

加入糖。

用打蛋器或攪拌機將鮮奶油打至濕性發泡（勾起時尾端稍彎曲）。

取出地瓜，這時地瓜呈現外酥內軟。

將地瓜縱切成兩半。

擺入盤中，切開的那一面朝上，再淋上蜂蜜。

趁熱食用，品嘗前再加入1匙打發鮮奶油。

—

美味套餐 25

—

馬鈴薯四季豆
佐鮮奶油

Potatoes & green beans
with Chantilly

—

香烤鵪鶉
佐北非小米飯

Quails with couscous

—

焦糖燉梨

Caramelized pears

馬鈴薯四季豆
佐鮮奶油

香烤鵪鶉
佐北非小米飯

材料

採購新鮮類：

* 扁豆
* 檸檬
* 鵪鶉
* 菠菜
* 新鮮薄荷
* 西洋梨
* 水果雪酪或冰淇淋
* 摩洛哥風味綜合香料（Ras el hanout）

食品貯存室類：

* 馬鈴薯
* 鹽
* 虹吸瓶用氧化氮氣彈
* 黑胡椒粒
* 蜂蜜
* 特級初榨橄欖油
* 松子
* 葡萄乾
* 北非小米（Couscous）
* 糖

冷藏室類：

* 美乃滋
* 奶油
* 鮮奶油，含脂量35%

冷凍室類：

* 雞高湯（參照p.57）

焦糖燉梨

烹調流程規劃

距用餐時間（小時）

4

3½

3

2½

2

1½

1½小時前

處理鵪鶉，放入冰箱冷藏。

製作焦糖酪梨，放在室溫置涼。

1

45分鐘前

馬鈴薯切塊，四季豆摘去頭尾。

½

30分鐘前

水煮馬鈴薯。

製作奶泡，倒入虹吸瓶內。

開始烤鵪鶉。

將高湯加熱。烤松子。加入葡萄乾和北非小米。

10分鐘前

將菠菜、高湯和摩洛哥風味綜合香料加入北非小米，蓋上蓋子，放在一旁。

燙四季豆，瀝乾。

享受豐盛料理

上主菜前

撒上檸檬碎皮，滴些檸檬汁。

上甜點

馬鈴薯四季豆佐鮮奶油

扁四季豆（Perona beans）是產於西班牙的多種四季豆品種之一，也可用蠟豆（Wax beans）或其他品種的四季豆做這道料理。

•

沒有虹吸瓶的話，可將鮮奶油打至濕性發泡後拌入美乃滋，不過口感會不同。

	2人份	6人份	20人份	75人份
中型馬鈴薯	2顆	1.2公斤	4公斤	16公斤
扁四季豆	240克	720克	2.4公斤	9公斤
製作鮮奶泡用：				
鮮奶油，含脂量35%	125毫升	125毫升	420毫升	1.25公升
美乃滋	150克	300克	500克	1.5公斤
檸檬汁	1小匙	1小匙	140毫升	360毫升
虹吸瓶用氧化氮氣彈	2支	2支	4支	10支

開始 →

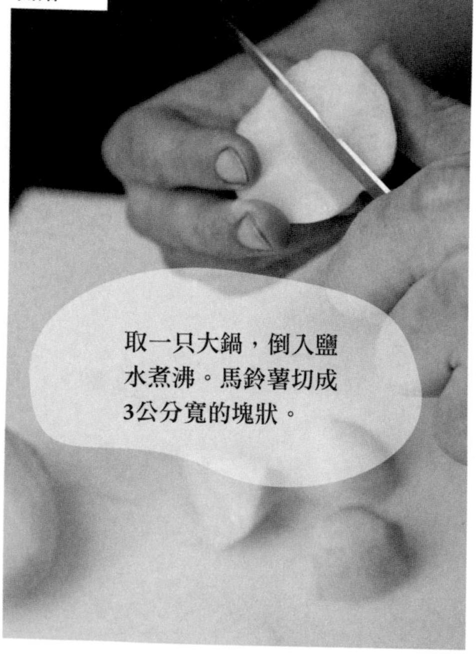
取一只大鍋，倒入鹽水煮沸。馬鈴薯切成3公分寬的塊狀。

將馬鈴薯塊放入鹽水中煮25分鐘，或者剛剛好煮軟。

煮馬鈴薯時，將美乃滋和鮮奶油放入大碗裡面，拌在一起。

榨好檸檬汁，以篩網過濾，再倒入美乃滋和鮮奶油的碗裡面，混合攪拌均勻，以鹽調味。

焦糖燉梨

烹調流程規劃

距用餐時間（小時）

4

3½

3

2½

2

1½

1½小時前

處理鵪鶉，放入冰箱冷藏。

製作焦糖酪梨，放在室溫置涼。

1

45分鐘前

馬鈴薯切塊，四季豆摘去頭尾。

½

30分鐘前

水煮馬鈴薯。

製作奶泡，倒入虹吸瓶內。

開始烤鵪鶉。

將高湯加熱。烤松子。加入葡萄乾和北非小米。

10分鐘前

將菠菜、高湯和摩洛哥風味綜合香料加入北非小米，蓋上蓋子，放在一旁。

燙四季豆，瀝乾。

享受豐盛料理

上主菜前

撒上檸檬碎皮，滴些檸檬汁。

上甜點

馬鈴薯四季豆佐鮮奶油

扁四季豆（Perona beans）是產於西班牙的多種四季豆品種之一，也可用蠟豆（Wax beans）或其他品種的四季豆做這道料理。

•

沒有虹吸瓶的話，可將鮮奶油打至濕性發泡後拌入美乃滋，不過口感會不同。

	2人份	6人份	20人份	75人份
中型馬鈴薯	2顆	1.2公斤	4公斤	16公斤
扁四季豆	240克	720克	2.4公斤	9公斤
製作鮮奶泡用：				
鮮奶油，含脂量35%	125毫升	125毫升	420毫升	1.25公升
美乃滋	150克	300克	500克	1.5公斤
檸檬汁	1小匙	1小匙	140毫升	360毫升
虹吸瓶用氧化氮氣彈	2支	2支	4支	10支

開始→

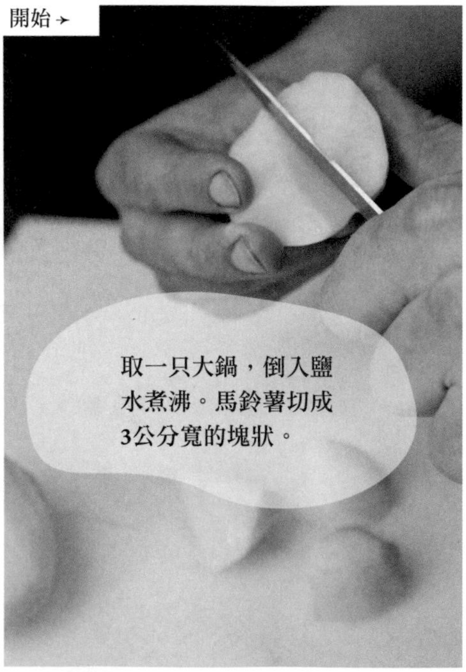
取一只大鍋，倒入鹽水煮沸。馬鈴薯切成3公分寬的塊狀。

將馬鈴薯塊放入鹽水中煮25分鐘，或者剛剛好煮軟。

煮馬鈴薯時，將美乃滋和鮮奶油放入大碗裡面，拌在一起。

榨好檸檬汁，以篩網過濾，再倒入美乃滋和鮮奶油的碗裡面，混合攪拌均勻，以鹽調味。

繼續 ➝

將混合好的鮮奶油
液裝入虹吸瓶中，
蓋子蓋緊。

虹吸瓶加上氮氣彈，放入
冰箱冷藏，使其冷卻。

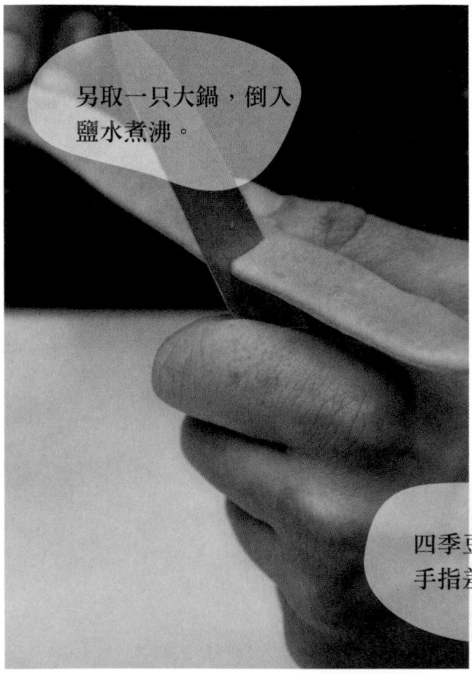
另取一只大鍋，倒入
鹽水煮沸。

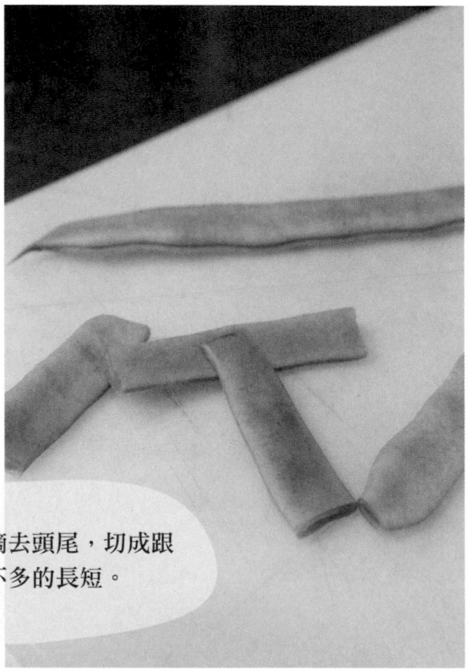
四季豆摘去頭尾，切成跟
手指差不多的長短。

將四季豆放入鍋中
燙4分鐘，或者剛
剛好熟透。

將馬鈴薯和四季豆
瀝乾水分。

將馬鈴薯裝在碗內，擺上四
季豆，再將鮮奶油泡加在四
季豆上，或者用另一個盤子
裝，上菜囉！

-

香烤鵪鶉佐北非小米飯

-

準備20人份或75人份的料理時，建議1個人1隻鵪鶉。也可以用雞胸肉取代鵪鶉。我們烹調這道料理時，會將鵪鶉切半，讓肉受熱均勻，比較快熟。如果不想自己清理鵪鶉的話，可以請肉販代為處理。

•

摩洛哥風味綜合香料（Ras el hanout），是用在於摩洛哥料理的經典綜合香料。

	2人份	6人份	20人份	75人份
鵪鶉	4隻	12隻	20隻	75隻
摩洛哥風味綜合香料	1½小匙	3½小匙	28克	90克
新鮮薄荷	4株	12株	1把	2把
蜂蜜	2小匙	1½大匙	150克	400克
特級初榨橄欖油（1）	2小匙	1½大匙	100毫升	300毫升
檸檬	1/2個	1個	2個	6個
雞高湯（參照p.57）	100毫升	300毫升	1.3公升	4公升
特級初榨橄欖油（2）	1½大匙	4大匙	125毫升	370毫升
松子	2小匙	2大匙	190克	560克
葡萄乾	2小匙	2大匙	160克	480克
北非小米（Couscous）	75克	225克	1公斤	3公斤
菠菜	20克	60克	250克	800克

開始→

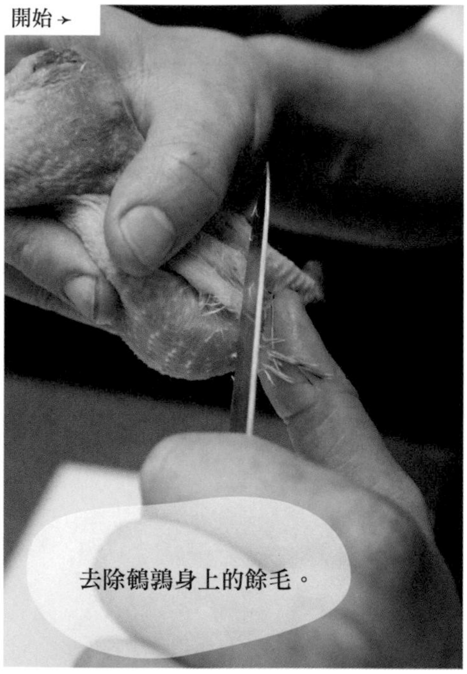

去除鵪鶉身上的餘毛。

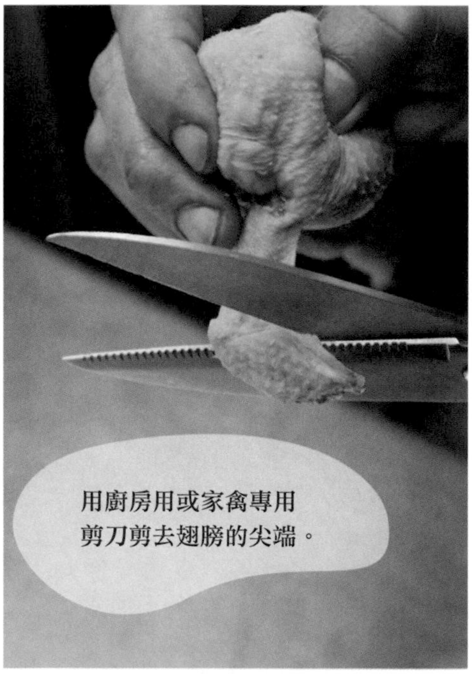

用廚房用或家禽專用剪刀剪去翅膀的尖端。

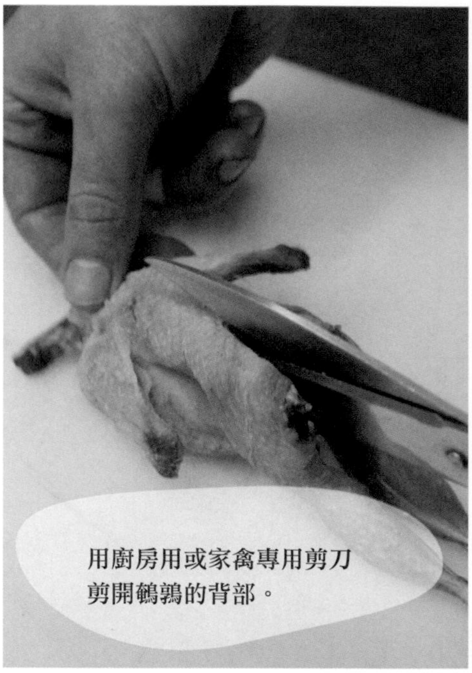

用廚房用或家禽專用剪刀剪開鵪鶉的背部。

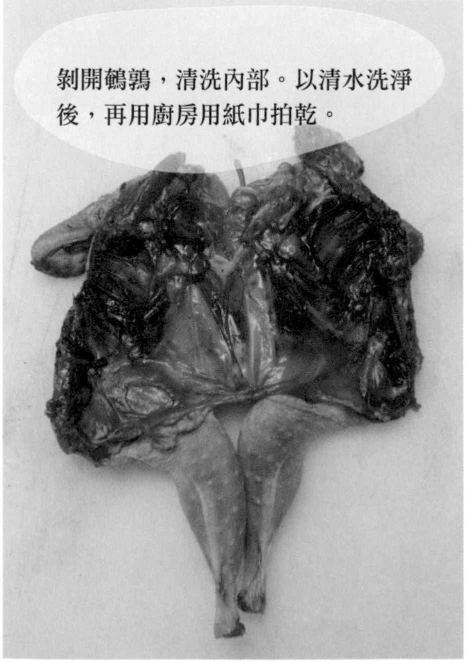

剝開鵪鶉，清洗內部。以清水洗淨後，再用廚房用紙巾拍乾。

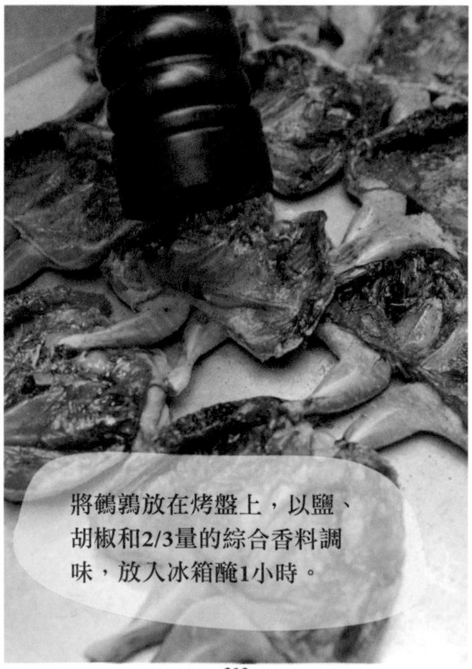

將鵪鶉放在烤盤上，以鹽、胡椒和2/3量的綜合香料調味，放入冰箱醃1小時。

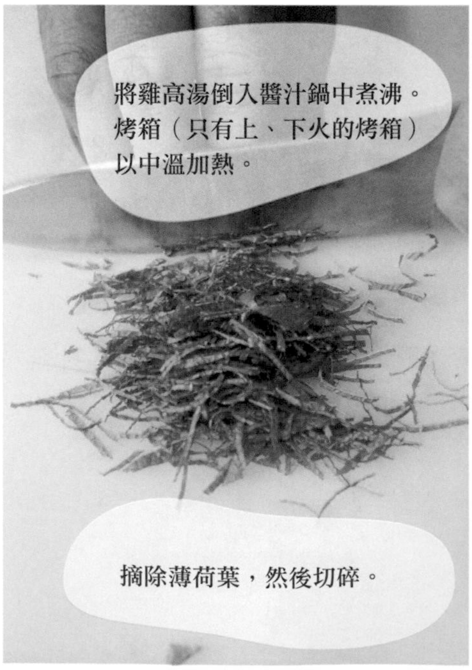

將雞高湯倒入醬汁鍋中煮沸。烤箱（只有上、下火的烤箱）以中溫加熱。
摘除薄荷葉，然後切碎。

繼續 ➛

將薄荷撒在鵪鶉上。

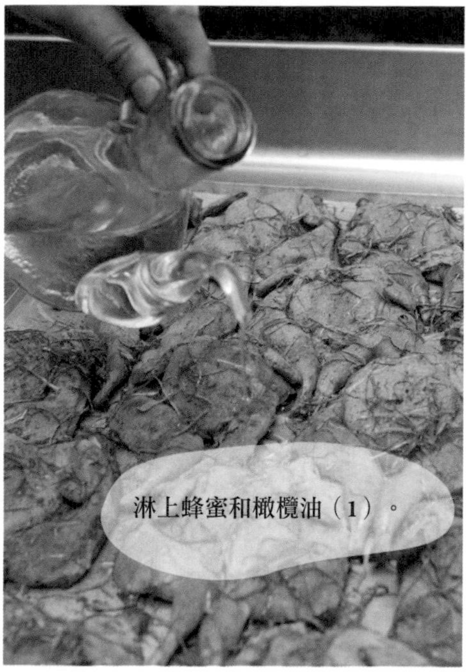
淋上蜂蜜和橄欖油（1）。

鵪鶉烤4分鐘，不時翻面直到呈金黃色且多汁。蓋上鋁箔紙保溫。

這時，取一大平底鍋，倒入橄欖油（2）加熱，然後加入松子，以小火炒5分鐘，不時翻炒至呈金黃色。

加入葡萄乾，翻炒30秒，再放入北非小米續煮1分鐘。

加入菠菜和剩下的綜合香料，然後倒入雞高湯。蓋上蓋子，離火，讓北非小米吸飽高湯。

翻拌北非小米，把飯拌散。

將小米舀入盤子上，再放入鵪鶉，撒上檸檬碎皮，滴些檸檬汁，上菜囉！

焦糖燉梨

搭配水果雪酪、香草或巧克力冰淇淋一起食用，非常美味。

•

最好選用剛熟透的梨子。

	2人份	6人份	20人份	75人份
西洋梨或其他適合烹煮的梨子	1個	3個	10個	38個
糖	1½大匙	3½大匙	350克	1.12公斤
奶油	2大匙	2大匙	200克	600克
熱水	200毫升	500毫升	600毫升	1.5公升
冰淇淋或雪酪	100克	300克	1.2公斤	3.5公斤
新鮮薄荷	1株	3株	10株	38株

開始 →

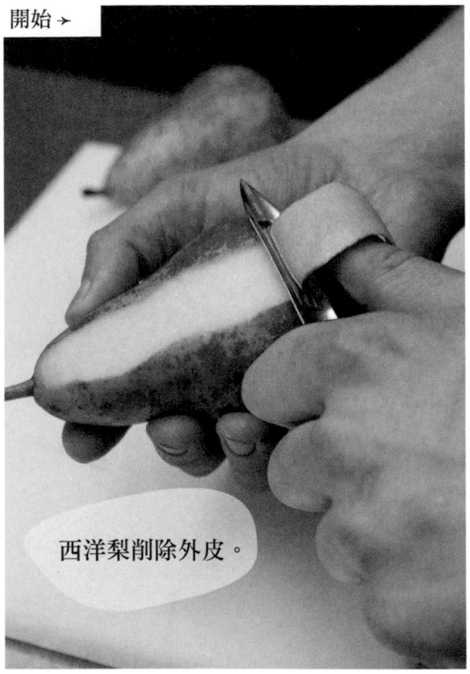

西洋梨削除外皮。

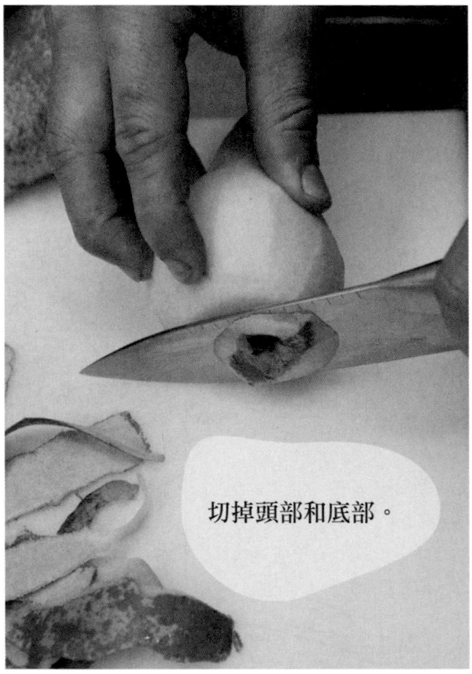

切掉頭部和底部。

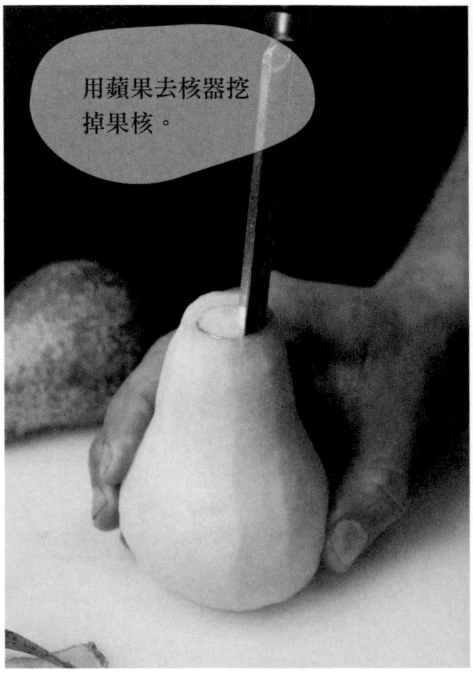

用蘋果去核器挖掉果核。

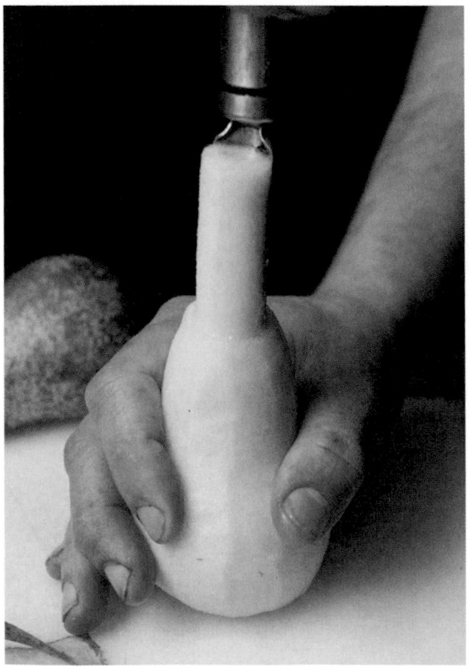

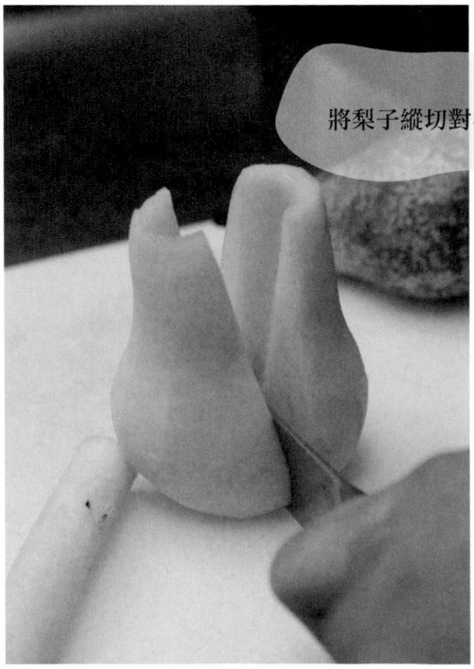

將梨子縱切對半。

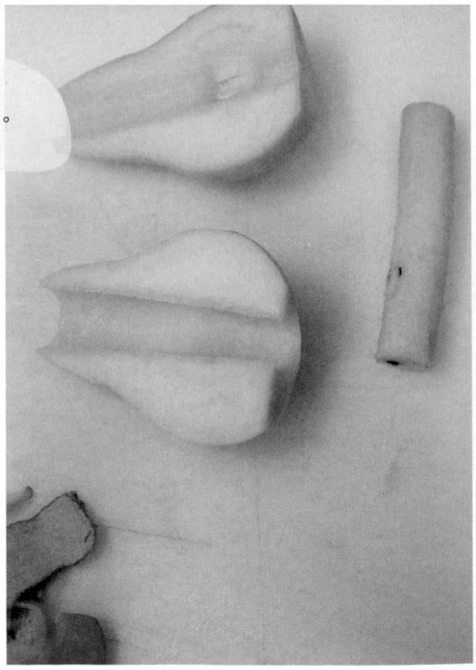

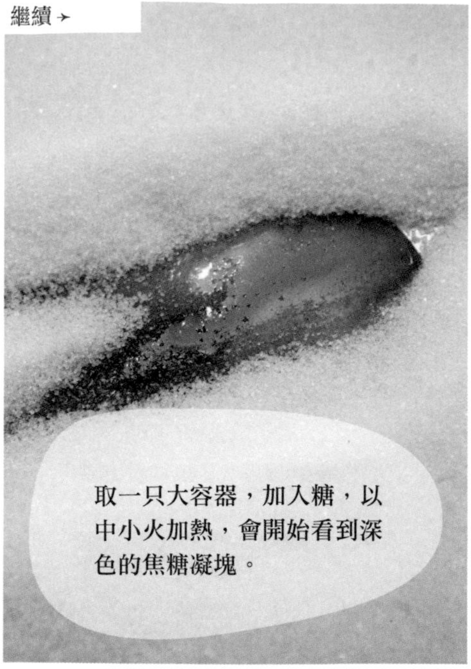
取一只大容器，加入糖，以
中小火加熱，會開始看到深
色的焦糖凝塊。

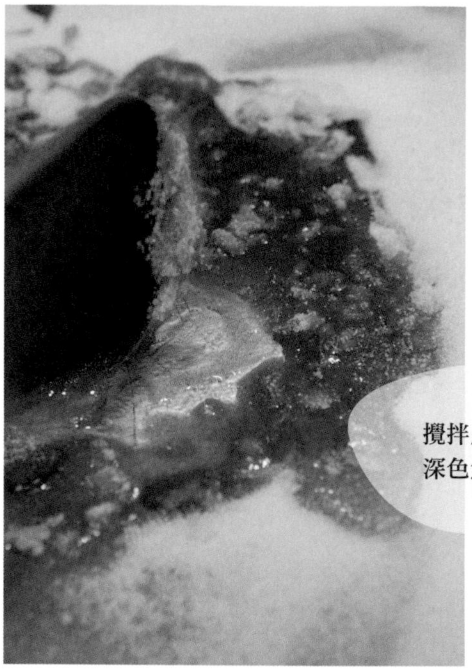

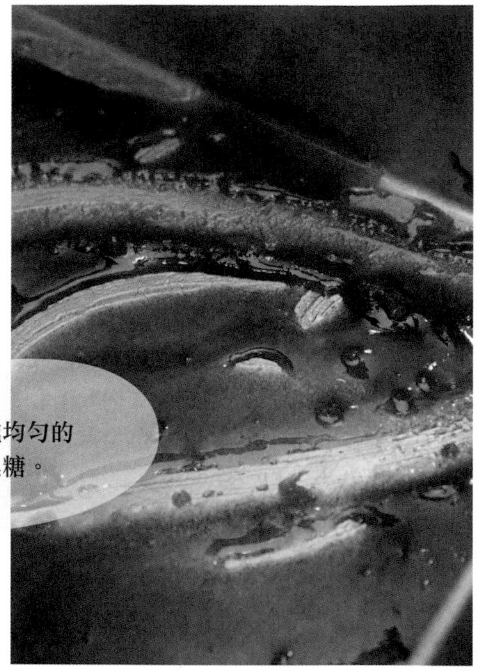
攪拌成均勻的
深色焦糖。

將奶油加入焦糖中，
攪拌至均勻融化。

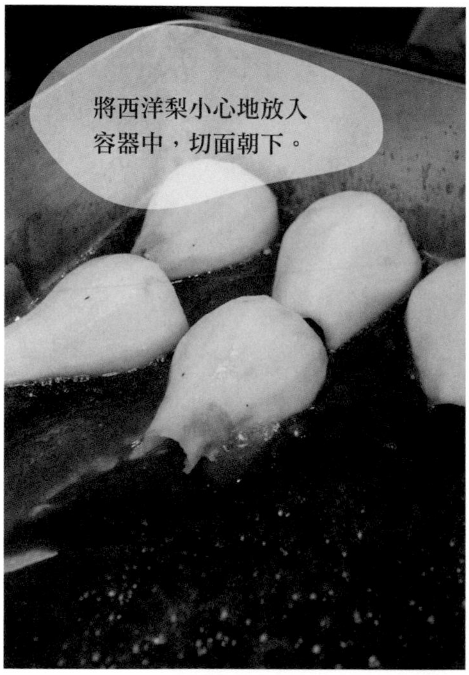
將西洋梨小心地放入
容器中，切面朝下。

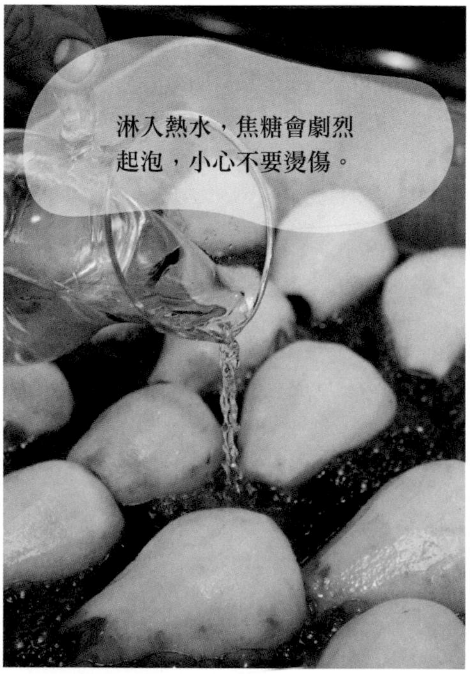
淋入熱水，焦糖會劇烈
起泡，小心不要燙傷。

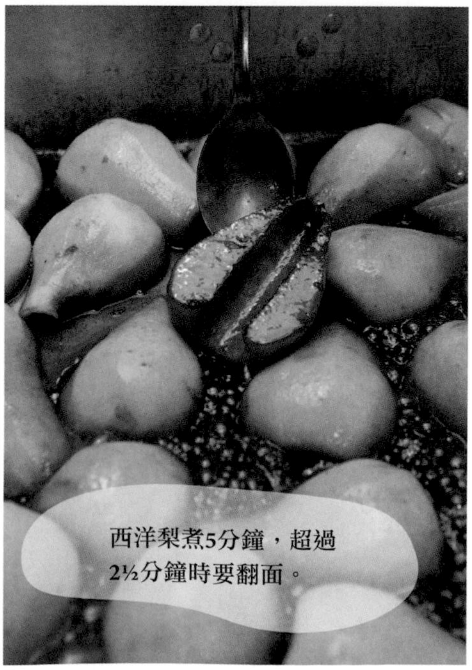
西洋梨煮5分鐘，超過
2½分鐘時要翻面。

等西洋梨變軟，焦糖醬呈
光滑狀時，離火，放在室
溫置涼。

以冰淇淋或雪酪搭配焦糖燉梨，
食用前，再以薄荷葉裝飾。

–

美味套餐 26

–

魚湯

Fish soup

–

蘑菇燉香腸

Sausages with mushrooms

–

蜜糖橘子

Oranges with honey, olive oil & salt

材料

新鮮採購類：

* 從市場採買處理好整尾新鮮的魚
* 法式長棍麵包（或隔夜麵包）
* 西班牙香腸或其他品質好的豬肉香腸
* 新鮮迷迭香
* 新鮮百里香
* 中型白蘑菇
* 新鮮巴西里
* 大橘子

食品貯存室類：

* 大蒜
* 特級初榨橄欖油
* 微辣匈牙利紅椒粉
* 茴香酒，或以茴香為基底的利口酒
* 烤麵包丁
* Vino rancio酒或不甜雪利酒
* 鹽
* 黑胡椒粒
* 蜂蜜口味的糖果
* 蜂蜜
* 片狀海鹽

冷凍室類：

* 蕃茄洋蔥醬汁（參照p.43）
* 加泰隆尼亞風味醬汁（參照p.41）

魚湯

蘑菇燉香腸

蜜糖橘子

烹調流程規劃

烹調流程規劃	距用餐時間（小時）
	4
	3½
	3
	2½
	2
	1½
1小時或2天前 煮湯。	1
30分鐘前 香腸捏成球狀，煎幾分鐘。 蘑菇切片。 橘子削皮切片，放在冰箱冷藏。 糖果壓碎。	½
20分鐘前 煎蘑菇，加入香腸中，最後加香草和調味料。	
5分鐘前 將湯加熱。 香腸和蘑菇盛入盤中，保溫。	
	享受豐盛料理
上甜點前 橘子淋蜂蜜和橄欖油，撒上碎糖和片狀海鹽。	
	上甜點

-

魚湯

-

茴香酒可以用任何以茴香為基底的酒取代，或上菜前在鍋子裡加一些切碎的茴香。

•

選用價格實惠的魚、蟹和甲殼類海鮮；用整條魚烹煮可以讓味道更加濃郁。可以請魚販先將魚處理乾淨。

•

搭配烤麵包丁一起吃，風味更佳。

	2人份	6人份	20人份	75人份
蒜瓣	3瓣	9瓣	25克	90克
橄欖油	2大匙	6大匙	180毫升	650毫升
蕃茄洋蔥醬汁（參照p.43）	1½大匙	4大匙	240克	800克
處理好多種整尾新鮮的魚	300克	900克	3公斤	10公斤
匈牙利甜紅椒粉	2小匙	2大匙	25克	90克
水	700毫升	2公升	5公升	16公升
麵包（隔天的更佳）	20克	60克	120克	400克
加泰隆尼亞風味醬汁（參照p.41）	2小匙	2大匙	120克	400克
茴香	1小撮	2小撮	1小匙	1 ½大匙

開始 ➛

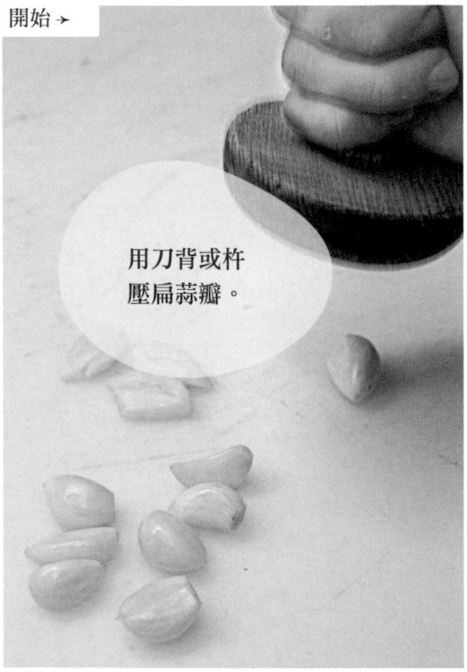
用刀背或杵
壓扁蒜瓣。

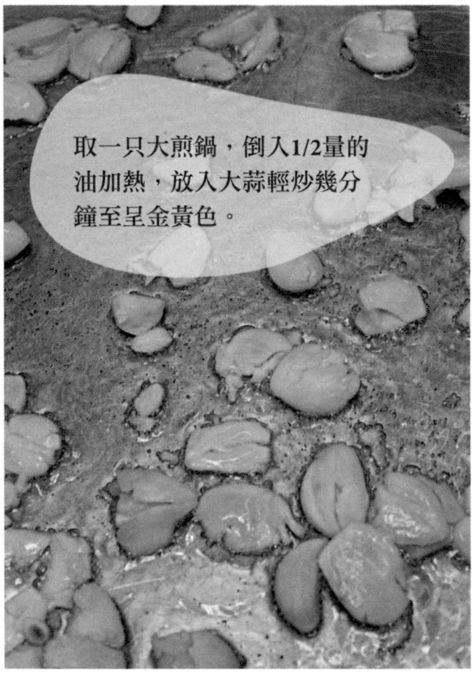
取一只大煎鍋，倒入1/2量的油加熱，放入大蒜輕炒幾分鐘至呈金黃色。

加入蕃茄洋蔥醬汁輕炒10分鐘，需不時翻炒。

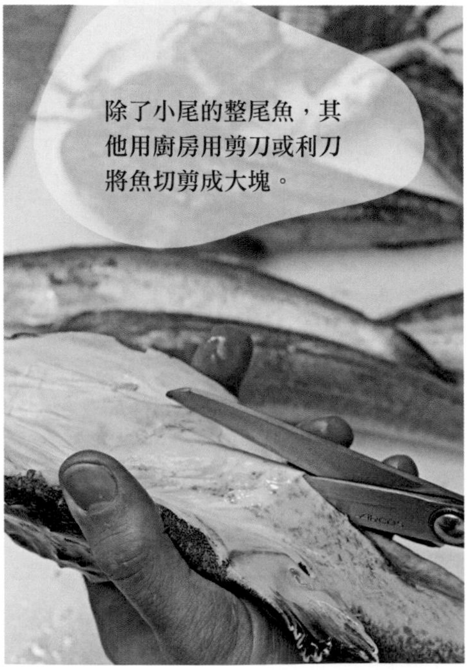
除了小尾的整尾魚，其他用廚房用剪刀或利刀將魚切剪成大塊。

放入煎鍋中。

撒上匈牙利甜紅椒粉，再倒入水。

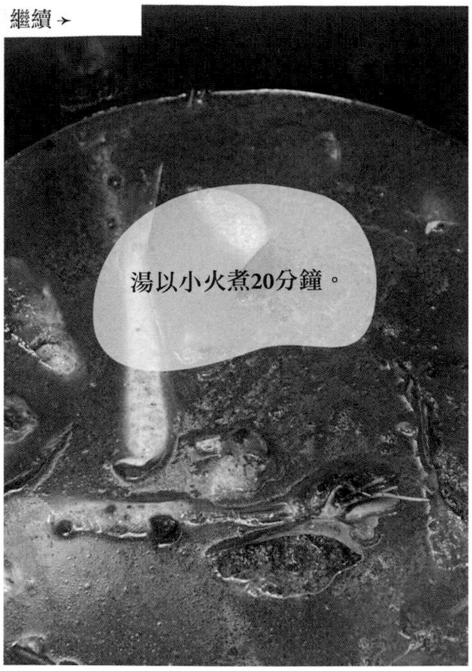
湯以小火煮20分鐘。

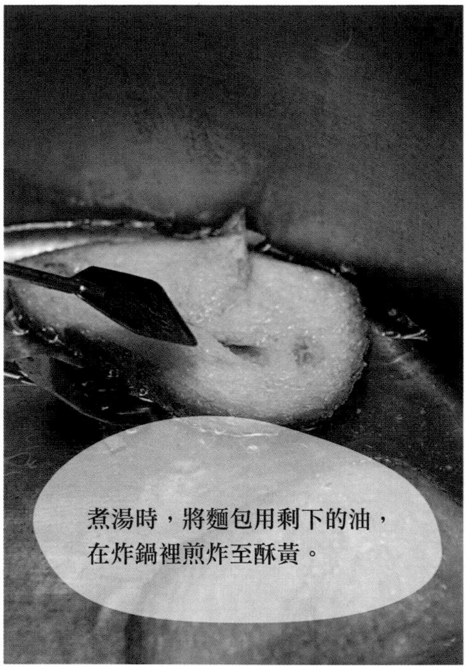
煮湯時，將麵包用剩下的油，
在炸鍋裡煎炸至酥黃。

將湯過濾到另一只
大醬汁鍋裡面。

將炸麵包和加泰隆尼
亞風味醬汁放入湯汁
中煮10分鐘。

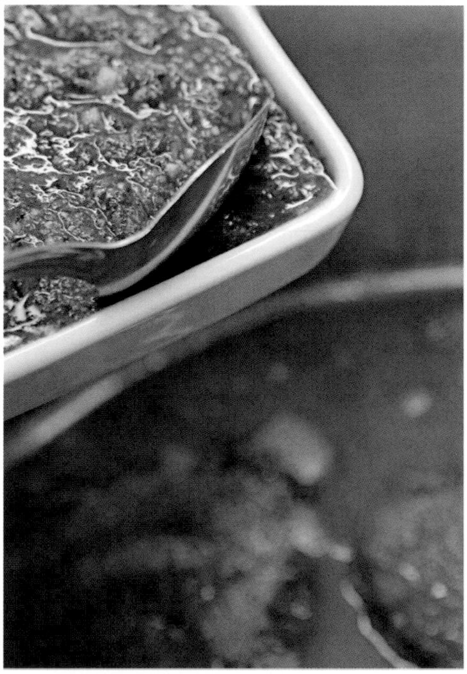

用手持電動攪拌機將
魚湯攪打至滑順，也
可以用果汁機處理。

以鹽調味。

倒入茴香酒或以茴
香為基底的酒。

食用前，依個人喜好
加入麵包丁。

蘑菇燉香腸

西班牙香腸（Butifarra）是加泰隆尼亞地區的傳統香腸。這道料理在當地叫做Butifarra esparracada，意思是將西班牙香腸切成小塊的料理。當然，你可以用任何品質好的香腸取代製作這道菜。

•

可使用野生蘑菇取代白蘑菇，巴西里油也可用新鮮巴西里代替。

•

Vino rancio酒是加泰隆尼亞的葡萄酒，如果買不到，可用不甜雪利酒代替。

	2人份	6人份	20人份	75人份
西班牙香腸（Butifarra）或任何品質好的豬肉香腸	250克	750克	2.5公斤	9.5公斤
橄欖油	3大匙	6大匙	600毫升	2公升
蒜瓣	4瓣	12瓣	60克	200克
新鮮迷迭香	1株	1株	3克	10克
新鮮百里香	1株	1株	3克	10克
中型蘑菇	200克	600克	1.8公斤	6.5公斤
Vino rancio酒或不甜雪利酒	3大匙	120毫升	200毫升	750毫升
新鮮巴西里，切碎	1小匙	1大匙	175克	600克

開始 ➛

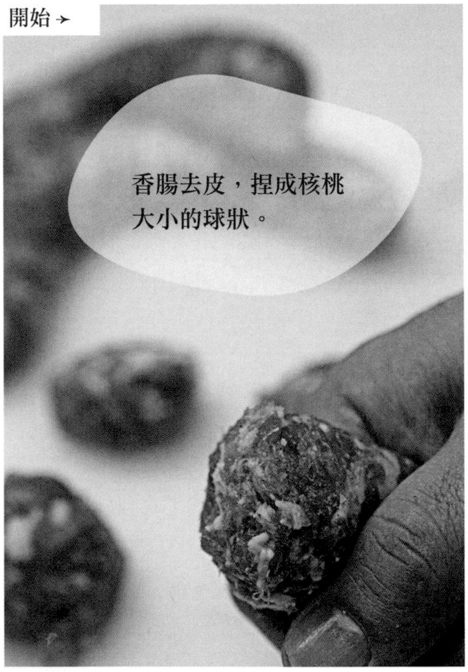

香腸去皮，捏成核桃大小的球狀。

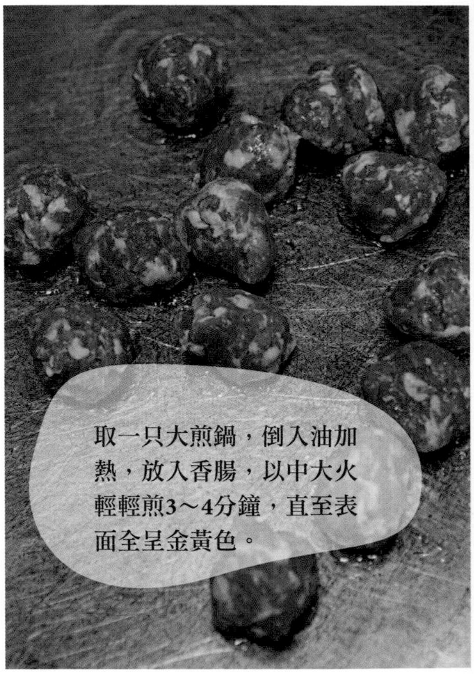

取一只大煎鍋，倒入油加熱，放入香腸，以中大火輕輕煎3～4分鐘，直至表面全呈金黃色。

蒜瓣去皮，稍微壓碎，和迷迭香、百里香一起放入鍋中。

繼續煎5分鐘。

繼續 ➔

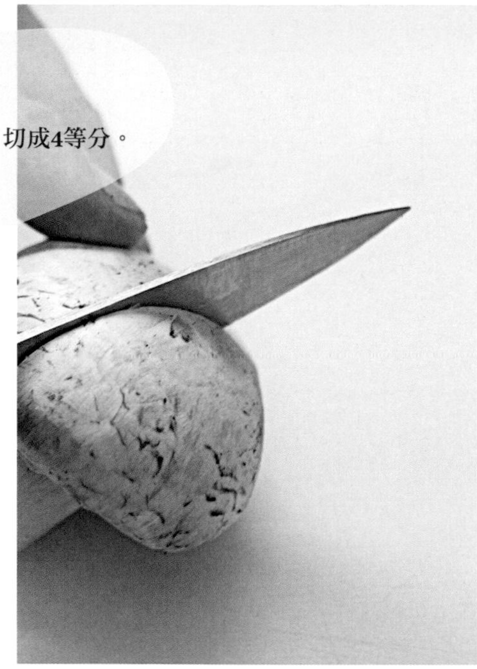
同時清洗磨菇，切成4等分。

香腸鍋中倒入Vino rancio
酒，刮起鍋底的鍋巴，可
視情況再加點水，離火。

另取一個鍋子，倒
入一點油炒磨菇，
約炒5分鐘至呈金
黃色。

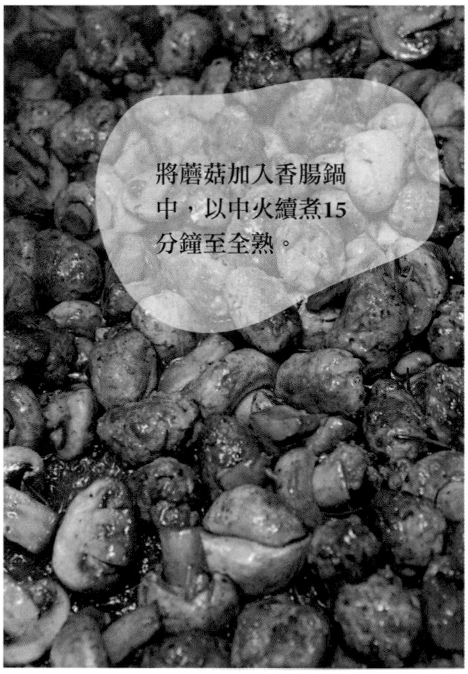
將磨菇加入香腸鍋
中，以中火續煮15
分鐘至全熟。

摘巴西里葉，
切碎。

拌入巴西里末，以
鹽和胡椒調味，上
菜囉！

蜜糖橘子

可以使用粗鹽代替片狀海鹽，但口感不同，會更加爽脆。

	2人份	6人份	20人份	75人份
蜂蜜口味的糖果	3個	9個	65克	250克
大橘子	2個	6個	20個	75個
蜂蜜	1½大匙	4大匙	150克	500克
特級初榨橄欖油	2大匙	6大匙	150毫升	500毫升
片狀海鹽	1小撮	1大撮	1小匙	1大匙

開始 →

將糖果放在兩張烘焙紙中間，
用擀麵棍或厚重器具壓碎。

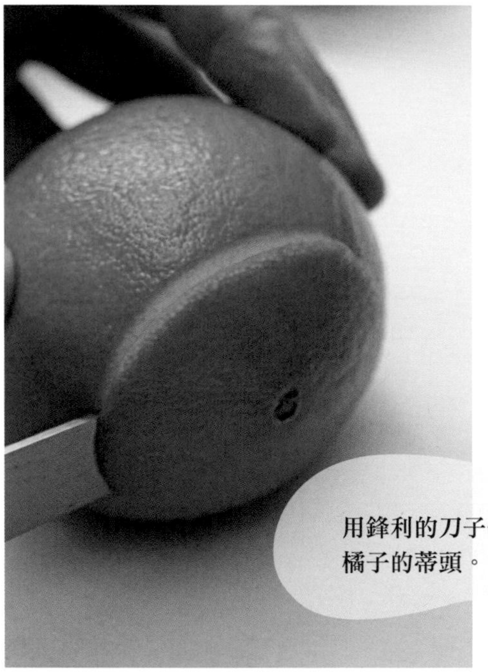
用鋒利的刀子去除
橘子的蒂頭。

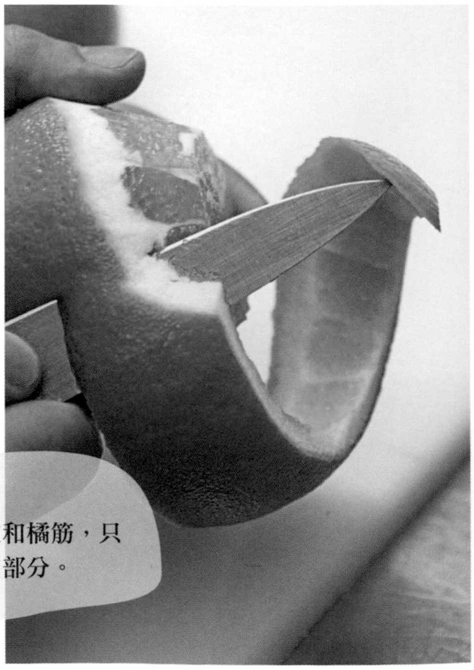
削去橘皮和橘筋，只
留下果肉部分。

繼續→

將橘子切成0.5公分的厚片，
鋪在餐盤上，不要重疊。
將蜂蜜淋在橘子片上面。
滴上橄欖油。
撒上片狀海鹽。
最後撒上糖果碎，上菜囉！

–

美味套餐 27

–

貽貝佐匈牙利甜紅椒醬

Mussels with paprika

–

烤海鱸魚

Baked sea bass

–

焦糖布丁

Caramel pudding

貽貝佐匈牙利甜紅椒醬

材料

新鮮採購類：

* 中型貽貝
* 新鮮巴西里
* 整尾海鱸魚
* 熟透的蕃茄
* 新鮮百里香
* 新鮮迷迭香
* 馬鈴薯

食品貯存室類：

* 洋蔥
* 大蒜
* 橄欖油
* 微辣匈牙利紅椒粉
* 麵粉
* 鹽
* 黑胡椒粒
* 糖
* 白蘭姆酒

冷藏室類：

* 蛋
* 鮮奶油，含脂量35%

烤海鱸魚

焦糖布丁

烹調流程規劃	距用餐時間（小時）
	4
	3½
	3
	2½
	2
	1½
1小時前 製作焦糖布丁，放入蒸籠裡面蒸。 準備烤魚的材料。	1
45分鐘前 烤製作魚料理時會用到的馬鈴薯、洋蔥和蕃茄。 清洗貽貝，準備醬汁。	½
15分鐘前 將魚加入蔬菜內，放入烤箱。	
上菜前 貽貝淋上醬汁。	
滴幾滴橄欖油在烤鱸魚上。	**享受豐盛料理**
	主菜
上甜點前 將白蘭姆酒奶油打成濕性發泡。	
	上甜點

貽貝佐匈牙利甜紅椒醬

貽貝一定要在上桌前才煮，以免肉質變硬。

•

記得要丟掉殼沒有打開的貽貝。

	2人份	6人份	20人份	75人份
貽貝	600克	1.4公斤	6公斤	18公斤
蒜瓣	1瓣	3瓣	80克	200克
橄欖油	1½大匙	4大匙	400克	1.2公斤
微辣匈牙利紅椒粉	1/2小匙	1小匙	18克	45克
麵粉	1小匙	3小匙	150克	500克
水	200毫升	450毫升	1.2公升	4公升
新鮮巴西里，切末	2小匙	1½大匙	1束	3束

開始→

用流水沖洗貽貝，
並清除鬚毛。

大蒜切末。

取一只醬汁鍋，倒入油加
熱，放入蒜末煮1分鐘。

加入匈牙利紅椒粉，
煮幾秒鐘。

繼續→

拌入麵粉。

稍微拌勻。

倒入清水，拌炒至呈
滑順的醬汁。
煮沸約10分鐘，或醬汁
變得香郁濃稠。

巴西里切碎，先加入一
半量到醬汁中。

將乾淨的貽貝加入醬汁中，
蓋上鍋蓋。

煮5分鐘。

當貽貝殼全開時就表示熟了，
丟掉殼沒有開的。
熄火，移開鍋子。

食用前撒入剩下的巴
西里末，以鹽調味，
上菜囉！

烤海鱸魚

可以請魚販幫忙先將魚處理乾淨。

•

也可以使用其他種類的魚烹調這道料理，像是鯛魚。

	2人份	6人份	20人份	75人份
海鱸魚，每尾300克	2尾	6尾	20尾	75尾
中型馬鈴薯	2個	6個	3公斤	14公斤
熟蕃茄	2個	6個	1.5公斤	5.2公斤
中型洋蔥	1個	3個	1.1公斤	3.4公斤
蒜瓣	3瓣	9瓣	200克	600克
新鮮百里草	2株	6株	20株	75株
新鮮迷迭香	2株	6株	20株	75株
橄欖油	2大匙	6大匙	400毫升	1.2公升

開始→

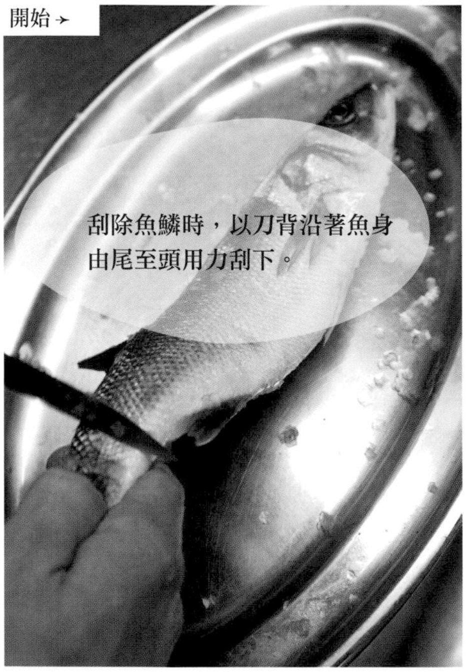

刮除魚鱗時，以刀背沿著魚身由尾至頭用力刮下。

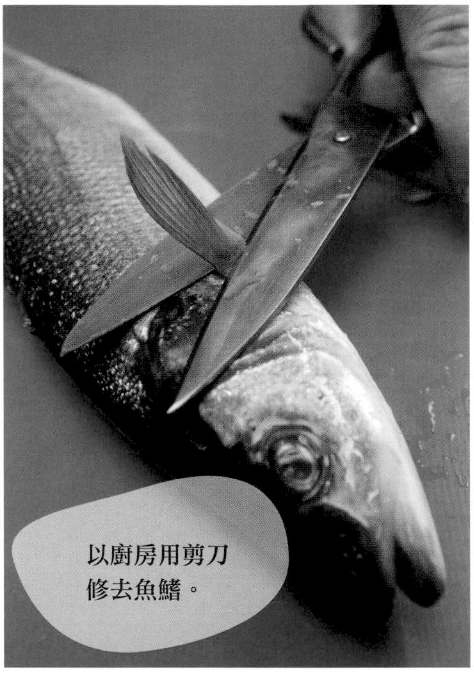

以廚房用剪刀修去魚鰭。

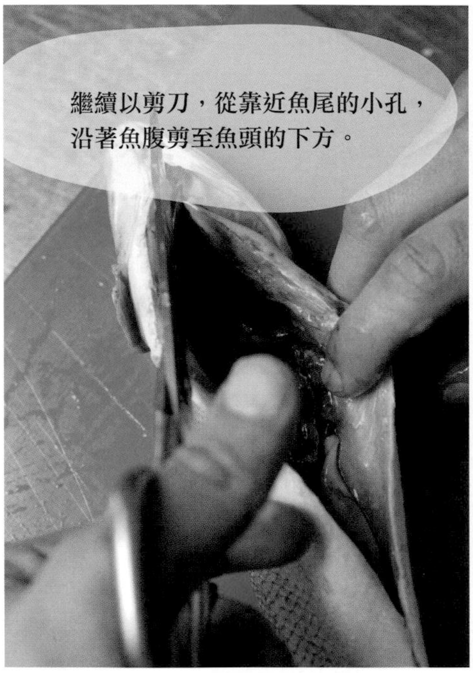

繼續以剪刀，從靠近魚尾的小孔，沿著魚腹剪至魚頭的下方。

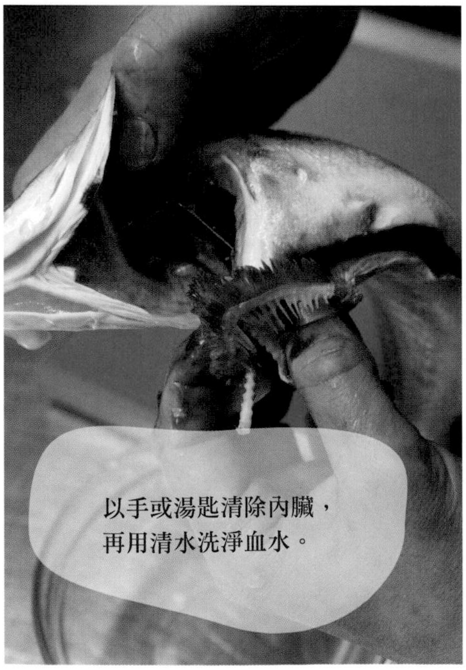

以手或湯匙清除內臟，再用清水洗淨血水。

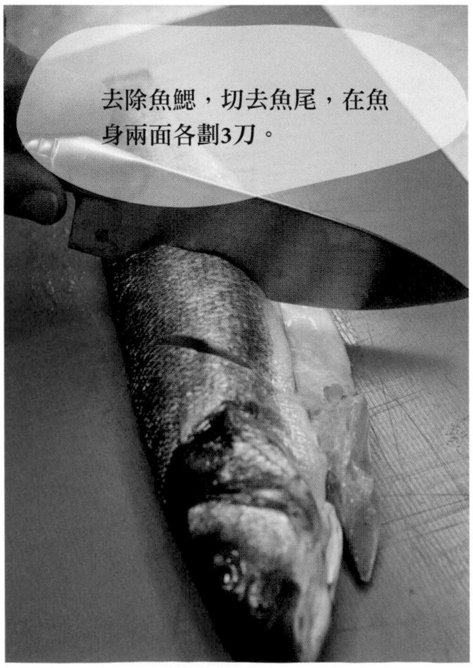

去除魚鰓，切去魚尾，在魚身兩面各劃3刀。

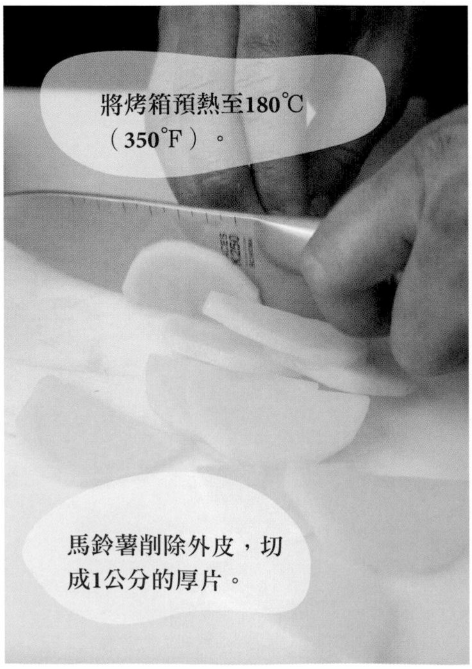

將烤箱預熱至180℃（350℉）。
馬鈴薯削除外皮，切成1公分的厚片。

繼續→

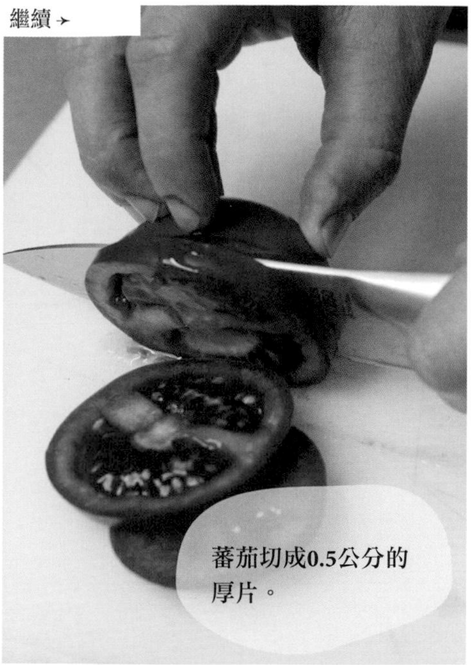
蕃茄切成0.5公分的厚片。

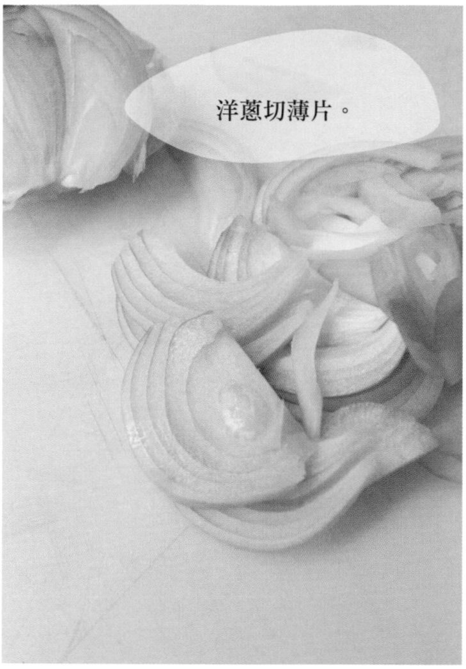
洋蔥切薄片。

搗碎蒜瓣，皮留著。

取一只大烤盤，倒入一點油，在上面放一半量的馬鈴薯，再放一半量的蕃茄和洋蔥。

以鹽和胡椒調味，然後再放入另一半量的馬鈴薯、蕃茄和洋蔥。

撒上大蒜和香草，倒入大部分的餘油。用鋁箔紙蓋住烤盤，放入烤箱烤30分鐘。

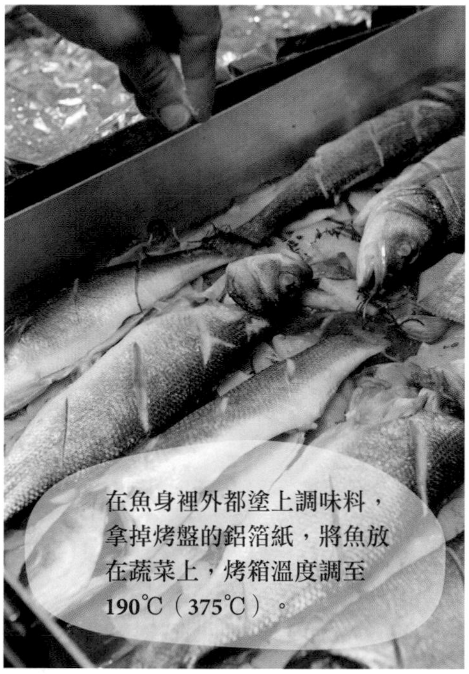
在魚身裡外都塗上調味料，拿掉烤盤的鋁箔紙，將魚放在蔬菜上，烤箱溫度調至190℃（375℃）。

將烤盤放回烤箱內，不蓋蓋子烤12分鐘，或烤至魚肉變白，可以從脊骨輕易切開魚肉。

食用前，淋幾滴橄欖油，再以迷迭香和百里香裝飾。

-

焦糖布丁

-

蒸的時間會依耐熱烤模的尺寸而異，可能需要蒸久一點。

•

布丁看起來凝固了，而且刀子插入後不會沾黏，就表示蒸好了。

	2人份	6人份	20人份	75人份
糖	92克	275克	920克	2.76公斤
水	50毫升	150毫升	500毫升	1.5公升
蛋黃	4顆	12顆	40顆	120顆
鮮奶油，含脂量35%	1小匙	1½大匙	100毫升	300毫升
用於白蘭姆酒鮮奶油：				
鮮奶油，含脂量35%	1½大匙	100毫升	500毫升	1.5公升
白蘭姆酒	1/2小匙	2小匙	100毫升	300毫升

開始 →

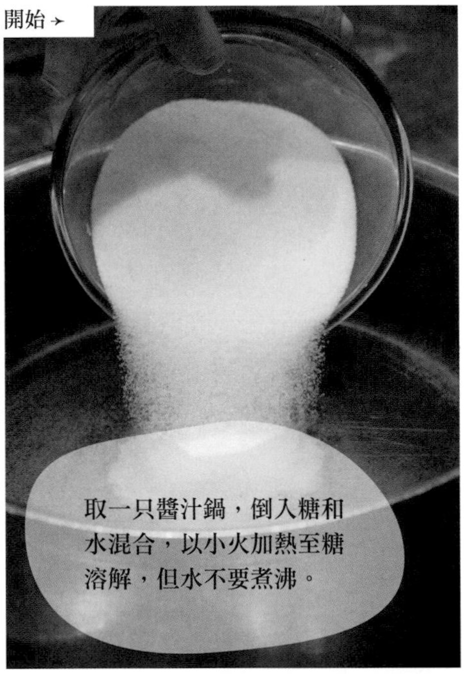

取一只醬汁鍋，倒入糖和水混合，以小火加熱至糖溶解，但水不要煮沸。

等糖溶解後，用糖果溫度計測量，將糖水煮至109℃（228℉）。

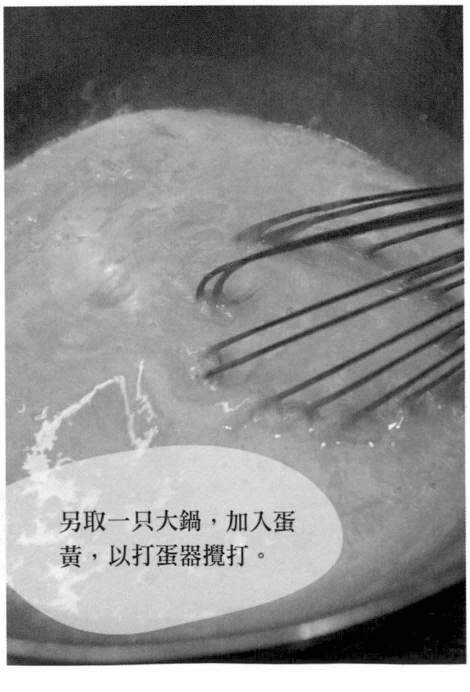

另取一只大鍋，加入蛋黃，以打蛋器攪打。

用篩網過濾好蛋黃液。

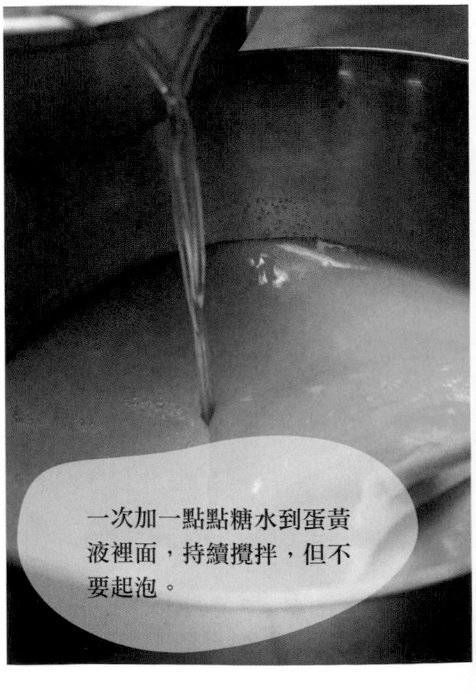

一次加一點點糖水到蛋黃液裡面，持續攪拌，但不要起泡。

繼續➝

倒入鮮奶油。

攪拌均勻。

裝入咖啡杯、小玻璃杯
或小耐熱烤模裡面，用
鋁箔紙覆蓋。

將鍋子裡的水煮沸，架上
蒸籠，放入杯子或玻璃
杯。蓋上鍋蓋蒸10分鐘。

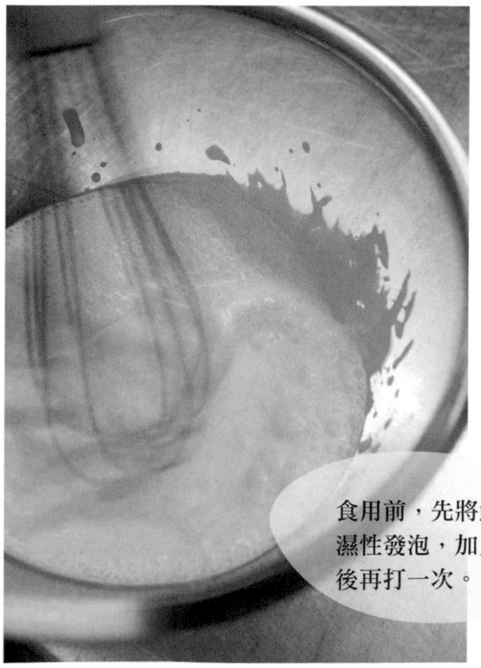
食用前，先將鮮奶油打至
濕性發泡，加入白蘭姆酒
後再打一次。

搭配白蘭姆酒鮮奶
油，在室溫中品嘗
最美味！

—

美味套餐 28

—

哈密瓜佐醃火腿

Melon with cured ham

—

鴨肉燉飯

Rice with duck

—

巧克力蛋糕

Chocolate cake

哈密瓜佐醃火腿

材料

新鮮採購類：

* 大顆熟哈密瓜
* 鹽醃火腿
* 鴨腿

食品貯存室類：

* 橄欖油
* 鹽
* 白酒
* 西班牙米（Paella rice）
* 黑胡椒粒
* 黑巧克力，可可含量60%
* 糖

冷藏室類：

* 奶油
* 蛋

冷凍室類：

* 雞高湯（參照p.57）
* 蕃茄洋蔥醬汁（參照p.43）
* 加泰隆尼亞風味醬汁（參照p.41）

鴨肉燉飯

巧克力蛋糕

烹調流程規劃

烹調流程規劃	距用餐時間（小時）
	4
	3½
	3
	2½
	2
	1½
1小時前 製作巧克力糊，倒入烤模中。	1
40分鐘前 將雞高湯煮沸。切鴨肉，接著準備燉飯。	
30分鐘前 開始煎鴨肉。 烤巧克力蛋糕。	½
20分鐘前 將雞高湯倒人米中。	
用餐前 切哈密瓜。	
	享受豐盛料理
上甜點前 將蛋糕從模型中取出，趁熱享用。	
	上甜點

-

哈密瓜佐醃火腿

-

火腿需在室溫下搭配哈密瓜食用。避免將火腿放在哈密瓜上，否則會濕掉。

•

這道料理也可以當成甜點。

•

製作這道甜點，最適合的瓜類是哈密瓜或土耳其哈密瓜（Piel de sapo，表面像蟾蜍皮）。

	2人份	6人份	20人份	75人份
大顆熟哈密瓜	1/4顆	1顆	3顆	10顆
鹽醃火腿（切薄片）	100克	250克	600克	2.25公斤

開始 →

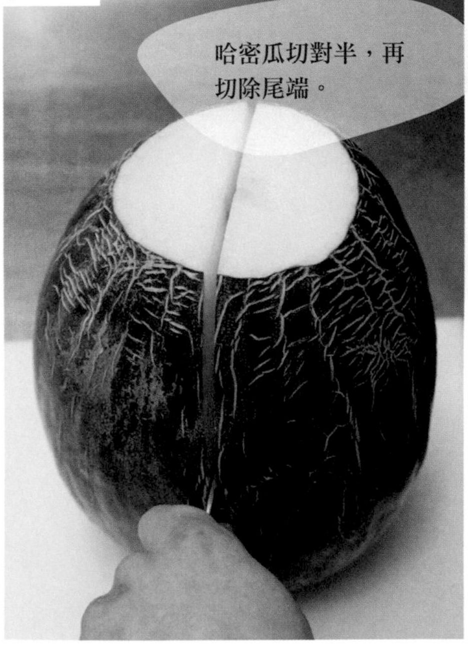

哈密瓜切對半，再切除尾端。

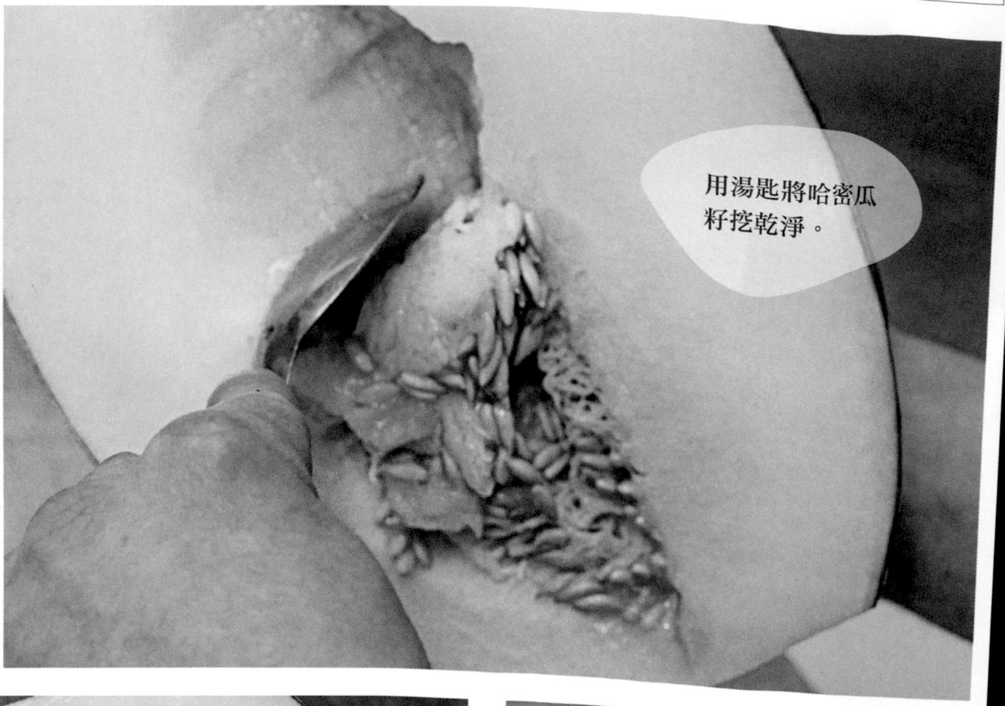

用湯匙將哈密瓜籽挖乾淨。

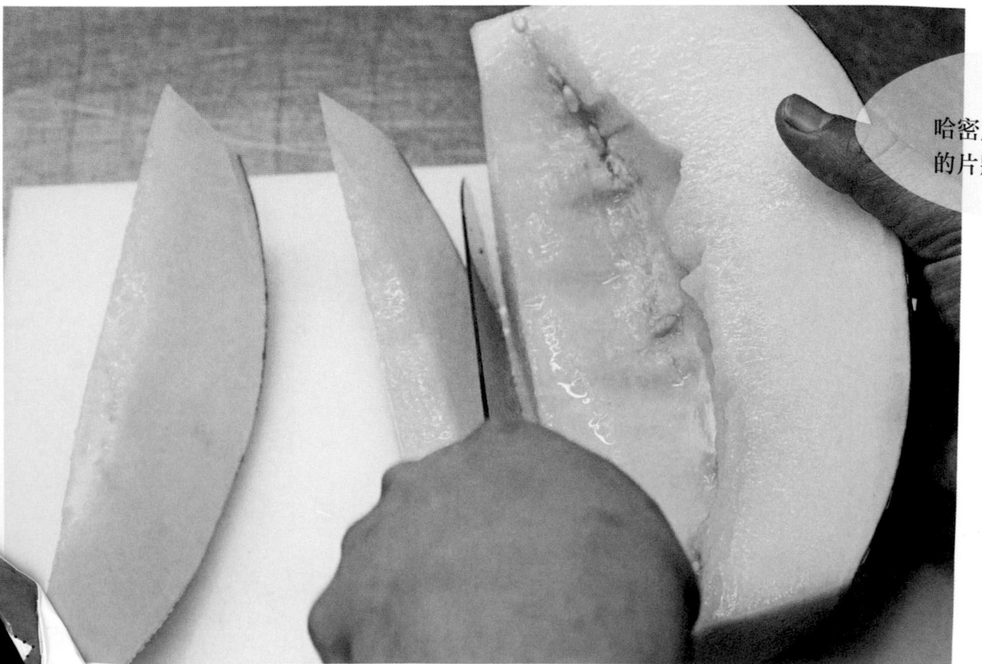

哈密瓜切成2.5公分寬的片狀。

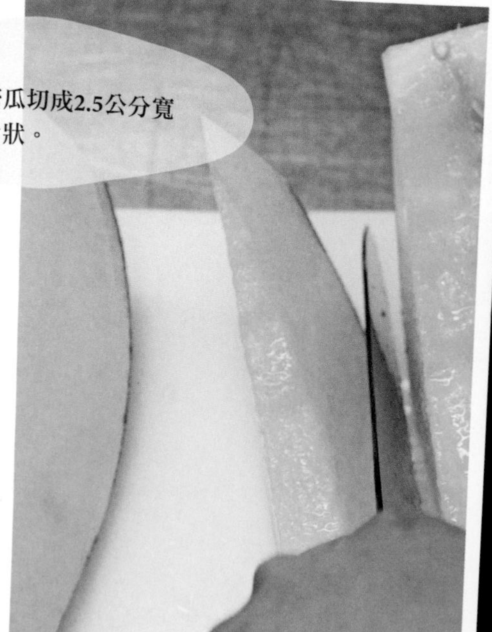

繼續 ➝

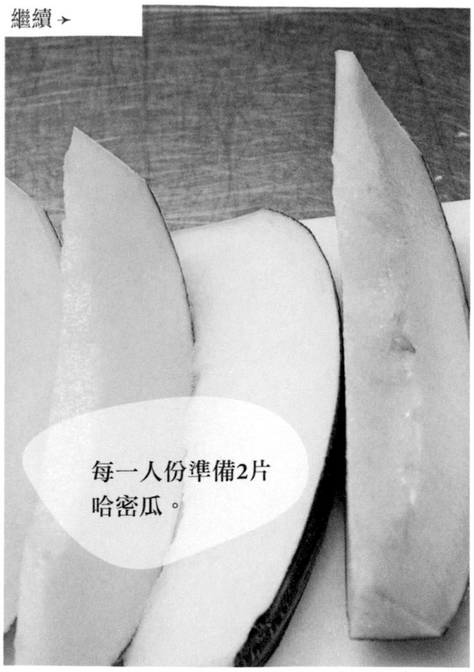
每一人份準備2片
哈密瓜。

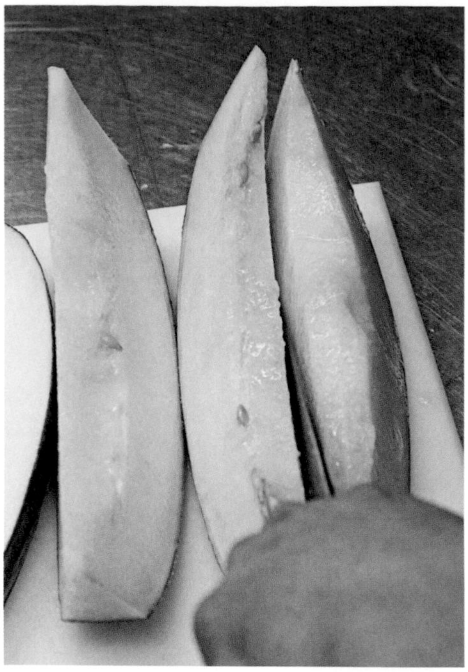

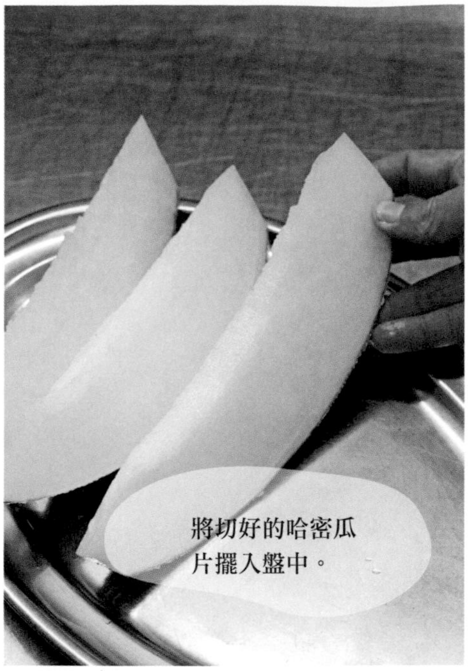
將切好的哈密瓜
片擺入盤中。

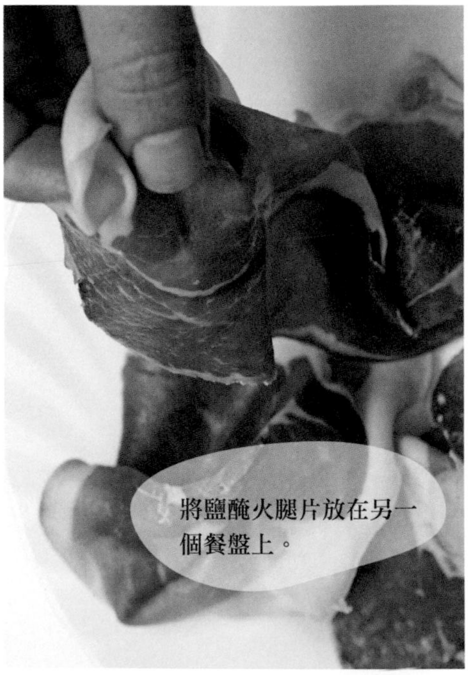
將鹽醃火腿片放在另一
個餐盤上。

哈密瓜和鹽醃火
腿分2盤上桌，再
搭配一起食用。

鴨肉燉飯

很多米飯料理都會加入蕃茄洋蔥醬汁和加泰隆尼亞風味醬汁。所以，不妨多製作一些，然後分裝成數小份，放在冷凍庫，隨時可取用。

•

這道米飯料理需要煮至濃稠狀才行。

	2人份	6人份	20人份	75人份
雞高湯（參照p.57）	750毫升	2公升	6公升	22公升
鴨腿	1隻	3隻	4公斤	16公斤
橄欖油	2大匙	50毫升	130毫升	450毫升
白酒	1½大匙	50毫升	130毫升	450毫升
蕃茄洋蔥醬汁（參照p.43）	1½大匙	180克	330克	1公斤
西班牙米（Paella rice）	200克	600克	2公斤	6.5公斤
加泰隆尼亞風味醬汁（參照p.41）	2 小匙	2大匙	120克	400克

開始→

雞高湯倒入醬汁鍋裡面，以小火煮沸。

同時，切除鴨腿上的肥油和鴨皮。

將鴨腿切成2.5公分寬的塊狀。

取一只大平底鍋，倒入油，以中火加熱，鴨肉以鹽調味後，放入平底鍋裡面。

鴨肉煎4～5分鐘或至呈金黃色。

倒入白酒，用木湯匙鏟起黏在鍋底的鍋巴。

繼續➛

等大部分的酒精都蒸發後，倒入蕃茄洋蔥醬汁。

邊攪拌邊煮5分鐘。

將米加入鍋中，煮3分鐘，需一直攪拌。

倒入雞高湯，煮17分鐘，要常常攪拌以避免米黏鍋。

倒入加泰隆尼亞風味醬汁。

以鹽和胡椒調味。

鍋子離火，讓鴨肉和米飯燜3分鐘，飯會呈稠狀但仍有嚼勁。

盛入盤中，上菜囉！

-

巧克力蛋糕

-

市面上有各式各樣的蛋糕烤模。我們建議使用有彈性的矽膠模（Flexible silicone moulds）。如果家中只有鐵模，在使用前要塗上足夠的奶油。這個食譜是使用直徑12公分，高4公分的圓型蛋糕模。

•

這種蛋糕適合溫熱時吃。建議最少要製作6人份以上的份量。吃不完的蛋糕，可放入密封容器中存放2天。

	2人份	6人份	20人份	75人份
黑巧克力，含60%可可	-	175克	600克	2.25公斤
奶油，室溫	-	90克	300克	1.1公斤
蛋白	-	120克（4顆蛋）	400克	1.4公斤
糖	-	2大匙	100克	300克
蛋黃	-	15克（1½顆蛋）	50克	175克

開始 ➝

將巧克力切成小塊。

取一只中型醬汁鍋，倒入一半量的水，以小火加熱。然後在鍋子上方放一只鐵碗或玻璃碗，底部不能碰到水，再將巧克力塊放入碗中。

讓巧克力慢慢融化，不時用抹刀攪拌至滑順，鍋子離火。

奶油切成塊狀，加入巧克力液中。

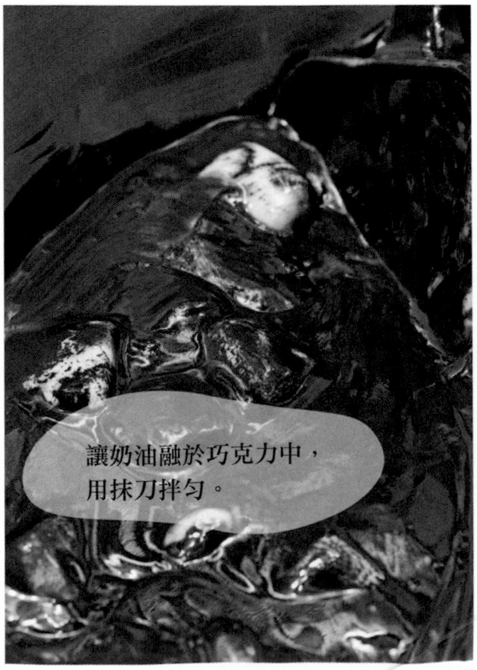
讓奶油融於巧克力中，用抹刀拌勻。

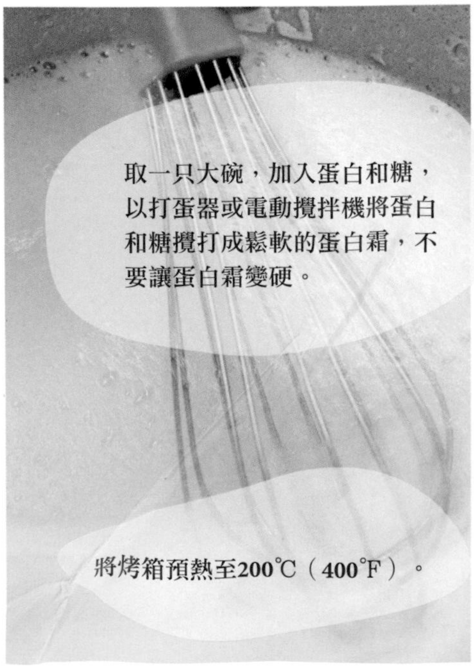
取一只大碗，加入蛋白和糖，以打蛋器或電動攪拌機將蛋白和糖攪打成鬆軟的蛋白霜，不要讓蛋白霜變硬。
將烤箱預熱至200°C（400°F）。

將蛋黃放入另一個碗裡面，
攪打幾秒鐘。

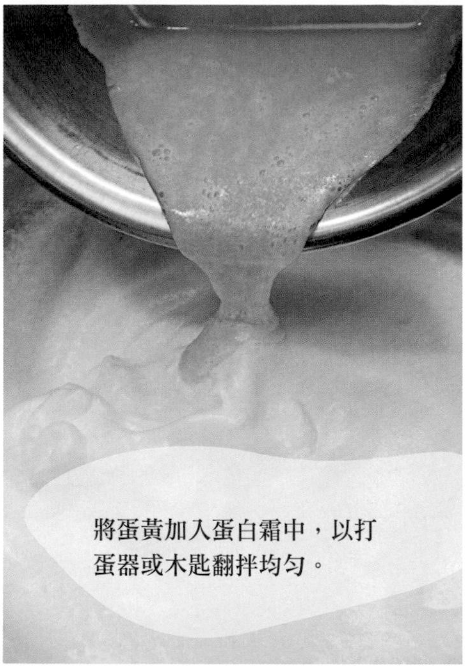
將蛋黃加入蛋白霜中，以打
蛋器或木匙翻拌均勻。

將蛋黃蛋白霜倒入奶油
巧克力液中。

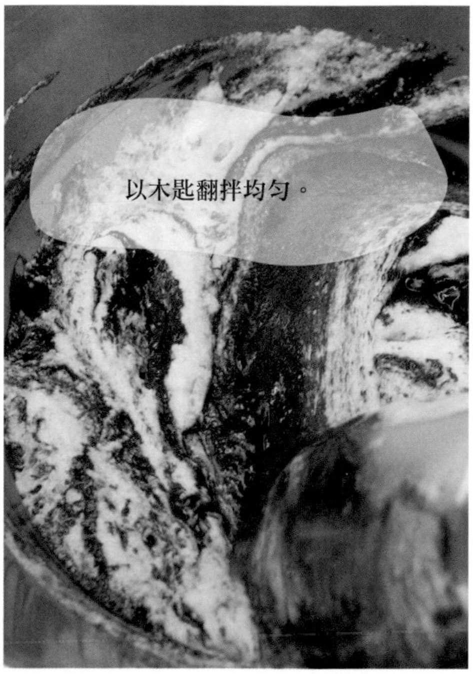
以木匙翻拌均勻。

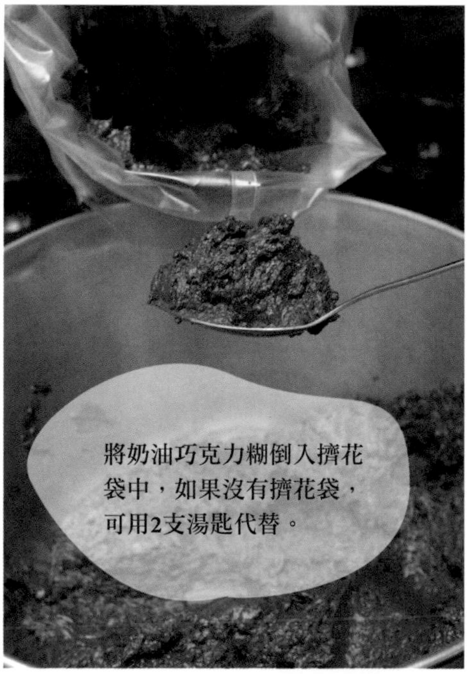
將奶油巧克力糊倒入擠花
袋中，如果沒有擠花袋，
可用2支湯匙代替。

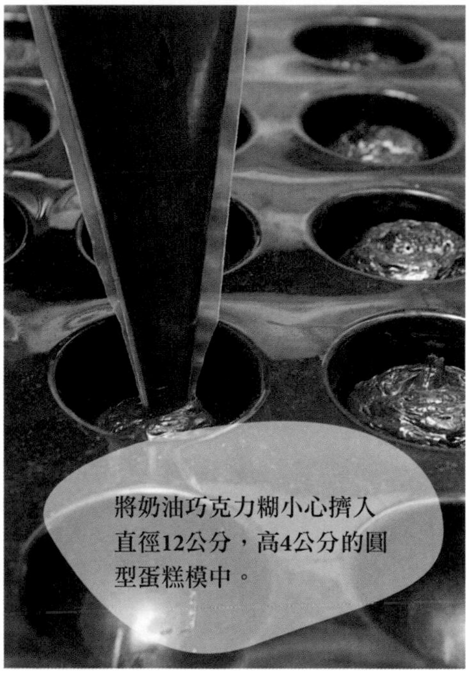
將奶油巧克力糊小心擠入
直徑12公分，高4公分的圓
型蛋糕模中。

放入烤箱，烤12分鐘或
至蛋糕體膨脹，並縮離
烤模邊緣。

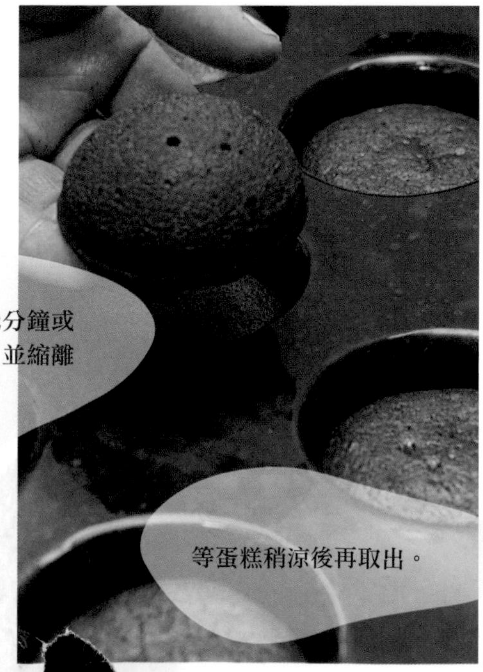
等蛋糕稍涼後再取出。

趁熱品嘗。

–

美味套餐 29

–

香烤蔬菜

Roasted vegetables with olive oil

–

鮭魚燉扁豆

Salmon stewed with lentils

–

白巧克力鮮奶油

White chocolate cream

香烤蔬菜

鮭魚燉扁豆

材料

新鮮採購類：

* 大茄子
* 大紅椒
* 新鮮鮭魚片
* 新鮮巴西里
* 罐裝熟扁豆
* 去殼開心果
* 洋蔥

食品貯存室類：

* 橄欖油
* 鹽
* 雪利酒醋
* 黑胡椒粒
* 白巧克力

冷藏室類：

* 蛋
* 鮮奶油，含脂量35%

冷凍室類：

* 蕃茄洋蔥醬汁（參照p.43）
* 魚高湯（參照p.56）
* 加泰隆尼亞風味醬汁（參照p.41）

白巧克力鮮奶油

烹調流程規劃

距用餐時間（小時）

4

3½

3

2½

2

1½小時前　1½
烤蔬菜，放涼。

1小時前　1
製作白巧克力鮮奶油，放入冰箱冷藏。

45分鐘前
準備鮭魚和扁豆需用到的巴西里。

15分鐘前　½
開始煮扁豆。

10分鐘前
將油醋醬淋在蔬菜上。

用餐前
將鮭魚放在扁豆上。

享受豐盛料理

上甜點前
在白巧克力鮮奶油上，撒些開心果。

上甜點

香烤蔬菜

這道料理在西班牙稱為Escalivada，源自加泰隆尼亞語的動詞escalivar，是指用熱灰爐煮菜，同時也有「用橄欖油烤的蔬菜」的意思。

•

如果沒有足夠的烤蔬菜湯汁來製作醬汁，可添加多一些的雪利酒醋和橄欖油。

	2人份	6人份	20人份	75人份
大茄子	1個	3個	2公斤	7.5公斤
大紅椒	1個	3個	2公斤	7.5公斤
橄欖油	2大匙	6大匙	300克	1公斤
鹽	1小撮	2小撮	25克	100克
中型洋蔥	2顆	6顆	2公斤	7.5公斤
用於油醋醬：				
雪利酒醋	1小匙	1大匙	30毫升	100毫升
橄欖油	2大匙	6大匙	300毫升	1公升
鹽	1小撮	2小撮	15克	40克

開始 →

將烤箱預熱至200℃（400℉）。

將茄子和大紅椒放在烤盤上，淋上橄欖油，撒入鹽。

洋蔥用鋁箔紙包覆，放入烤盤中。和所有蔬菜一起烤45分鐘。

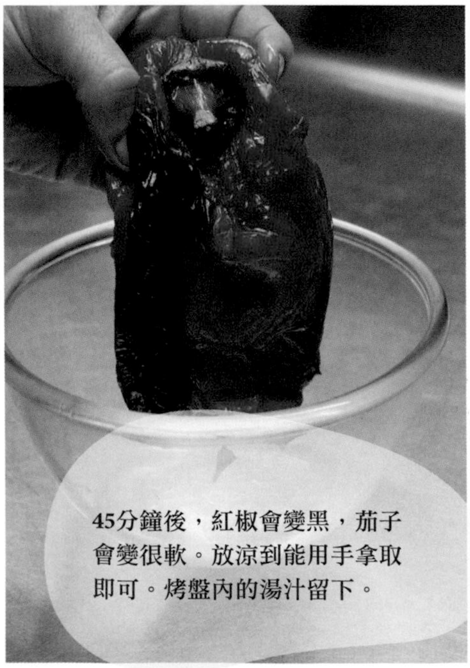
45分鐘後，紅椒會變黑，茄子會變很軟。放涼到能用手拿取即可。烤盤內的湯汁留下。

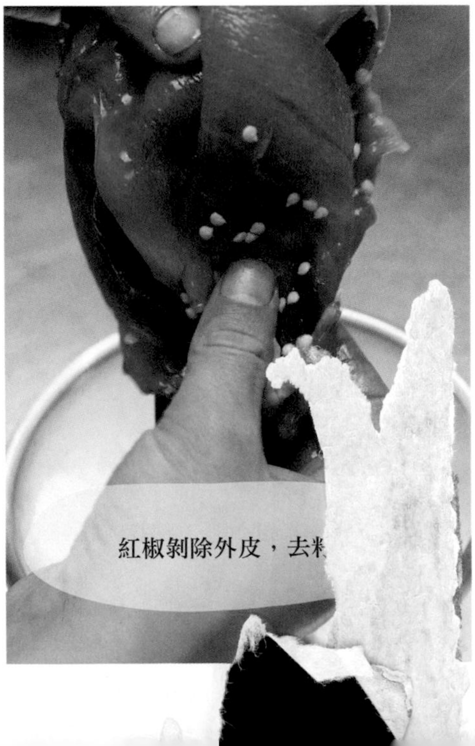
紅椒剝除外皮，去

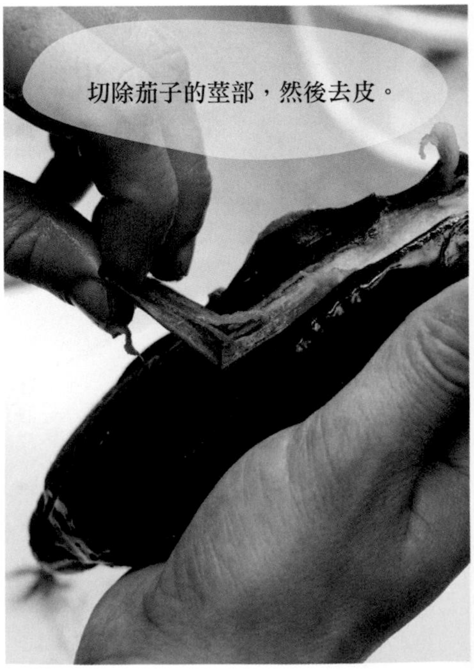
切除茄子的莖部，然後去皮。

繼續 ➔

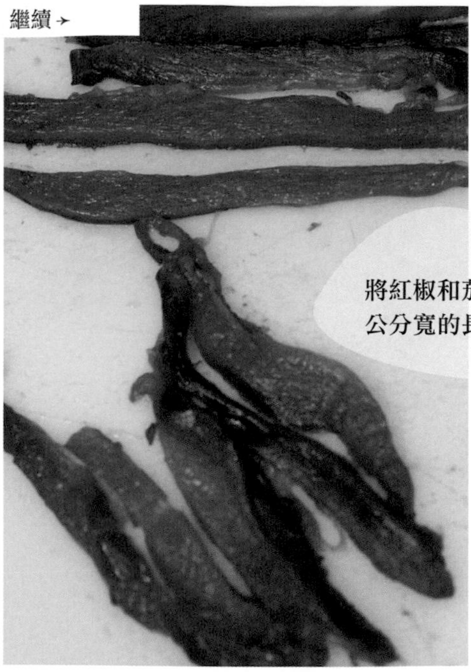
將紅椒和茄子切成0.5
公分寬的長條。

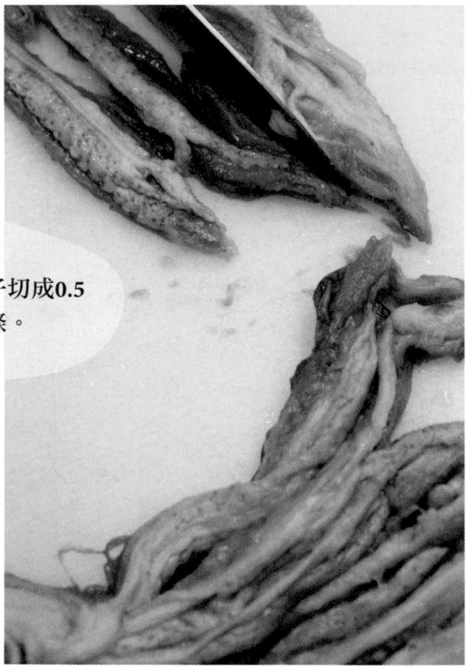

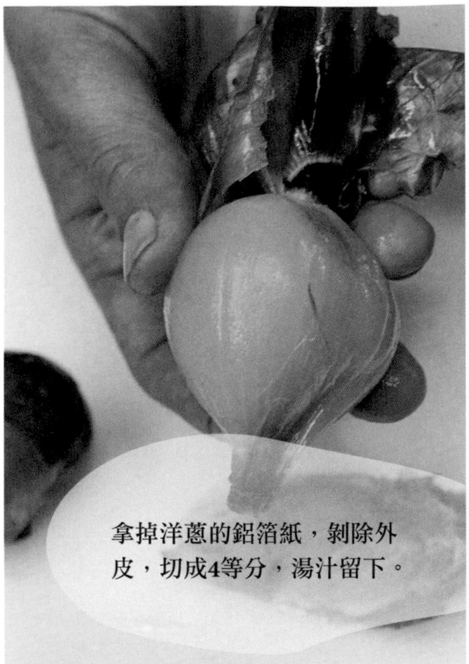
拿掉洋蔥的鋁箔紙，剝除外
皮，切成4等分，湯汁留下。

將蔬菜擺入盤中，每種
蔬菜都分開放。

將留下的湯汁倒入雪利
酒醋和橄欖油，即成油
醋醬。

以鹽調味。

將油醋醬淋在蔬菜上，
上菜囉！

鮭魚燉扁豆

可以請魚販先將魚處理乾淨。

•

也可以使用其他富含油脂的魚，像是鯖魚。如果是用貝類料理，可使用小圓蚌殼、小蛤蜊或貽貝來烹調這道料理。

	2人份	6人份	20人份	75人份
新鮮鮭魚片	300克	900克	3公斤	12公斤
新鮮巴西里	2小匙	2大匙	1束	3束
橄欖油	2小匙	2大匙	50毫升	200毫升
蕃茄洋蔥醬汁（參照p.43）	1大匙	3大匙	300克	1公斤
魚高湯（參照p.56）	400毫升	1.2公升	3.5公升	10公升
罐頭扁豆，瀝乾	300克	900克	3公斤	10公斤
加泰隆尼亞風味醬汁（參照p.41）	2小匙	2大匙	150克	400克
鹽	1小撮	2小撮	3克	10克

開始 ➝

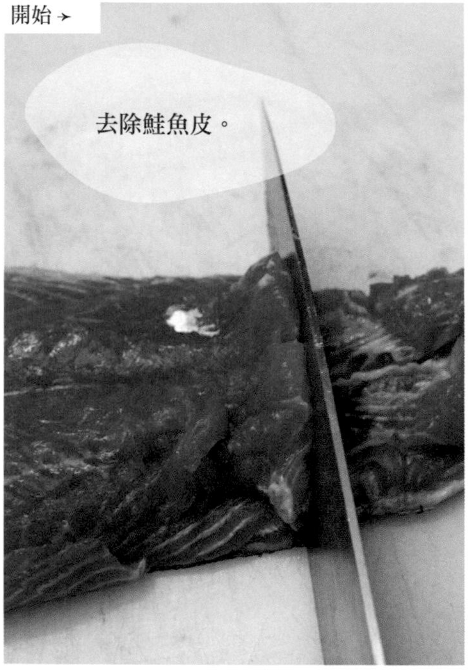

去除鮭魚皮。

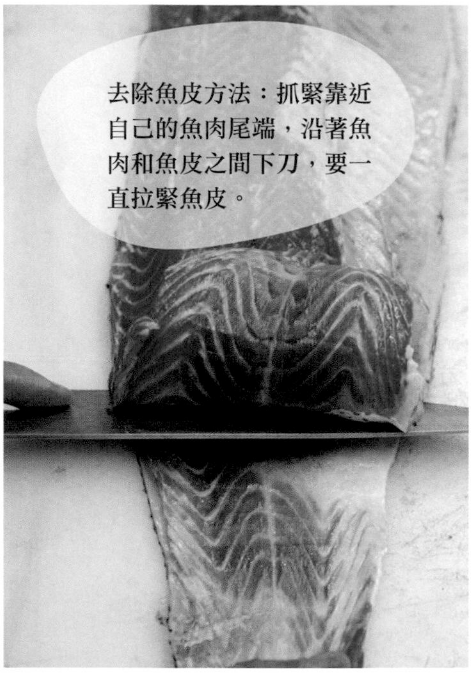

去除魚皮方法：抓緊靠近自己的魚肉尾端，沿著魚肉和魚皮之間下刀，要一直拉緊魚皮。

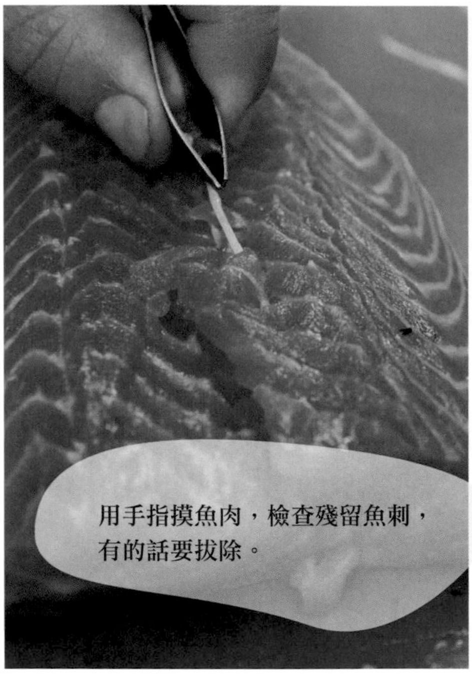

用手指摸魚肉，檢查殘留魚刺，有的話要拔除。

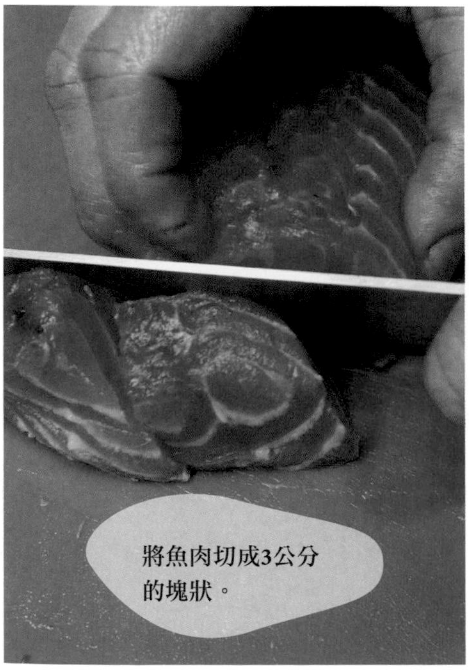

將魚肉切成3公分的塊狀。

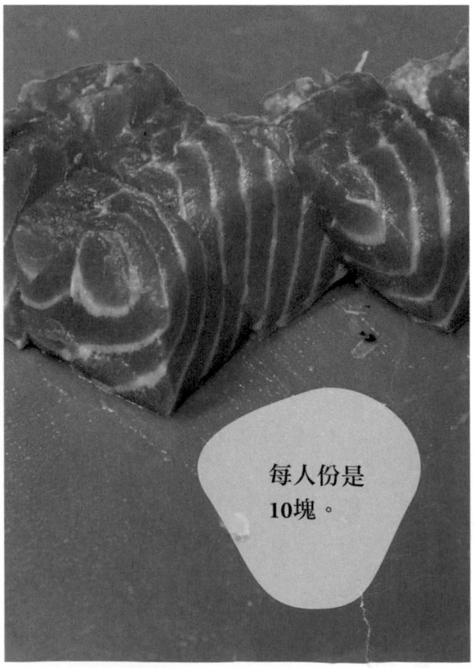

每人份是10塊。

巴西里葉去掉莖部。

繼續→

將巴西里葉
切碎。

醬汁鍋以中火加熱，倒入
橄欖油和蕃茄洋蔥醬汁。

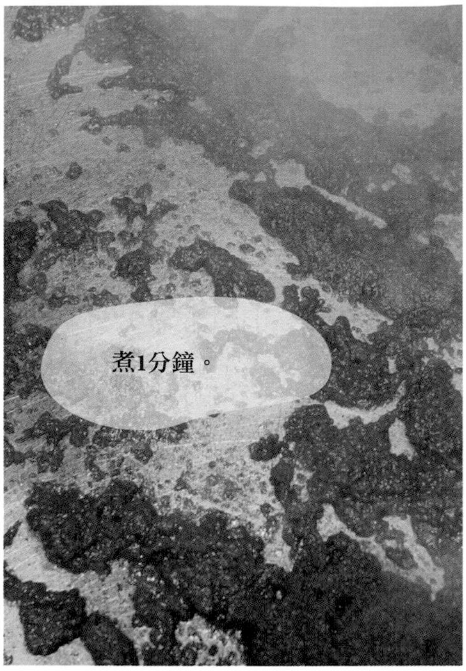
煮1分鐘。

倒入魚高湯煮沸，然後
加入扁豆。

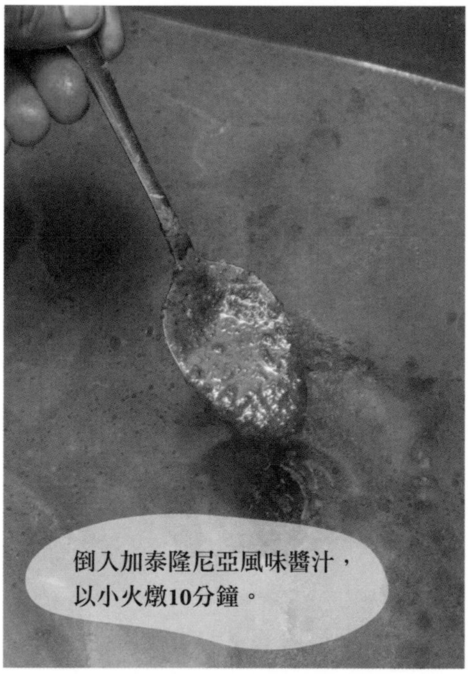
倒入加泰隆尼亞風味醬汁，
以小火燉10分鐘。

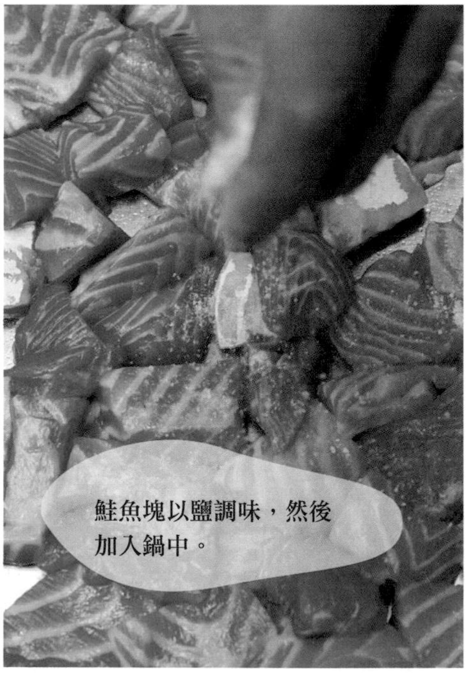
鮭魚塊以鹽調味，然後
加入鍋中。

1分鐘後，小心將鮭魚翻面，
不要弄碎，可依個人喜好再
加點鹽調味。

撒上巴西里末，小心攪拌。

將燉扁豆和魚盛入淺
盤中，上菜囉！

白巧克力鮮奶油

我們用烤香的開心果搭配這道料理，但也可以用其他烤香的堅果、新鮮的覆盆子或草莓、其他水果乾，會有不同滋味。

•

烤開心果時，用煎鍋以中大火煎2分鐘，要常常翻動，直至外表呈金黃色。

•

白巧克力鮮奶油可在食用前一天先準備好。

	2人份	6人份	20人份	75人份
白巧克力	70克	220克	800克	3.63公斤
鮮奶油，含脂量35%	90毫升	260毫升	1.42公升	4.28公升
蛋黃	1顆	3顆	220克	990克
烤過的去殼開心果	20克	100克	150克	670克

開始 →

將白巧克力切碎。

將鮮奶油倒入醬汁鍋中，煮沸。

將蛋黃打入大碗裡面，倒入鮮奶油，繼續攪拌。

將拌好的蛋奶液倒入乾淨的醬汁鍋中，以小火煮3分鐘，不斷攪拌至剛剛好變濃稠，不要煮到沸騰。

繼續→

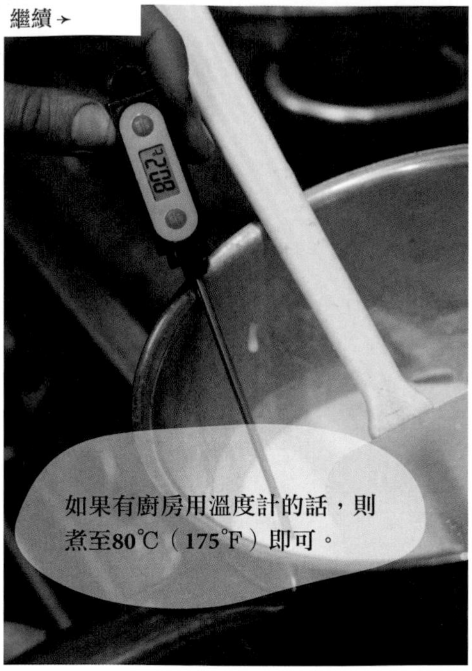

如果有廚房用溫度計的話，則煮至80℃（175℉）即可。

將蛋奶液倒入白巧克力中，融化巧克力2分鐘。

攪打成滑順的乳狀。

將奶蛋液舀入碗中，放入冰箱冷藏1小時至凝固。

食用前，撒上開心果。

—

美味套餐 30

—

炙烤生菜心

Grilled lettuce hearts

—

紅酒芥末小牛肉

Veal with red wine & mustard

—

巧克力慕司

Chocolate mousse

-

炙烤生菜心

-

-

紅酒芥末小牛肉

-

材料

採購新鮮類：

* 新鮮薄荷
* 生菜心
* 小牛頰肉

食品貯存室類：

* 雪利酒醋
* 顆粒芥末籽醬
* 橄欖油
* 食鹽
* 黑胡椒粒
* 白蘭地
* 紅酒
* 糖
* 即溶馬鈴薯粉
* 黑巧克力，含60%可可
* 虹吸瓶用氧化氮氣彈
* 焦糖榛果

冷藏室類：

* 蛋
* 全脂牛奶
* 奶油
* 鮮奶油，含脂量35%

巧克力慕司

烹調流程規劃

烹調流程規劃	距用餐時間（小時）
	4
3½小時前 若使用烤箱烤的話，煎黃和烹調小牛頰肉。	3½
	3
	2½
	2
	1½
1小時前 若使用壓力鍋煮的話，煎黃和煮熟小牛頰肉。	1
準備巧克力慕司糊，裝入虹吸瓶中。	½
20分鐘前 調製油醋醬，切生菜心。	
10分鐘前 烹調馬鈴薯泥	
食用前 煮生菜心，淋上油醋醬。	
	享受豐盛料理
上主菜前 收乾小牛頰肉的湯汁	
	主菜
上甜點前 壓出巧克力慕司，撒上榛果。	
	上甜點

炙烤生菜心

調製油醋醬時，小心不要讓它乳化，所以不要過度攪拌。

•

如果找不到生菜心的話，可用比利時菊苣（Belgian endive）代替。

	2人份	6人份	20人份	75人份
新鮮薄荷	8株	20克	33克	100克
顆粒芥末籽醬	1小匙	1大匙	180克	570克
雪利酒醋	1大匙	3大匙	110毫升	335毫升
蛋黃	1顆	3顆	8顆	25顆
橄欖油，包括炒菜的用量	6大匙	240毫升	900毫升	2.7公升
生菜心，像波士頓品種	2個	6個	20個	75個

開始→

製作醬汁時，將薄荷葉和芥末籽醬放入高杯子或水壺裡。

加入雪利酒醋。

加入蛋黃。

繼續→

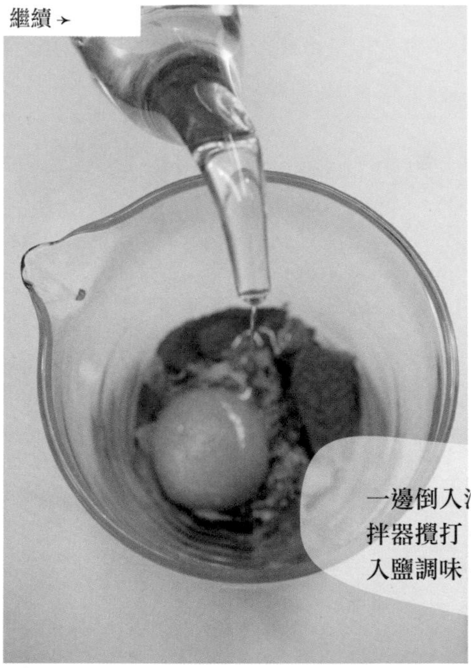

一邊倒入油，一邊以手持電動攪
拌器攪打，直至薄荷葉攪碎。加
入鹽調味，即成薄荷油醋醬。

將生菜心切對半。

取一只平底鍋，倒入少許
油，以中火加熱。生菜心以
食鹽調味後，放入煎5分鐘
直至兩面都呈金黃色。

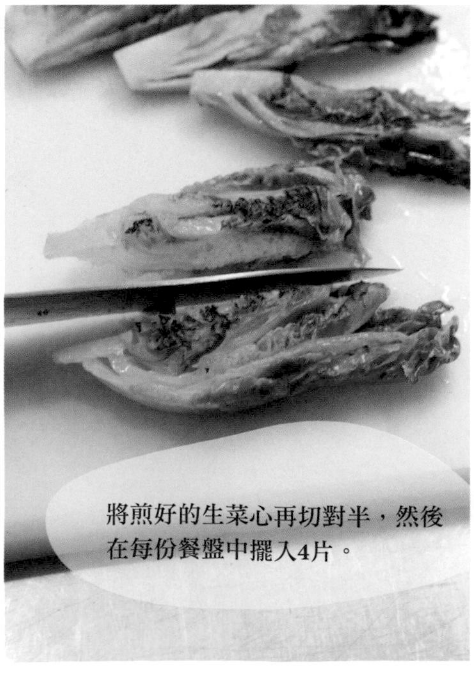

將煎好的生菜心再切對半，然後
在每份餐盤中擺入4片。

食用前，將薄荷油醋醬
淋在生菜心上。

紅酒芥末小牛肉

料理小牛頰肉最快的方式是用壓力鍋。如果沒有壓力鍋的話，利用烤箱烤也很簡便。將烤箱預熱至180℃（350℉），先用燉鍋煎至金黃，再加入水和酒，然後蓋上鍋蓋烤3小時至軟嫩（需視個人製作份量調整時間），最後加入芥末籽醬。

•

這道料理也可以改用豬頰肉，或者適合慢燉的肉，像是小牛腱或牛小腿肉來烹調。

	2人份	6人份	20人份	75人份
小牛頰肉	2塊	6塊	20塊	75塊
橄欖油	2小匙	1½大匙	200毫升	500毫升
白蘭地	3大匙	100毫升	500毫升	1.5公升
紅酒	500毫升	1公升	3公升	9公升
糖	2小匙	1½大匙	80克	200克
水	1公升	2公升	4公升	12公升
顆粒芥末籽醬	1小匙	1½大匙	60克	250克
全脂牛奶	200毫升	500毫升	2.5公升	7.5公升
奶油	10克	25克	250克	750克
即溶馬鈴薯粉	25克	65克	300克	930克

開始 →

小牛頰肉先以鹽和胡椒調味。

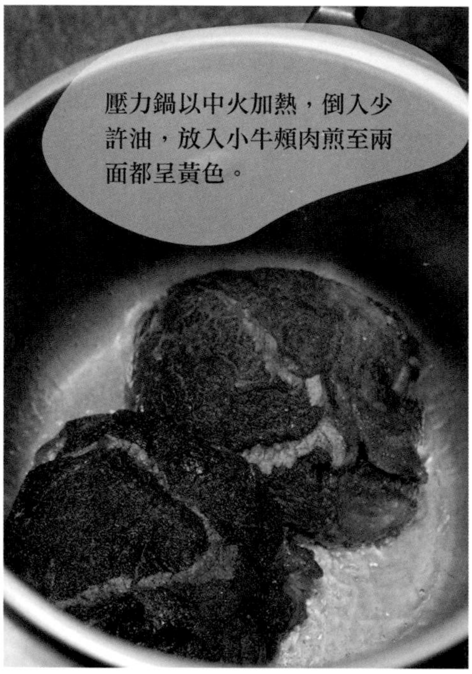
壓力鍋以中火加熱，倒入少許油，放入小牛頰肉煎至兩面都呈黃色。

如果煮超過2塊小牛肉，可以分批煎好後先放在盤中。

將小牛頰肉放回壓力鍋中，倒入白蘭地，煮至稍微收乾。

加入糖，倒入紅酒。

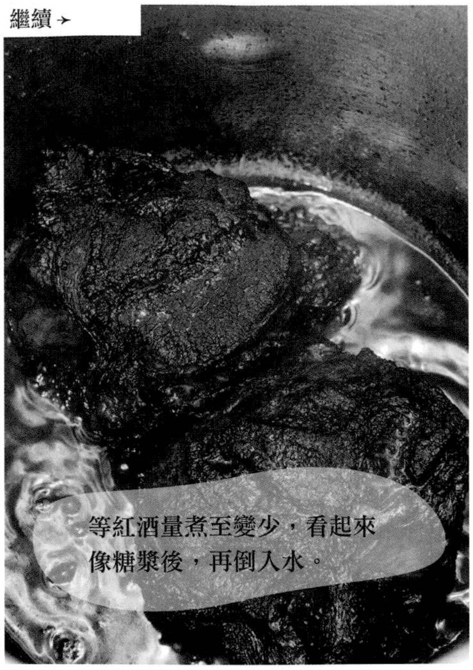
等紅酒量煮至變少，看起來
像糖漿後，再倒入水。

加入芥末籽醬。

蓋上壓力鍋蓋，以中火
煮45分鐘。

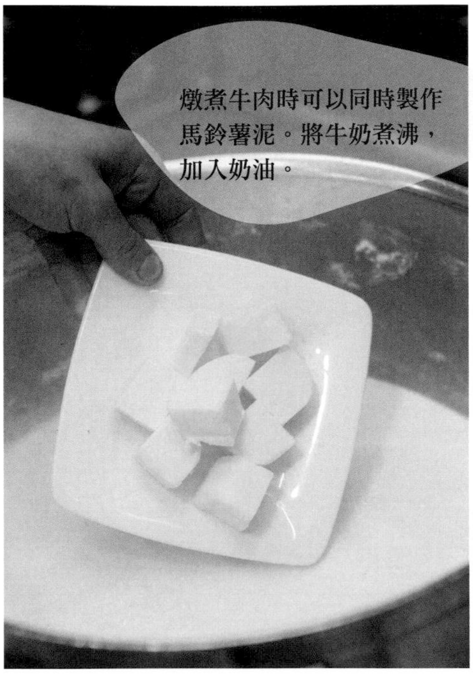
燉煮牛肉時可以同時製作
馬鈴薯泥。將牛奶煮沸，
加入奶油。

加入馬鈴薯粉，攪拌
至濃稠狀。

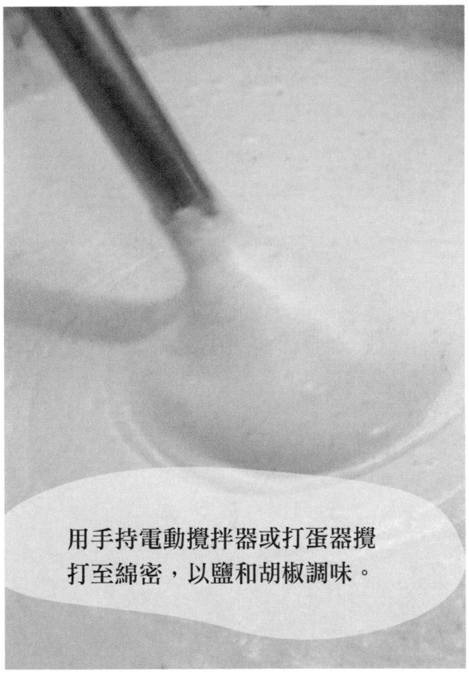
用手持電動攪拌器或打蛋器攪
打至綿密，以鹽和胡椒調味。

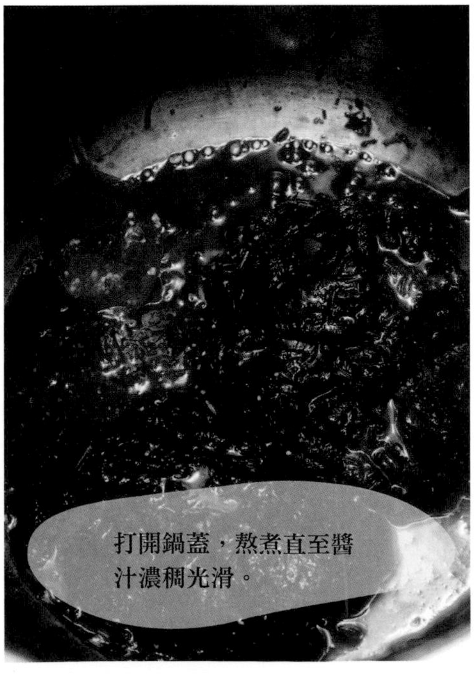
打開鍋蓋，熬煮直至醬
汁濃稠光滑。

上菜時，在盤子上放入1片小牛
頰肉，淋上紅酒芥末籽醬，另
附一碗馬鈴薯泥一起食用。

巧克力慕司

虹吸瓶製作巧克力慕司時，最少得做6～8人份。沒有虹吸瓶的話，可以用打蛋器將蛋白打至乾性發泡，再和巧克力混合液翻拌均勻，但是口感會很不一樣。

•

焦糖榛果可用任何一種爽脆的堅果取代，如壓碎的杏仁或花生。

	2人份	6人份	20人份	75人份
黑巧克力，含60%可可	-	130克	640克	2.4公斤
鮮奶油，含脂量35%	-	120毫升	600毫升	2.2公升
蛋白	-	4顆	450克	1.7公斤
虹吸瓶用氧化氮氣彈	-	1支	3支	8支
焦糖榛果	-	30顆	300克	1公斤

使用0.5公升的虹吸瓶可製作6～8人份；如果要做更多份量，可使用1公升的虹吸瓶。

開始→

將巧克力切碎，放入大碗裡面。

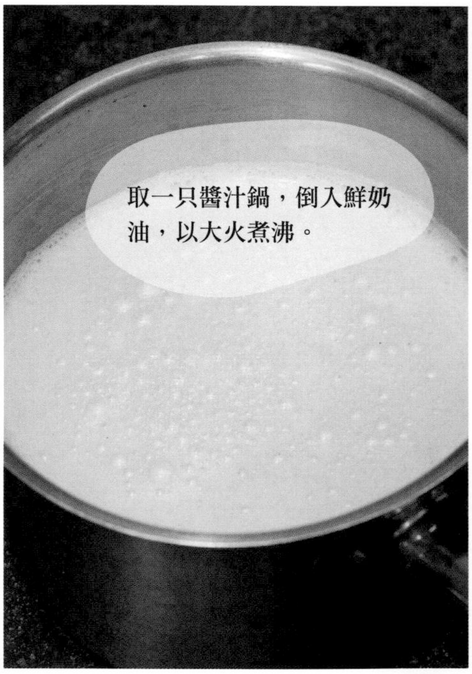
取一只醬汁鍋，倒入鮮奶油，以大火煮沸。

將煮沸的鮮奶油倒入巧克力中。

以打蛋器攪打至巧克力融化，巧克力鮮奶油滑順。

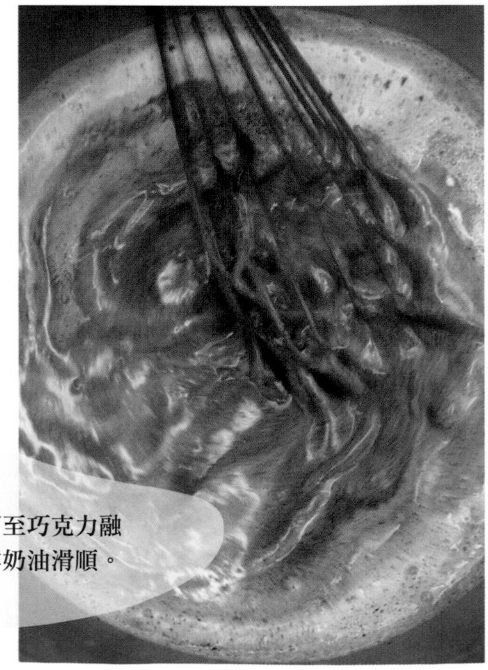

繼續→

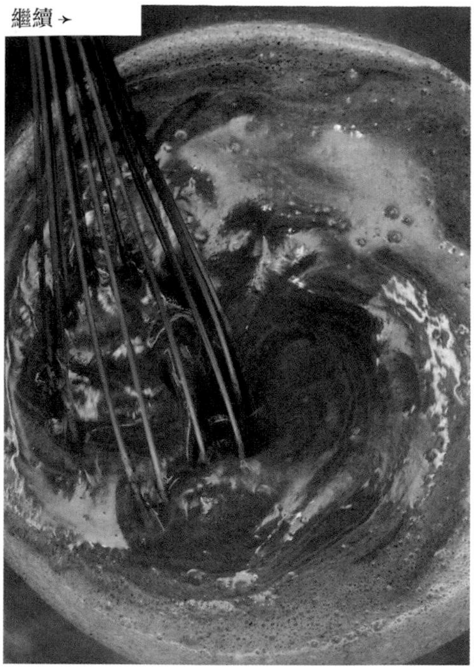

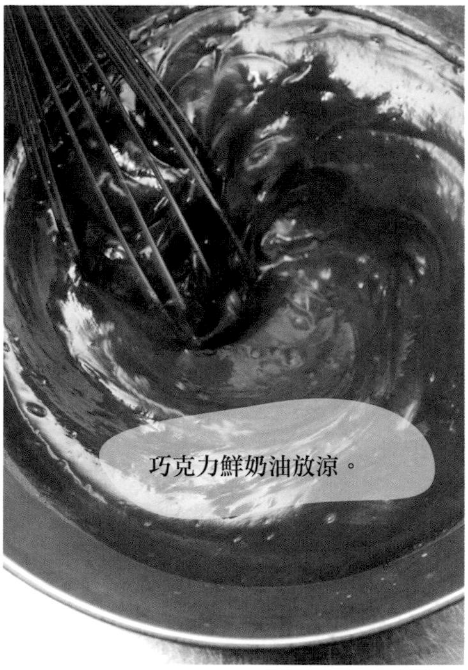
巧克力鮮奶油放涼。

加入蛋白，攪拌均勻。

用濾網過濾巧克力鮮奶油
後，注入虹吸瓶中。

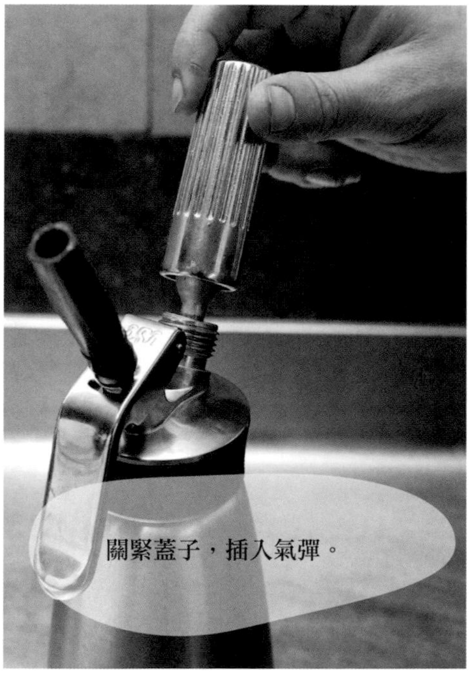
關緊蓋子，插入氣彈。

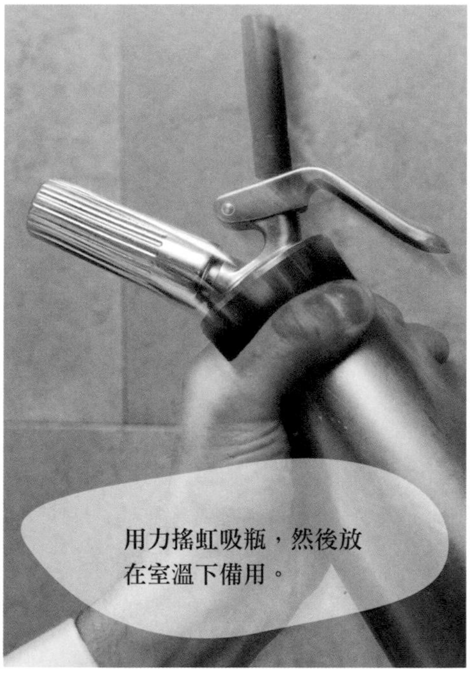
用力搖虹吸瓶，然後放
在室溫下備用。

將慕司壓入小碗或玻
璃杯裡面。

撒上焦糖榛果，或
者自己喜歡的堅
果，可以品嘗囉！

華爾道夫沙拉

貽貝麵湯

材料

新鮮採購類：

* 西洋芹
* 檸檬
* 金冠蘋果（青蘋果）
* 小顆貽貝
* 大顆熟瓜，例如：哈密瓜或土耳其哈密瓜。
* 粉紅葡萄柚
* 新鮮薄荷

食品貯存室類：

* 去皮核桃
* 顆粒芥末籽醬
* 義大利細短麵條（Filini pasta）
* 橄欖油
* 白酒
* 糖

冷藏室類：

* 鮮奶油，含脂量35%
* 美乃滋

冷凍室類：

* 魚高湯（參照p.56）
* 蕃茄洋蔥醬汁（參照p.43）
* 加泰隆尼亞風味醬汁（參照p.41）

哈密瓜薄荷甜湯佐粉紅葡萄柚

烹調流程規劃	距用餐時間（小時）
	4
	3½
	3
	2½
	2
	1½
1小時前 製作哈密瓜湯，粉紅葡萄柚切塊後放入冰箱冷藏。 清洗貽貝，放回冰箱。	1
30分鐘前 煨煮魚湯。 製作沙拉醬。 切西洋芹、蘋果和核桃。	½
20分鐘前 開始煮麵條。	
10分鐘前 將蕃茄洋蔥醬汁、魚高湯和加泰隆尼亞醬汁加入麵條內。 完成沙拉。	
用餐前 將貽貝加入湯中。	
	享受豐盛料理
上甜點前 葡萄柚放入碗裡，舀入哈密瓜湯。	
	上甜點

華爾道夫沙拉

製作大份量的沙拉時，可添加抗壞血酸（維他命C粉），防止蘋果變色，而檸檬汁也有相同的功效。

	2人份	6人份	20人份	75人份
西洋芹	100克	300克	1公斤	3.5公斤
核桃瓣	30克	90克	300克	1公斤
美乃滋	60克	180克	600克	2公斤
顆粒芥末籽醬	2小匙	1½大匙	65克	225克
鮮奶油，含脂量35%	1½大匙	4大匙	150克	500克
金冠蘋果（青蘋果）	1個	3個	7個	25個
濾過的檸檬汁	1大匙	2大匙	75毫升	280毫升

開始 →

摘除西洋芹的葉子，以蔬菜刨刀削皮。

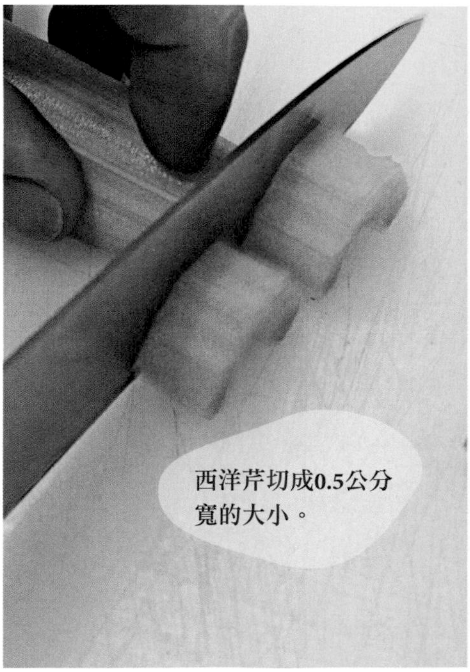

西洋芹切成0.5公分寬的大小。

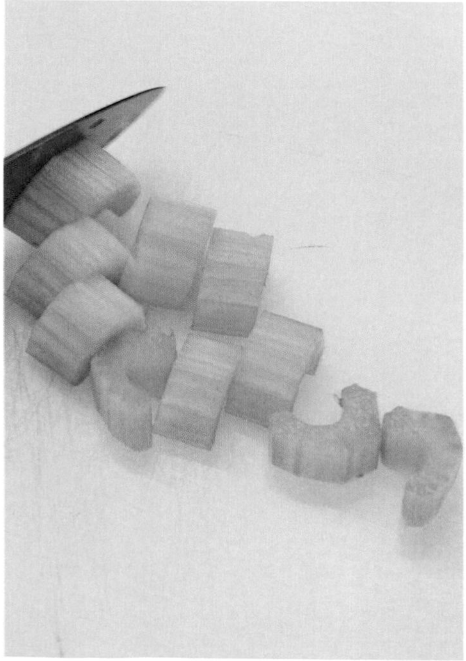

將胡桃瓣撥成兩半。

製作沙拉醬：將美乃滋放入碗裡面，拌入芥末籽醬。

繼續 →

拌入鮮奶油和檸檬汁，以鹽
調味，即成沙拉醬。

蘋果削除外皮。

蘋果切片，然後去
掉果核。

切成1公分的小塊狀。

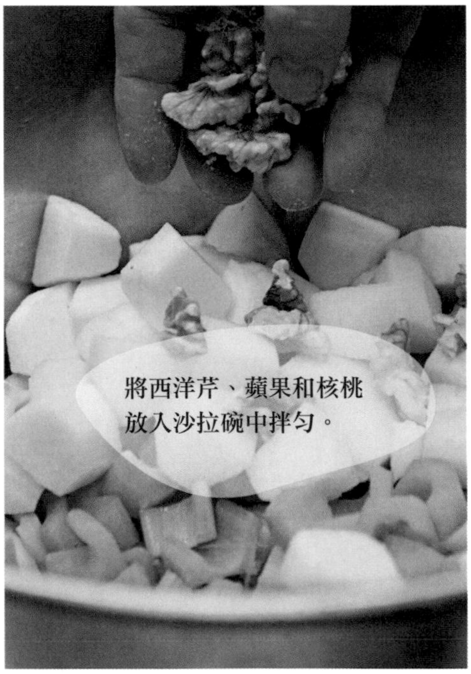
將西洋芹、蘋果和核桃
放入沙拉碗中拌勻。

舀入沙拉醬，拌至所有食
材都裹上沙拉醬，以鹽和
胡椒調味。

盛入小碗中，
上菜囉！

貽貝麵湯

我們有時會在這道料理中加入匈牙利甜紅椒粉或番紅花。

•

可用小蛤蜊取代貽貝，也可以用任何一種短義大利麵取代細短麵條（Filini Pasta）。

•

多製作一些魚高湯、蕃茄洋蔥醬汁和加泰隆尼亞風味醬汁，放在冰箱冷凍庫保存，烹調這道菜（或其他菜）時會更輕鬆、便利。

	2人份	6人份	20人份	75人份
小顆貽貝	115克	350克	2.25公斤	8.5公斤
魚高湯（參照p.56）	400毫升	1.2公升	4.5公升	16公升
橄欖油	2小匙	4大匙	200毫升	700毫升
義大利細短麵條（Filini pasta）	180克	540克	1.8公斤	7公斤
蕃茄洋蔥醬汁（參照p.43）	30克	90克	300克	1公斤
白酒	1½大匙	4大匙	150毫升	500毫升
加泰隆尼亞風味醬汁（參照p.41）	2小匙	1½大匙	120克	400克

開始 ➛

在水龍頭下以清水刷洗貽貝和去鬚。

取一只醬汁鍋，倒入魚高湯，以小火煮沸。

取一只大煎鍋，倒入油加熱，加入麵條。

麵條炒1～2分鐘或至呈金黃色。

將蕃茄洋蔥醬汁拌入麵條，續煮2分鐘

充分攪拌。

倒入白酒，鏟起鍋底
的鍋巴。

加入魚高湯和加泰隆
尼亞風味醬汁，沸騰
後再煮10分鐘。

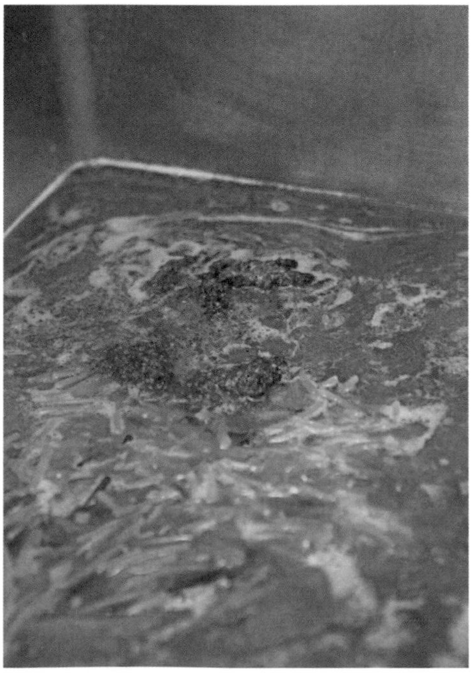

加入貽貝，蓋上鍋蓋，
以小火煨煮10分鐘。

貽貝的殼全開就表示
熟了，丟掉殼沒開的
貽貝。

關火，以鹽和胡椒調
味，上菜囉！

-

哈密瓜薄荷甜湯
佐粉紅葡萄柚

-

建議最少一次準備6人份以上的份量。吃不完的湯，可當第二天早餐的果汁。隔夜保存於冰箱內。

•

哈密瓜或土耳其哈密瓜（皮的紋路類似蟾蜍皮）都很適合做這道料理。如果哈密瓜已經熟透，壓瓜尾的時候會有點凹下。

	2人份	6人份	20人份	75人份
大顆熟哈密瓜	-	1顆	3顆	10顆
新鮮薄荷葉	-	10片	20克	70克
粉紅葡萄柚	-	2個	1.5公斤	5公斤
糖	-	2大匙	150克	500克

開始 ➛

切去哈密瓜的尾端，
然後剖對半。

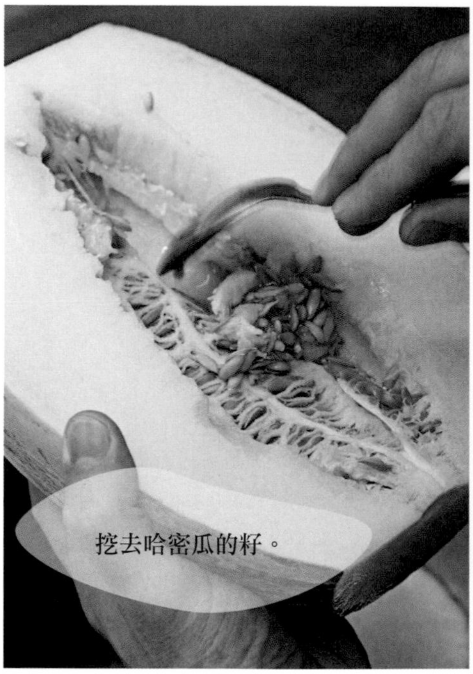

挖去哈密瓜的籽。

把每一半的哈密瓜
切片，削皮。

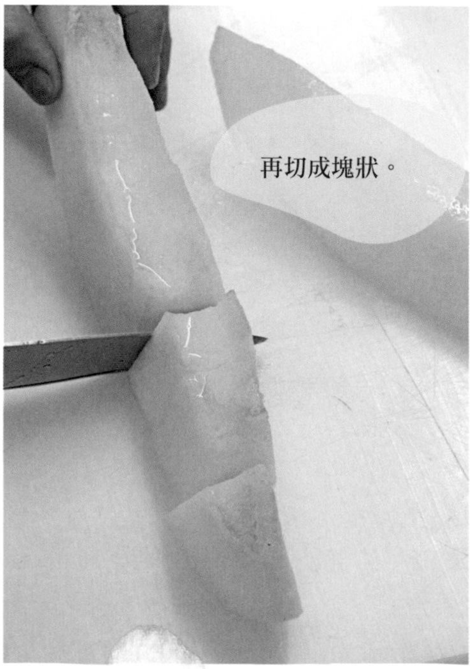

再切成塊狀。

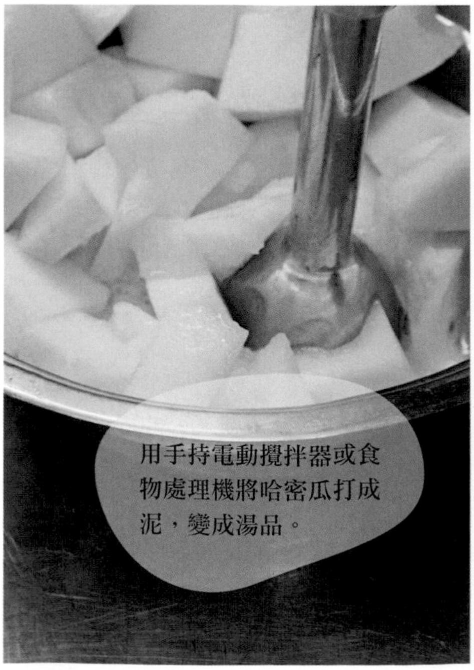

用手持電動攪拌器或食
物處理機將哈密瓜打成
泥，變成湯品。

繼續 ➔

薄荷葉去掉莖，先留下一些做裝飾用。

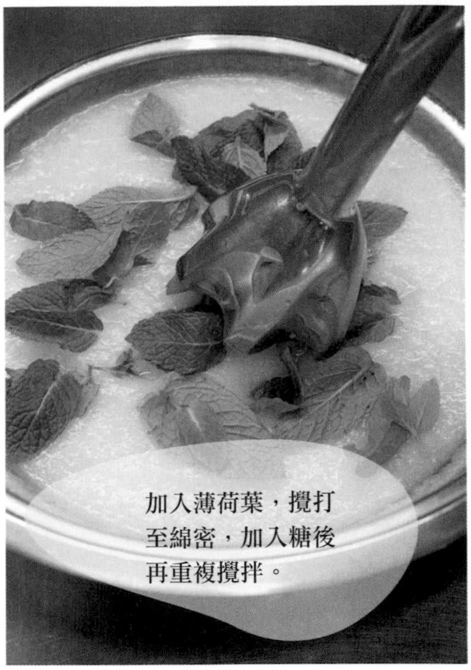
加入薄荷葉，攪打至綿密，加入糖後再重複攪拌。

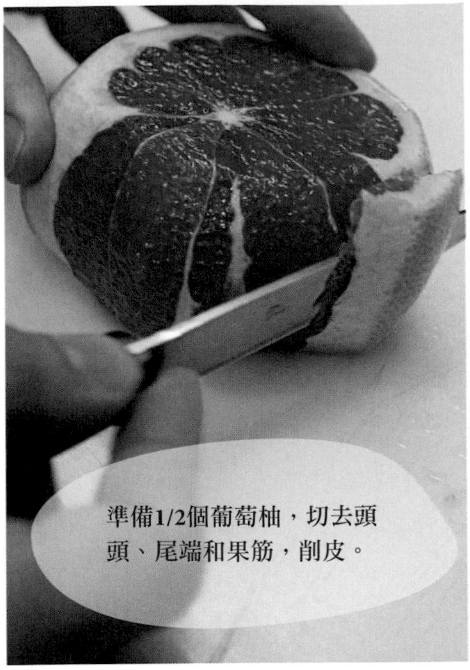
準備1/2個葡萄柚，切去頭頭、尾端和果筋，削皮。

切下果肉，放於一旁。

將剩下的葡萄柚榨成汁。

將葡萄柚汁倒入湯裡面，拌勻。

用細目篩網過濾出湯汁。

食用前，先在碗中放幾瓣葡萄柚，點綴幾株薄荷葉。

再將湯汁倒入碗中，可以品嘗囉！

術語 & 索引

—

術語

—

Achiote paste　胭脂籽醬
用胭脂樹的胭脂籽製成的醬汁，在南美洲很常見。

Brown　煎黃
用很熱的油脂煎炒食材，使食材上色。

Braise　煨煮
用密封的鍋子慢火煨煮高湯或稠醬。

Blanch　汆燙
在滾水中迅速煮一下。起鍋後通常立刻放入冰水冰鎮，避免食物更熟、太熟。

Caramelize　焦糖化
煮至金黃色，是指讓天然的糖開始轉為焦糖的時間點。我們常用噴槍讓布蕾的最上層焦糖化。

Chantilly　法式鮮奶油
法國人打鮮奶油的經典做法。

Coat　裹覆
讓料理裹上某種食材，像是醬汁。

Cream　打鮮奶油
用打蛋器或木匙，將蛋或奶油和糖攪打至白稠狀。

CRU　鬥牛犬餐廳的特殊烹調技術
將液體注入固態食材的過程，讓食材充分吸收液體的味道。

Couscous　北非小米
裹覆著麵粉的微小麥粉粒。

Drain　瀝乾
瀝乾食物的水分，通常放進濾勺或網篩裡面進行。

Drizzle　淋灑
倒一點液體在食物的表面上。

Emulsify　乳化
將不同密度的液體混合起來，變成更濃稠的液體。

Fold　翻拌
將食物從碗底輕輕往上拌。最適合用大支的金屬湯匙或抹刀來翻拌。

Gremolata　義式三味醬
用檸檬碎皮、大蒜末和巴西里末混合而成的調味料，最常搭配煨燉小牛膝。

Gut　去鱗、去腸肚
清除魚的內臟和鱗片。

Marcona alomonds　馬可納杏仁豆
一種西班牙的甜味杏仁。

Mise en place　前製作業
餐廳廚房在營業前的烹調過程和事前準備，包括：調製醬汁和切洗蔬菜等作業。

N20 cartridge　氧化氮氣彈
一種裝滿氧化氮的小鋼瓶，虹吸瓶需要用氣彈打氣。

Paella rice　西班牙米
西班牙常吃，且常用來製作西班牙燉飯的短米，其中以邦巴米（Bomba）最為有名。

Planchada beans　西班牙白豆
西班牙常見的長型白豆，烹煮後的口感滑順香醇。

Poach　水波
在液體中小火慢煮，例如：水、高湯或牛奶。

Process　處理
用攪拌器或攪拌機完全拌勻。

Puree　打成泥
用食物處理機或攪拌器將食材攪打成滑順的糊狀，通常也稱為「泥」。

Quenelle　做成丸子
用兩支湯匙取一小部分的食物，做成像橄欖球狀的圓球體。

Roner　羅諾低溫水浴器
專業廚房常用的機器，可將食物放入液體中，以恆定的低溫煮熟。

Ras el hanout　摩洛哥風味混合香料
用於摩洛哥料理的經典混合香料，通常包含小豆蔻、丁香、肉桂、胡椒粒、胡椒、芫荽葉和薑黃。

Reduce　收乾
用大火或小火將液體所含的水分蒸發掉，讓食物更香更濃郁。

Salt cod　醃鱈魚
為了長時間貯存而用鹽醃漬的鱈魚乾。鱈魚的顏色愈白，品質愈好。

Second stock　二次高湯
用煮高湯後剩下的肉、骨，再次熬煮的湯汁。可以用在新高湯的湯底，讓味道更濃郁鮮美。

Shaoxing rice wine　紹興酒
中國最有名的米酒，用糯米、麥麴和酵母發酵而成。一般可在雜貨店、超市買到，但如果是住在國外，可在亞洲食品店買到。

Shichimi togarashi　七味粉
日式料理的調味料，以7種香料混合而成，並以辣味為特色。

Simmer　小火燉煮
以文火慢慢燉煮，不要讓湯汁沸騰。

Siphon　虹吸瓶
專門用來製作鮮奶油的工具，也是讓鬥牛犬餐廳在90年代中期能創造出泡沫料理，不可或缺的重要用具。

Skim　漂取
用湯勺或大湯匙去除湯汁表面的浮沫。

Sprig　枝芽
從盆栽或香草摘下的嫩枝或細枝。

Stage　見習
在餐廳的短期工作經驗（我們稱這類員工為「學徒」）。

Steam　蒸
將食物放在下面是沸水的有孔容器上，蓋緊蓋子烹煮。

Stock　高湯
將牛肉、豬肉、雞肉或魚肉加入水、蔬菜和香料，以小火熬煮成的美味湯頭。

Strainer　篩網
廚房用具，可讓食物透過細目篩或細目濾網進行過濾，通常用來瀝乾食物，也稱為「濾勺」。

Thai Curry Paste　泰式咖哩醬
將香料、辣椒和其他辛香料混合在一起，做為泰式咖哩的基本醬料，有三種顏色：紅色、綠色和黃色。

Thicken　勾芡
加入讓醬汁或湯頭更濃稠的材料，例如：蛋黃或麵粉。

Trim　去除
切除食物上不能吃或損壞的部分。

Vacuum pack　真空包裝
讓食物在真空狀態下包裝或貯存的方法，專業廚房很常使用。

Vino Rancio
一種西班牙加烈酒，味道類似雪利酒。

Violin　大餐盤
在鬥牛犬餐廳裝家常菜的大橢圓盤。

Whisk　打發
用有彈性的工具迅速攪拌，讓食材打入空氣，增加體積。

Zest　果皮
柑橘類水果的外層薄皮，位於白色果筋之上，通常會將它磨碎使用。

索引（以主要食材區分）

肉類

海鮮類

蔬菜類

豆類

瓜類

菇類

水果類

蛋奶類

食譜說明

高湯類

酒、酒醋類

其他

- 除非特別說明，所有香草都是新鮮的。
- 巴西里是指新鮮平葉的品種。
- 除非特別說明，所有的麵粉都是指中筋白麵粉。
- 除非特別說明，所有的糖都是指白細砂糖。
- 除非特別說明，否則都用大顆的蛋、無鹽奶油和全脂牛奶。
- 烹調時間和溫度因烤箱而異，食譜的建議僅供參考。使用旋風烤箱時，建議參照使用手冊來調整烤箱溫度。
- 跟著食譜做任何具危險性的步驟時，一定要更謹慎注意，例如：高溫烹調、靠近火源和油炸時。尤其油炸，在加入食物時要小心，以免濺油，可穿長袖衣服，絕不能離開鍋子做其他事。
- 有些食譜含生肉或稍微煮過的蛋、魚或肉類，如果是老年人、新生兒、孕婦、正在養病和任何免疫系統受損的人，都不能食用。
- 除非特別說明，量匙量法全以平匙計算。不過在澳洲的一般大匙是20毫升。建議澳洲讀者在份量少時以3小匙取代1大匙。1小匙＝5毫升，1大匙＝15毫升。

國家圖書館出版品預行編目

廚神的家常菜——
傳奇餐廳的尋常料理，令人驚艷的好滋味
費朗・亞德里亞 Ferran Adrià 著，許妍飛譯
－－初版－－台北市：朱雀文化，2012.07
面；　公分－－（Cook50；130）
ISBN 978-986-6029-21-9（精裝）
1.食譜 2.烹飪
427.1

Cook50130

廚神的家常菜

傳奇餐廳的尋常料理，令人驚艷的好滋味

作者　費朗・亞德里亞 Ferran Adrià
翻譯　許妍飛
美術　鄭寧寧
編輯　彭文怡、郭靜澄
校對　連玉瑩
企畫統籌　李橘
總編輯　莫少閒
出版者　朱雀文化事業有限公司
地址　台北市基隆路二段13-1號3樓
電話　02-2345-3868
傳真　02-2345-3828
劃撥帳號　19234566 朱雀文化事業有限公司
e-mail　redbook@ms26.hinet.net
網址　http://redbook.com.tw
總經銷　大和書報圖書股份有限公司（02）8990-2588
ISBN　978-986-6029-21-9
初版三刷　2015.06

定價　1000元
出版登記　北市業字第1403號